高等职业院校大数据技术与应用规划教材

Python 程序设计

Python CHENGXU SHEJI

汪婵婵 周 苏 主编

中国铁道出版社有限公司
CHINA RAILWAY PUBLISHING HOUSE CO., LTD.

内 容 简 介

“Python 程序设计”是一门理论性和实践性都很强的课程，本书是高职院校大数据技术与应用专业规划建设的核心课程主教材之一。针对高等职业院校学生的发展需求，本书系统、全面地介绍了关于 Python 程序设计的基本知识和技能，具有丰富的实践特色，内容包括 Python 入门、语法基础、赋值与条件、循环与输出、序列与迭代、字符串与文件处理、字典与集合、函数、模块、面向对象编程、封装 / 继承与多态以及程序设计案例分析等内容，具有较强的系统性、可读性、可操作性和实用性。

本书适合作为高等职业院校相关专业“Python 程序设计”课程的教材，也可供有一定实践经验的 IT 应用人员、管理人员学习参考。

图书在版编目（CIP）数据

Python程序设计/汪婵婵，周苏主编．—北京：中国铁道出版社有限公司，2020.6（2021.11重印）
高等职业院校大数据技术与应用规划教材
ISBN 978-7-113-26785-8

Ⅰ.①P… Ⅱ.①汪… ②周… Ⅲ.①软件工具-程序设计-高等职业教育-教材 Ⅳ.①TP311.561

中国版本图书馆CIP数据核字(2020)第061374号

书　　名：Python 程序设计
作　　者：汪婵婵　周　苏

策　　划：汪　敏　　编辑部电话：(010) 51873628
责任编辑：汪　敏　徐盼欣
封面设计：郑春鹏
责任校对：张玉华
责任印制：樊启鹏

出版发行：中国铁道出版社有限公司（100054，北京市西城区右安门西街 8 号）
网　　址：http://www.tdpress.com/51eds/
印　　刷：北京铭成印刷有限公司
版　　次：2020 年 6 月第 1 版　2021 年 11 月第 2 次印刷
开　　本：787 mm×1092 mm 1/16　印张：16　字数：400 千
书　　号：ISBN 978-7-113-26785-8
定　　价：49.80 元

前言

PREFACE

自20世纪80年代末以来，Python程序语言经过30多年的耕耘、蓬勃发展，已成为计算机世界当红的主流开发语言之一。无论是开源代码领域还是商业公司，采用Python开发软件项目的例子比比皆是，更有许多成功的案例，而且在不同领域，例如网站开发、机器人控制、图像识别、游戏多媒体、数学运算等，都可见其身影，足以见得Python拥有非比寻常的弹性与能力。

以往，学校开设的课程大都为C / C++ / Java等语言，而在更早，学校里学习的第一门程序语言多半是BASIC或Pascal，时至今日，许多学校的程序设计课程纷纷转而使用Python。不仅因为其语法简洁易懂，适合作为初学者走入程序世界的第一门语言，也因为Python拥有丰富的功能与特色，即便将来转往其他领域或某特定范畴，也能使用Python，节省了学习时间。

计算机编程是一项具有挑战性的活动。良好的编程既要掌控全局，又要注意细节。当然，并不是每个人都有天赋成为一流的程序员，正如并不是每个人都能成为专业水平的运动员一样。然而，几乎任何人都可以学习如何为计算机编程。只要有一点耐心和努力，本书将帮助学生成为一名合格的程序员。

对于大数据专业、计算机专业甚至人工智能专业的学生来说，Python程序语言是一门理论性和实践性都很强的“必修”课程。在长期的教学实践中，我们体会到坚持“因材施教”的重要原则，把实训环节与理论教学相融合，抓实训教学促进理论知识，是有效地改善教学效果和提高教学水平的重要方法之一。本书的主要特色是：理论联系实际，结合一系列了解和熟悉Python程序语言的概念、技术与应用的学习和实训活动，把Python程序语言的相关概念、基础知识和技术技巧融入实训活动，使学生保持浓厚的学习热情，加深对Python语言的兴趣、认识、理解和掌握。

本书是为高等职业院校相关专业开设“Python程序设计”课程而全新设计编写的，也可供有一定实践经验的IT应用人员、管理人员学习参考。

本书较为系统、全面地介绍了Python程序设计的核心基础知识和编程技术，内容包括Python入门、语法基础、赋值与条件、循环与输出、序列与迭代、字符串与文件处理、字典与集合、函数、模块、面向对象编程、封装 / 继承与多态以及程序设计案例分析等，共分为12章，附录中包括Python快速参考、部分习题参考答案、课程学习与实训总结、课程实践（可用于期末课程成绩测评），具有较强的系统性、可读性和实用性。

结合教学研究和教学方法改革的要求，全书精心设计了课程教学过程，要求和指导学生在课前、课后仔细阅读书中的丰富程序案例并完成相应的作业与实训要求。

虽然已经进入电子时代，但我们仍然竭力倡导读书。为每章设计的习题（四选一标准选择题）都不难，学生只要认真阅读课文，所有题目都能准确回答，并且，附录部分我们列举了部分习题参考答案，供阅读者对比思考。

学习过程中，学生应切实掌握录入程序源代码、测试 / 调试 / 运行分析程序，熟练掌握程序员的基本技能，提高程序员的职业素养和编程能力。

本课程的教学进度设计参见《课程教学进度表》。实际执行时，应按照教学大纲和校历中关于本学期节假日的安排，确定本课程的实际教学进度。

本课程的教学评测可以从如下几个方面入手:

（1）每章的习题（紧密结合课文教学内容的标准选择题，12 个）；

（2）每章课后的“编程训练”（12 个）；

（3）课程学习与实训总结（附录 C）；

（4）课程实践（附录 D）；

（5）结合平时考勤;

（6）任课老师认为必要的其他考核方法。

本书是“十三五”（第二批）浙江省普通高校新形态教材项目“高职大数据技术与应用（系列教材）”的建设成果之一，是浙江安防职业技术学院 2018 年度课程建设项目“高职大数据系列教材”的成果之一。本书的编写工作得到温州市 2018 年数字经济特色专业建设项目“大数据技术与应用”的支持，得到浙江安防职业技术学院 2018 年度特色专业建设项目“大数据技术与应用专业”的支持。

本书的编写得到浙江安防职业技术学院、浙江商业职业技术学院、浙江大学城市学院等多所院校师生的支持，傅贤君、金恩曼、陈汉伟、王文、乔凤凤等参与了本书的教材设计、教学规划、案例设计、程序调试等部分编写工作。与本书配套的教学 PPT 课件、程序源代码等丰富教学资源可从中国铁道出版社有限公司网站 (http: //www.tdpress.com/51eds/) 的下载区下载，欢迎教师索取与本书教学配套的相关资料并交流：zhousu@qq.com；QQ：81505050。

周　苏
2020 年初春

课程教学进度表

（20__—20__学年第__学期）

课程号：_____ 课程名称：___Python 程序设计___ 学分：_3_ 周学时：_4_

总学时：_64_ （其中理论学时：_32_ 实践学时：_32_）

主讲教师：__________

校历周次	章节（或实验、习题课等）名称与内容	学时	教学方法	课后作业布置
1	第 1 章 Python 入门	2＋2	理论教学 编程训练	
2	第 1 章 Python 入门	2＋2		习题，编程训练
3	第 2 章 语法基础	2＋2		习题，编程训练
4	第 3 章 赋值与条件	2＋2		习题，编程训练
5	第 4 章 循环与输出	2＋2		习题，编程训练
6	第 5 章 序列与迭代	2＋2		习题，编程训练
7	第 6 章 字符串与文件处理	2＋2		习题，编程训练
8	第 7 章 字典与集合	2＋2		习题，编程训练
9	第 8 章 函数	2＋2		
10	第 8 章 函数	2＋2		习题，编程训练
11	第 9 章 模块	2＋2		习题，编程训练
12	第 10 章 面向对象编程	2＋2		习题，编程训练
13	第 11 章 封装、继承与多态	2＋2		
14	第 11 章 封装、继承与多态	2＋2		习题，编程训练
15	第 12 章 程序设计案例分析	2＋2		习题，编程训练
16	课程总结与课程实践	2＋2		学习和实训总结 课程实践

填表人（签字）： 日期：

系（教研室）主任（签字）： 日期：

目录

CONTENTS

第 1 章 Python 入门

本章首先介绍计算机与程序语言之间的关系，然后初步探索 Python 语言，简述其历史、版本、支持平台与各种实施。在本章的编程训练中，将下载 Python，建立起可以正常运行的 Python 程序设计环境。我们可以在互动模式下一行一行地输入程序代码并执行，或是将 Python 程序写在源代码文件里，整个交给 Python 解释器执行。

1.1 了解计算机

我们先来了解计算机、计算机科学和计算机硬件系统的相关知识。

艾伦·麦席森·图灵（Alan Mathison Turing，1912 年 6 月 23 日—1954 年 6 月 7 日，见图 1-1），出生于英国伦敦帕丁顿，毕业于美国普林斯顿大学，是英国数学家、逻辑学家，被誉为“计算机科学之父”“人工智能之父”，他是计算机逻辑的奠基者，提出了“图灵机”和“图灵测试”等重要概念，为现代计算机的逻辑工作方式奠定了基础。为了纪念图灵对计算机科学的巨大贡献，1966 年，由美国计算机协会（ACM）设立一年一度的“图灵奖”，以表彰在计算机科学中做出突出贡献的人。图灵奖被誉为“计算机界的诺贝尔奖”。

约翰·冯·诺依曼（John von Neumann，1903 年 12 月 28 日—1957 年 2 月 8 日，见图 1-2），出生于匈牙利，毕业于瑞士苏黎世联邦理工学院，数学家，现代计算机、博弈论、核武器和生化武器等领域内的科学全才，被后人称为“现代计算机之父”和“博弈论之父”，他在泛函分析、遍历理论、几何学、拓扑学和数值分析等众多数学领域及计算机学、量子力学和经济学中都有重大成就，也为人类第一颗原子弹和第一台电子计算机的研制做出了巨大贡献。

电子计算机通称电脑，简称计算机，是一种通用的信息处理机器，它能执行可以充分详细描述的任何过程。用于描述解决特定问题的步骤序列称为算法，算法可以变成软件（程序），确定硬件（物理机）能做什么和做了什么。创建软件的过程称为编程。

图 1-1　计算机科学之父，人工智能之父——图灵

图 1-2　现代计算机之父，博弈论之父——冯·诺依曼

1.1.1　通用机器

几乎每个人都用过计算机。也许你玩过计算机游戏，或曾用计算机写文章、在线购物、听音乐、通过社交媒体与朋友联系。计算机被广泛用于预测天气、设计飞机、制作电影、经营企业、完成金融交易和控制工厂等各领域。

世界上第一台通用电子数字计算机 ENIAC（见图 1-3）诞生于 1946 年 2 月 14 日的美国宾夕法尼亚大学。中国的第一台电子计算机诞生于 1958 年。在 2019 年 6 月 17 日公布的全球超算 500 强榜单中，中国以拥有 219 台超级计算机继续蝉联全球拥有超算数量最多的国家。

图 1-3　世界上第一台通用计算机 ENIAC

但是，计算机到底是什么机器？一个计算设备怎么能执行这么多不同的任务呢？现代计算机可以定义为“在可改变的程序的控制下，存储和操纵信息的机器”。该定义有两个关键要素：

第一，计算机是用于操纵信息的设备。这意味着我们可以将信息放入计算机，计算机将信息转换为新的、有用的形式，然后输出（显示）信息。

第二，计算机在可改变的程序的控制下运行。计算机不是唯一能操纵信息的机器。当用简单的计算器来运算一组数字时，就是在输入信息（数字），处理信息（如计算连续的总和），然后显示。另一个典型的例子是油泵。给油箱加油时，油泵利用某些输入：当前每升汽油的价格和来自传感器的信号，汽油流入汽车油箱的速率等。油泵将这个输入转换为加了多少汽油和应付多少钱的信息。但计算器或油泵并不是完整的计算机，这些设备包含的是嵌入式计算机（芯片），被构建来执行单一的任务。

“计算机程序”是一组详细指令的有序集合。程序明确地告诉计算机做什么，如果改变程序，计算机就会执行不同的动作序列，从而完成不同的任务。正是这种灵活性，让计算机在一个时刻是文字处理器，在另一个时刻是金融顾问，后来又变成一个街机游戏。机器（硬件）没变，但控制机器的程序（软件）改变了。

每台计算机只是“执行”（运行）程序的机器。例如，Apple Macintosh、Dell PC、联想 Thinkpad 笔记本、Apple iPad 和华为智能手机等，它们实际上是不同类型的计算机。所有这些不同的计算机具有相同的功能，通过适当的编程，每台计算机基本上可以做任何其他计算机可以做的事情。从这个意义上说，放在书桌上的 PC 实际上是一台通用机器，它可以做任何用户想要它做的事，只要能足够详细地描述它要完成的任务即可。

1.1.2 计算机科学

事实上，计算机科学并不只是研究计算机的。计算机科学本质上是研究什么可以计算，它是更广泛的计算科学领域的基础，其中包括网络、数据库和信息管理系统等。

著名计算机科学家埃格斯·迪克斯特拉曾经说过：“计算机之于计算机科学，正如望远镜之于天文学。”计算机是计算机科学中的重要工具，由于它可以执行我们描述的任何过程，所以真正的问题是：“我们可以描述什么过程？”即计算机科学的根本问题就是“可以计算什么”。计算机科学家应用许多研究技术来回答这个问题，其中三种主要技术是设计、分析和实验。

证明某个问题可以解决的一种方式就是实际设计解决方案。也就是说，我们开发了一个逐步的过程，以实现期望的结果。计算机科学家称之为“算法”。算法设计是计算机科学中最重要的方面之一。

设计有一个弱点，它只能回答“什么是可计算的”。如果可以设计一个算法，那么问题是可解的。然而，未能找到算法并不意味着问题是不可解的，这可能是还没有找到正确的想法，这就是引入分析的原因。

分析是以数学方式检查算法和问题的过程。算法分析是计算机科学的重要组成部分。当一些问题太复杂或者定义不明确而无法开展分析时，计算机科学家就依靠实验。他们实际实现一些系统，然后研究行为的结果。即使在进行理论分析时，也经常需要实验来验证和完善分析。对于大多数问题，底线是能否构建一个可靠的工作系统，通常需要对系统进行测试，以确定这个底线已经满足。当你开始编写自己的程序时，会有很多机会观察解决方案的表现。

如今，计算机科学家参与的活动都在计算这把大伞之下，例如移动计算、网络、人机交互、人工智能、计算科学（使用强大的计算机来模拟科学过程）、数据库和数据挖掘、软件工程、网络和多媒体设计、数字音乐制作、管理信息系统和计算机安全等。无论在何处进行计算，计算机科学的技能和知识都有应用。

1.1.3 硬件基础

一名成功的程序员也许并不需要知道计算机工作的所有细节，但是，了解计算机的基本原理将有助于掌握让程序运行所需的步骤。因此，下面介绍计算机的内部构造。

不同计算机在具体细节上会显著不同，但抽象起来看，所有现代数字计算机都是非常相似的。图 1-4 展示了计算机的功能视图，计算机系统包括中央处理单元（CPU）、主存储器（RAM）、辅助存储器以及输入 / 输出设备。CPU 是机器的“大脑”，这是计算机执行所有基本操作的地方。CPU 可以执行简单的算术运算，如两个数相加；也可以执行逻辑操作，如测试两个数是否相等。

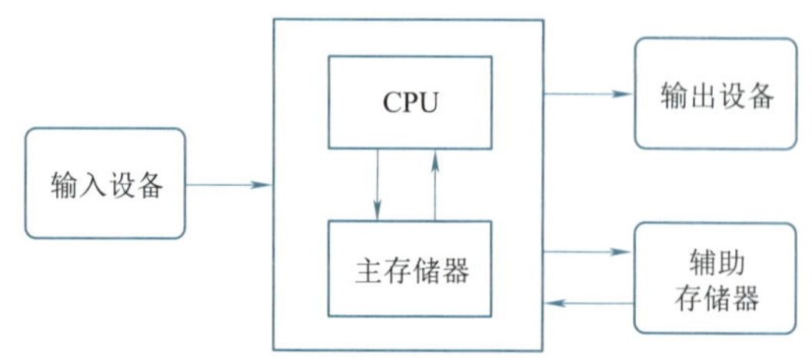

图 1-4　计算机的功能视图

CPU 只能直接访问（操作）存储在主存储器中的信息（数据和程序）。主存储器速度快，但它也是易失性存储。也就是说，当电源关闭时，主存储器中的信息会丢失。因此，还必须有一些辅助存储器来提供永久存储。

在个人计算机中，主要的辅助存储器通常是硬盘驱动器（HDD）或固态驱动器（SSD）。HDD 将信息以磁模式存储在磁盘上，而 SSD 使用称为闪存的电子电路。大多数计算机还支持可移动介质作为辅助存储器，如 U 盘和 DVD 数字多功能光盘，后者以光学模式存储信息，由激光读取和写入。

人们通过输入设备和输出设备与计算机交互，常见的设备有键盘、鼠标和显示器。来自输入设备的信息由 CPU 处理，并可以被移动到主存储器或辅助存储器。类似地，需要显示信息时，CPU 将它发送到一个或多个输出设备。

当在计算机上启动游戏或文字处理程序时，构成程序的指令从（更）持久的辅助存储器复制到计算机的主存储器中。一旦指令被加载，CPU 就开始执行程序。

技术上，CPU 遵循的过程称为“读取—执行循环”。从存储器取得第一条指令，解码以弄清楚它代表什么，并且执行适当的动作。然后，取得并解码和执行下一条指令。循环继续，一条指令接着一条指令。这确实是所有的计算机从打开直到关闭所做的事情：读取指令、解码、执行。但计算机能以很快的速度执行这个简单的指令流，每秒完成数十亿条指令。将足够多的简单指令以正确的方式放在一起（编程），计算机便完成了惊人的工作。

1.2　操作系统、软件与编程语言

计算机硬件其实非常复杂，主要原因之一是输入 / 输出设备繁多且各不相同，例如键盘、鼠标、显卡与屏幕、声卡与喇叭、打印机、硬盘、U 盘、摄像头、蓝牙、无线网卡与路由器等，如果要由人们或直接由应用软件来面对种种装置，那几乎是不可能完成的任务，所幸，我们可以在软件与硬件之间加入一层称为操作系统（operating system，OS）的软件，由它来管理下面的硬件并负责执行上面的软件，让上层程序可存取下层的输出 / 输入装置（见图 1-5）。

图 1-5　硬件、操作系统与软件

1.2.1 软件与操作系统

“计算”的一个要点是：“软件”（程序）主宰“硬件”（物理机器）。软件决定计算机可以做什么，没有软件，计算机也许只是昂贵的镇纸。

程序是一系列指令的有序集合，它告诉计算机做什么。显然，就目前而言，我们仍然需要用计算机可以理解的语言来提供这些指令。

操作系统也是程序，只不过非常庞大复杂，在整个计算机系统中扮演着管理员的角色。操作系统可以分为许多组成部分。简单而言，其中会由驱动程序负责与底层硬件沟通，不同的硬件装置需要不同的驱动程序，借以弥补其差异，提供一致的接口供上层调用；然后提供程序运行环境，以执行各式各样的应用软件，而这些软件可由各种“程序语言”编写而成。

我们平常自由自在地享受各式软件，诸如网页浏览器（Internet Explorer、百度、搜狗等）、即时通信软件（QQ、微信）、电子表格处理软件（Excel）、媒体播放程序、压缩软件（Zip、WinZip）、看图软件等，这些软件都必须由某一种（或数种）程序语言开发编写而成。

1.2.2 编程语言

人类的自然语言不太适合描述复杂的算法，因为其中充满着模糊和不精确。计算机科学家设计了一些符号，以准确无二义的方式来表示计算，从而绕过了这些问题。这些形式表示法的特殊符号称为编程语言，其中的每个结构都有精确的形式（即语法）和精确的含义（即语义）。编程语言就像一种规则，用于编写计算机将遵循的指令。程序员通常将程序称为“计算机代码”，用编程语言来编写算法（软件）的过程称为“编码”或“编程”，程序设计人员有时也自称“码农”。

编程是计算机科学的一个基本组成部分，因此，对所有立志成为计算机专业人员的人都很重要。计算机已经成为社会中的常见工具，要理解这个工具的优点和局限性，就需要理解编程。程序员是计算机的真正控制者，编程能让你成为一个更聪明的计算机用户。

编程也有很多乐趣。这是一项智力活动，让人们通过有用的、有时非常漂亮的创作来表达自己，因此，许多人确实爱好编写计算机程序。编程也会培养有价值的问题解决技能，特别是将复杂系统分解为一些可理解的子系统及其交互，从而分析复杂系统的能力。在信息社会，程序员有着很大的市场需求，理解计算机和具备编程的能力可能会让你在社会竞争中占据优势。

本质上，计算机硬件只能理解一种称为机器语言的低级语言，而程序通常使用面向人类的高级语言（如 Python、Java）编写。因此，高级语言必须被编译或解释，以便计算机能够理解它。高级语言比机器语言更容易移植。时至今日，已经出现过无数的程序语言，那些曾经热门的程序语言至少就有几十个，如 FORTRAN、COBOL、C、C++、C#、Java、PHP、JavaScript、Visual Basic、Perl、Lisp、Prolog、Ada 等。

1.2.3 编译和解释

假设希望让计算机对两个数求和，CPU 实际执行的指令可能是这样的：

（1）将内存位置 2001 的数加载到 CPU 中。

（2）将内存位置 2002 的数加载到 CPU 中。

（3）在 CPU 中对这两个数求和。

（4）将结果存储到内存位置 2003。

从上可见，两个数求和似乎有很多工作，实际上甚至比这更复杂，因为指令和数字是以二进制符号表示的（即 0 和 1 的序列）。

在高级语言中，两个数求和可以更自然地表达为 c = a + b。这让人们容易理解，但需要用“编译”或“解释”方法，以便将高级语言翻译成计算机可以执行的机器语言。

“编译器”是一个复杂的计算机程序，它接收一个以高级语言编写的程序，并将其翻译成以某个计算机的机器语言表达的等效程序。图 1-6 展示了编译高级语言的过程。高级语言程序称为“源代码”，得到的“机器代码”是计算机可以直接执行的程序。图中的虚线表示机器代码的执行（也称“运行程序”）。

“解释器”模拟能理解高级语言的计算机，它根据需要一条一条地分析和执行源代码指令。图 1-7 展示了解释高级语言的过程。

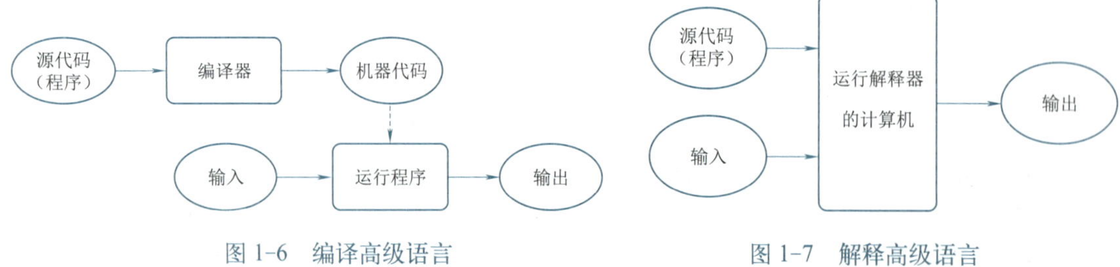

图 1-6　编译高级语言　　图 1-7　解释高级语言

解释和编译之间的区别在于：编译是一次性翻译，一旦程序被编译，它可以重复运行而不再需要编译器或源代码，在解释的情况下，每次程序运行时都需要解释器和源代码；编译的程序往往更快，因为其翻译是一次完成的，但是解释语言拥有更灵活的编程环境，程序可以交互式地开发和运行。

翻译过程突出了高级语言对机器语言的可移植性。计算机的机器语言由特定 CPU 的设计者创建，每种类型的计算机都有自己的机器语言。不同的是，以高级语言编写的程序可以在许多不同种类的计算机上运行，只要存在合适的编译器或解释器（这只是另一个程序）即可。因此，可以在自己的笔记本计算机和平板计算机上运行完全相同的 Python 程序。尽管它们有不同的 CPU，但都运行着 Python 解释器。

1.3　Python 语言

Python 是一种解释型程序语言，了解 Python 的一个好方法是使用交互式 shell（俗称“壳”，用来区别于“核”）进行实训操作。shell 是指“为使用者提供操作界面”的软件。Python 标准版包括一个 IDLE 程序，它提供了一个 shell 以及编辑 Python 程序的工具。

1.3.1　Python 简介

Python 语言是由荷兰人吉多 • 范罗苏姆 [见图 1-8（a）] 在 20 世纪 80 年代末设计的，于 1994 年 1 月正式发布 1.0 版，经过近 40 年的发展演进，现在已经成为主流的程序设计语言之一。

Python 这个名字取自于著名的英国超现实喜剧“蒙提派森的飞行马戏团”；另外，Python 又有巨蟒之意，所以其代表图示为两条蟒蛇缠绕在一起，形成类似于太极阴阳图的样子 [见图 1-8（b）]。

(a) Python 之父吉多 · 范罗苏姆

(b) Python 语言 Logo

图 1-8　Python 程序语言

Python 支持多种程序设计范式，包括程序式、结构式、面向对象、函数式、脚本式，其语法高级且简洁，易于学习，具备了垃圾收集、动态类型检查、异常处理机制等特色。Python 的程序库模块不计其数，游戏、多媒体、数学运算、视频处理、系统程序、网站网页、机器人等领域都可见其运用之处，广为各界采用。

1.3.2　Python 语言的特色

Python 的程序代码清楚易懂，开发软件时易于编写功能，之后也易于维护修改，提供一致的程序设计模型，核心概念并不多。与 C、C++、Java 等程序语言相比，Python 的开发速度快，相同功能需要的程序代码行数较少。所以，使用 Python 可以提高程序开发人员与软件工程师的生产力，在较短时间内完成较多功能。

Python 常被昵称为“胶水语言”，它能够把用其他语言制作的各种模块（尤其是 C/C++）很轻松地连接在一起。常见的一种应用情形是，使用 Python 快速生成程序的原型（有时甚至是程序的最终界面），然后对其中有特别要求的部分用更合适的语言改写，比如 3D 游戏中的图形渲染模块，性能要求特别高，就可以用 C/C++ 重写，而后封装为 Python 可以调用的扩展类库。在使用扩展类库时可能需要考虑平台问题，某些可能不提供跨平台的实现。

Python 语法简洁清晰，它强制使用空白符（white space）作为语句缩进。

1.3.3　Python 语言的版本

Python 是纯粹的自由软件，源代码和解释器 CPython 遵循 GNU 通用公共许可证许可，为此成立了非营利组织 Python 软件基金会，开发人员也逐渐演变成 Python 开发团队，并拥有广大的社团。Python 语言的各项开发工作都记录在 Python 功能增进建议书之中，规范并定义各种扩充与延伸功能的技术规格，让整个 Python 社区拥有共同遵循的原则和依据。

目前在用的 Python 版本分为 2.x 与 3.x（又称 Python 3000 或 py3k），两个版本并不完全兼容，学习与查询相关数据时，应看清楚适用版本。虽然 3.x 版已推出一段时日，但仍有很多人以 2.x 版开发程序，使用者众多，很多程序代码只相容于 2.x 版，某些程序库模块也尚未更新提供 3.x 的版本。Python 的 2.7 版本发布至今已相当普及，也是 2.x 的最后一版，该版本进入了纠错和维护的稳定状态。关于 Python 各版本之间功能与特色的差异详情，可以到 Python 官方网站的文件区（https://docs.python.org/）查询。本书编写应用的是 Python 版本 3.8。

1.4 Python 开发环境

执行 Python 程序的规格已经由 Python 语言定义好了，而现在需要的是实施，就是要为实际动手编写程序搭建好 Python 程序的运行环境，它依托于不同的操作系统。理论上，只要 Python 程序运行环境的每一个具体实现都遵守 Python 语言的规格，而且程序员也按照标准编写 Python 程序，那么所编写的程序代码不管在哪一个程序运行环境中都应该能正确无误地得到执行。换句话说，在 Windows 上编写的 Python 程序，也可以放到 Linux 上执行，只要两处都安装了相兼容的 Python 运行环境即可，因此 Python 具备良好的可移植性。

常见的 Python 实施有 CPython、Stackless Python、Unladen Swallow、IronPython、Jython、PyPy 等，且各有其独特之处。例如，CPython 是 Python 官方团队以 C 语言编写开发的运行环境，具有标准地位，其源代码完全开放，可移植性最高。另外有些实施，如 ActivePython、PythonXY、Anaconda Python 等，是把 CPython 重新包装，再加入额外的程序库，专供特定领域使用，例如科学计算、数据分析与管理、数据库运用等。

本书的程序与范例都以 CPython 实施为准；平常提到 Python 时指的便是这个运行环境。

1.5 安装 Python

学习 Python 课程时，除了利用学校的计算机实验室完成相关实训任务外，还应该在自己的个人计算机中安装 Python 软件，以方便随时进行编程练习。下面以 Windows 环境和 CPython 版本为例，学习搭建 Python 3.x 开发环境。

1.5.1 安装 Python 开发环境

按照下列步骤完成安装并进行简单操作。

步骤 1：在自己的个人计算机中为 Python 语言建立一个文件夹（例如：\Python）。

步骤 2：下载 Python 软件。互联网上有很多地方提供了下载服务。这里选择在 Python 的官网上下载 Python。打开 Python 官网（https://www.python.org，见图 1-9）。

鼠标指向 Downloads → Windows 菜单命令，屏幕显示如图 1-10 所示，单击 Python 3.8.1 按钮，按屏幕提示，将 Python 软件下载到指定的文件夹。

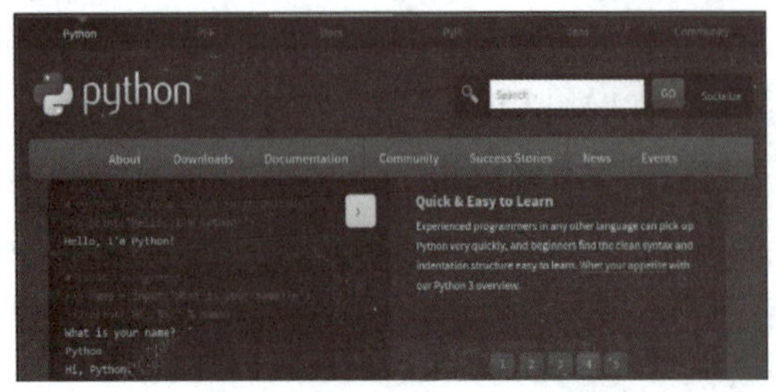

图 1-9 Python 官网

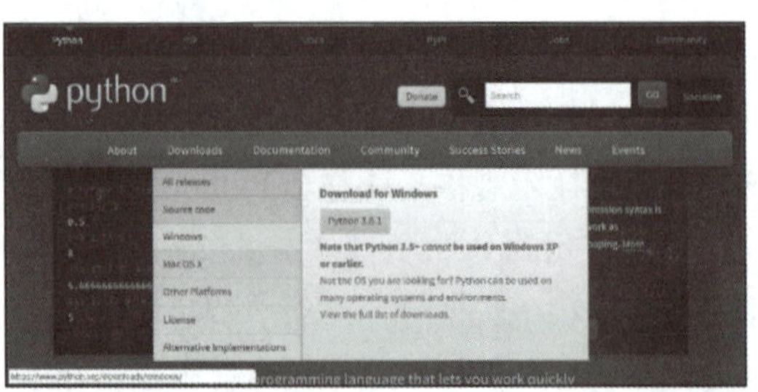

图 1-10 选择 Windows

步骤 3：下载完成后双击执行下载的 exe 程序，进入安装界面（见图 1-11）。（安装完成后，若再次单击该程序，可执行卸载 Python 的操作。）

在选择安装时，可以勾选下方的 Add Python 3.8 to PATH，直接默认添加用户变量，后续不用再添加。

安装界面中可以选择默认安装或者自定义安装。由于默认安装路径层次比较深，可以选择自定义安装，例如将 Python 程序系统安装在前面定义的“\Python”目录中，以方便后续查找。其他选项选择默认（见图 1-12），单击 Next 按钮，进一步的高级选项选择默认（见图 1-13），单击 Install 按钮，完成安装（见图 1-14）。

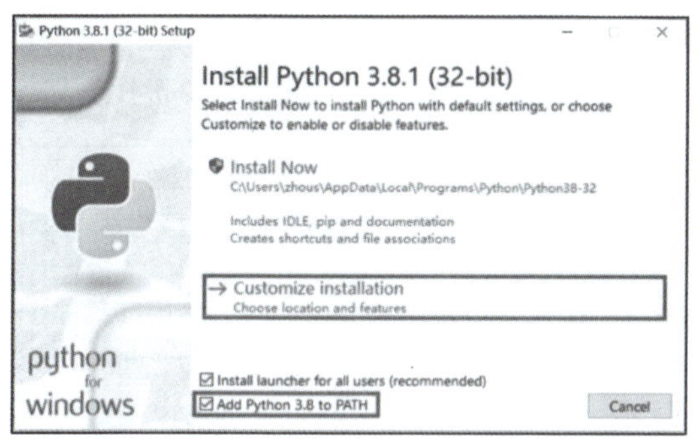

图 1-11　Python 安装界面

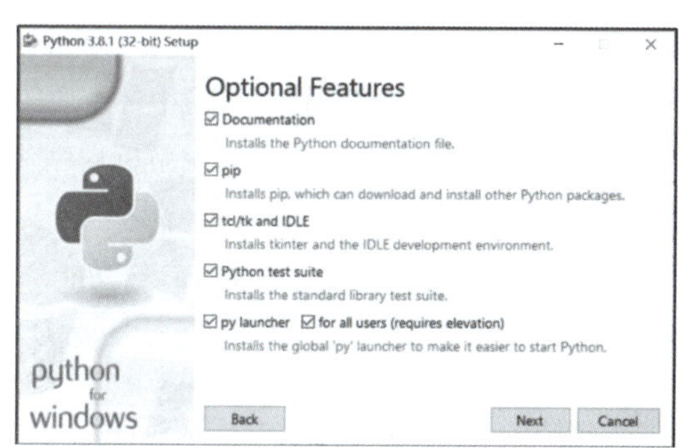

图 1-12　设置选项

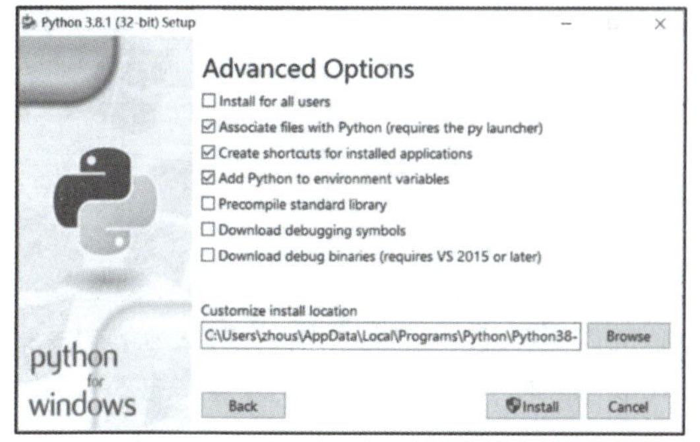

图 1-13　设置高级选项

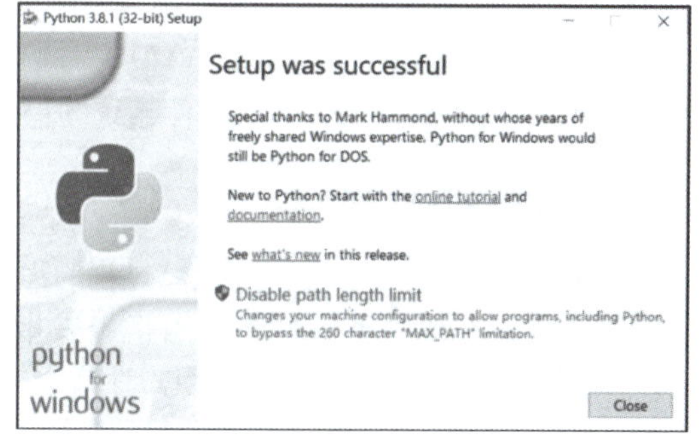

图 1-14　完成安装

步骤 4：安装成功。在安装目录可以看到 Python 安装文件的相关信息，在“开始”菜单可以选择 Python 3.8 → Python 3.8 (32-bit) 命令，打开 Python 操作界面（见图 1-15）。至此，就可以使用 Python。

图 1-15　Python 操作界面

下载安装后，若没有改动默认设置的安装路径，那么 Python 3.x 版会放在 C:\Python 中。Windows“开始”菜单的 Python 3.8 子菜单中也会出现 IDLE (Python 3.8 32-bit) 命令，这是一款简易的图形化开发编辑器。

请分析并记录：

(1) 你实际选择安装的 Python 软件版本是：

答：____

(2) 你是否完成了 Python 软件的安装？若未完成，则简单分析原因是什么。

答：____

____

安装后的 Python 程序运行环境中最主要的部分是“解释器”(见图 1-16)，解释器负责执行程序，把 Python 程序交给它后，它就开始解析程序代码、检查语法有无错误、根据程序语义去完成任务（例如计算某个数学公式）、把数据存回文件、通过网络请求到某网站等，而这些具体功能都会由某个程序库负责；解释器与众多程序库再加上 Python 运行环境的其他部分，将会往下层存取操作系统提供的服务，完成程序代码定义的功能。

图 1-16　运行环境架构

当然这是极度简化后的示意图，Python 程序运行环境可再细分出许多部分，解释器的功能也可再细分。解释器是 Python 程序运行环境的门户，编写 Python 程序时，直接面对的就是解释器。

Python 具有非常丰富庞大的程序库，例如处理各种数据形式的程序库、网络连线的程序库、存取文件系统的程序库等。

1.5.2　执行 Python 程序

下面学习编写控制机器内部计算过程的程序。

我们通过向 Python 解释器发出指令来指挥计算机内部的计算过程。可以用交互模式启动 Python 解释器（shell）。shell 允许用户在其中输入 Python 命令，然后显示执行结果。启动 shell 的具体细节因不同的 Python 安装而异。一般情况下，我们会使用 IDLE 应用程序，它提供了 Python shell，可以帮助创建和编辑 Python 程序。

在 Windows“开始”菜单中单击 IDLE（Python 3.8 32-bit）命令，屏幕显示 IDLE 窗口（见图 1-17）。

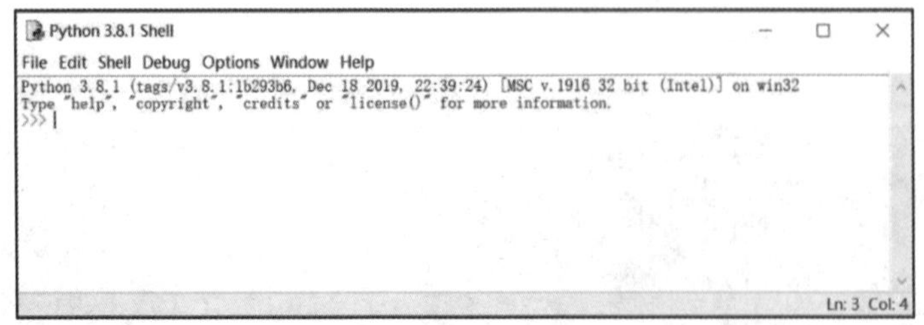

图 1-17　Python IDLE 窗口

当第一次启动 IDLE 窗口时，所显示的具体的启动消息取决于当前正在运行的 Python 版本和正在使用的系统。重要的部分是图 1-17 中的最后一行，>>> 是一个 Python 提示符，表示 Python 解释器正在进行展示交互式会话，等待给它的命令。在编程语言中，一个完整的命令称为语句（注意：不要使用中文的句号、引号等符号）。

下面是与 Python shell 交互的例子：

```
>>> print ("Hello, World!")
Hello, World!
>>> print(2 + 3)
5
>>> print("2 + 3 = ", 2 + 3)
2 + 3 = 5
```

这里，我们尝试了三个使用 Python 的 print 语句的例子。第一个 print 语句要求 Python 显示文本短语“Hello, World！”，Python 在下一行做出响应，打印出该短语。第二个 print 语句要求 Python 打印 2 与 3 之和。第三个 print 结合了这两个想法。Python 打印出引号中的部分“2 + 3 =”，然后是 2+3 的结果，即 5。建议读者启动自己的 Python shell 并尝试这些例子。

Python 允许将一系列语句放在一起，创建一个全新的命令或函数。下面的例子创建了一个名为 hello 的新函数：

```
>>> def hello():
    print("Hello")
    print(" 计算机很有趣！ ")


>>>
```

第一行告诉 Python 正在定义一个新函数，命名为 hello。接下来两行缩进，表明它们是 hello 函数的一部分。最后的空白行（通过按两次 Enter 键获得）让 Python 知道定义已完成，并且 shell 用另一个提示符进行响应。注意：键入定义并不会导致 Python 打印任何东西。这里告诉 Python，当 hello 函数用作命令时应该发生什么，但实际上并没有要求 Python 执行它。

输入函数名称并加上括号，函数就被调用了。下面是使用 hello 命令时发生的事情：

```
>>> hello()
Hello
计算机很有趣!
>>>
```

这时，hello 函数定义中的两个 print 语句按顺序执行了。

命令可以有可变部分，称为参数，放在括号中。让我们看一个使用参数、自定义问候语的例子。先是定义：

```
>>> def greet(person):
    print("Hello", person)
    print("How are you? ")
```

现在可以使用定制的问候：

```
>>> greet("John")
Hello John
```

```
How are you?
>>> greet("Emily")
Hello Emily
How are you?
>>>
```

使用 greet 时，可以发送不同的名称，从而自定义结果。print 是 Python 中的一个内置函数，当调用 print 函数时，括号中的参数告诉函数要打印什么。

可以注意到，执行一个函数时，括号必须包含在函数名之后，即使没有给出参数也是如此。例如，可以使用 print 而不使用任何参数，创建一个空白的输出行。

```
>>> print()

>>>
```

但是，如果只输入函数的名称，省略括号，函数将不会真正执行。这时，交互式 Python 会话将显示一些输出，表明名称所引用的函数，如下面的交互所示：

```
>>> greet
<function greet at 0x8393aec>
>>> print
<built-in function print)
```

这里的 0x8393aec 是在计算机存储器中的位置（地址），其中恰好存储了 greet 函数的定义。如果在自己的计算机上尝试，将会看到不同的地址。

如果将函数交互式地输入 Python shell 中，当退出 shell 时，定义会丢失。如果下次希望再次使用它们时，必须重新输入。

实际上，程序的创建通常是将定义写入独立的文件称为“模块”或“脚本”，此文件保存在辅助存储器中，可以反复使用。模块文件是一个文本文件，可以用任何应用程序来编辑文本，例如记事本或文字处理程序，只要将程序保存为“纯文本”文件即可。有一种特殊类型的应用称为集成开发环境（Integrated Development Environment，IDE），其简化了这个过程，专门设计用于帮助程序员编写程序，包括自动缩进、颜色高亮显示和交互式开发等功能。作为 Python shell 的 IDLE 就是一个简单却完整的开发环境。IDLE 中多出来的字母“L”是表达对 Eric Idle（埃里克·艾多尔）的致敬，他是英国六人喜剧团体 Monty Python 的 6 位成员之一。

我们来编写并运行一个完整的程序，以说明模块文件的使用。要将此程序输入 IDLE，应选择 File → New File 命令。这将打开一个空白（非 shell）窗口，可以在其中输入程序。下面是程序的 Python 代码：

【程序实例 1-1】一个简单的示例程序。

```
# chaos.py
# 一个随意编写的简单程序，没有特定的目的
def main():
    print("该程序说明了一个随意的功能。")
    x = eval(input("输入 0 到 1 之间的数字："))
    for i in range(10):
        x = 3.9 * x * (1 - x)
```

```
        print(x)

main()
```

在 IDLE 中输入该程序之后，选择 File → Save 命令，并保存为 chaos.py。扩展名 .py 表示这是一个 Python 模块。在保存程序时要小心，因为 IDLE 默认在系统的 Python 文件夹中启动。建议将所有 Python 程序放在一个专用的个人文件夹中。

程序实例 1-1 中包含了几行代码，定义了一个新函数 main（程序通常放在一个名为 main 的函数中），文件的最后一行是调用此函数的命令。一旦将一个程序保存在这样的模块文件中，就可以随时运行它。

程序能以许多不同的方式运行，这取决于用户使用的实际操作系统和编程环境。如果使用的是窗口系统，可以通过单击（或双击）模块文件的图标来运行 Python 程序。在命令行情况下，可以输入 python chaos.py 这样的命令。使用 IDLE 时，只需打开该程序文件，从模块窗口菜单中选择 Run → Run Module 命令即可运行程序。

IDLE 运行程序时，控制将切换到 shell 窗口。下面是看起来的样子：

```
>>> ======================= RESTART =======================
该程序说明了一个随意的功能。
输入 0 到 1 之间的数字 ： .25
0.73125
0.76644140625
0.6981350104385375
0.8218958187902304
0.5708940191969317
0.9553987483642099
0.166186721954413
0.5404179120617926
0.9686289302998042
0.11850901017563877
>>>
```

第一行是来自 IDLE 的通知，表明 shell 已重新启动。IDLE 在每次运行程序时都会这样做，使程序运行在一个干净的环境中。然后，Python 从上至下逐行运行该模块的各条语句（命令），这就像在 Python 提示符下逐行输入它们一样。模块中的 def 会引导 Python 创建 main 函数，模块的最后一行导致 Python 调用 main 函数，从而运行程序。在这个例子中输入了“.25”，然后打印出 10 个数字的序列。

注意到，Python 有时会在存储模块文件的（子）文件夹中创建另一个名为 pycache 的文件夹，这里是 Python 存储伴随文件的地方，伴随文件的扩展名为 .pyc。在本例中，Python 可能会创建另一个名为 chaos.pyc 的文件，这是 Python 解释器使用的中间文件。从技术上讲，Python 采用混合编译 / 解释的过程。模块文件中的 Python 源代码被编译为较原始的指令，称为字节代码，然后解释这个字节代码（.pyc）。如果有 .pyc 文件可用，则第二次运行模块就会更快。如果删除字节代码文件，则 Python 会根据需要自动重新创建它们。

在 IDLE 下运行模块，会将程序加载到 shell 窗口中。只需在 shell 提示符下输入命令 main()，就可以要求 Python 再次运行该程序。

习 题

1. **判断题**（在题目右侧的括号内填写“√”或“×”）

（1）计算机科学是对计算机的研究。（ ）

（2）CPU 是计算机的“大脑”。（ ）

（3）辅助存储器称为 RAM。（ ）

（4）计算机当前正在处理的所有信息都存储在主存储器中。（ ）

（5）语言的语法是它的意思，语义是它的形式。（ ）

（6）函数定义是定义新命令的语句序列。（ ）

（7）编程环境是指程序员工作的地方。（ ）

（8）变量用于给一个值赋予一个名称，这样它就可以在其他地方被引用。（ ）

2. **选择题**（在题目的括号内填写正确选项）

（1）计算机科学的根本问题是（ ）。

A. 计算机的计算速度有多快　B. 可以计算什么

C. 什么是最有效的编程语言　D. 程序员可以赚多少钱

（2）算法类似于（ ）。

A. 报纸　B. 捕蝇草　C. 鼓　D. 菜谱

（3）一个问题是难解的，如果（ ）。

A. 不能反转其解决方案　B. 涉及拖拉机

C. 它有很多解决方案　D. 解决它不实际

（4）以下（ ）项不是辅助存储器。

A. RAM　B. 硬盘驱动器　C. USB 闪存　D. DVD

（5）设计来让人类使用和理解的计算机语言是（ ）。

A. 自然语言　B. 高级语言

C. 机器语言　D. 提取—执行语言

（6）语句是（ ）。

A. 机器语言的翻译　B. 完整的计算机命令

C. 问题的精确描述　D. 算法的一部分

（7）编译器和解释器之间的一个区别是（ ）。

A. 编译器是一个程序　B. 使用编译器将高级语言翻译成机器语言

C. 在程序翻译之后不再需要编译器　D. 编译器处理源代码

（8）按照惯例，程序的语句通常放在一个函数中，该函数名为（ ）。

A. import　B. main　C. program　D. IDLE

（9）关于注释，以下不正确的是（ ）。

A. 它们让程序更有效率　B. 它们用于人类读者

C. 它们被 Python 忽略　D. 在 Python 中，它们以 # 号开头

（10）在函数定义的括号中列出的项被称为（　　）。

A. 括号　　B. 参数　　C. 变元　　D. 数据

3. 讨论

试比较并对比以下概念对：

A. 硬件与软件　　B. 算法与程序

C. 编程语言与自然语言　　D. 高级语言与机器语言

E. 解释器与编译器　　F. 语法与语义

编程训练

1. 实训目的

（1）了解计算机科学家的研究领域和主流技术。

（2）了解现代计算机的硬件和基本设计。

（3）了解不同软件的作用、计算机编程语言的形式和功能。

（4）下载安装 Python 软件，了解 Python 编程界面。

（5）了解 Python 程序设计语言，熟悉 IDLE 开发环境。

（6）了解 TIOBE 排行榜，把握编程语言的潮起潮落及其对职业生涯的现实意义。

2. 实训内容与步骤

（1）列出图 1-4 中计算机的 5 个基本功能单元，并用自己的话来解释它们的作用。

答：____

____

____

（2）写一个制作荷包蛋（或其他日常活动）的详细算法。你可以假设正在与一个概念上能够完成该任务，但从来没有实际做过的人交谈。例如，你可能告诉一个小孩子怎么做。

记录：将你完成的算法流程另外用纸记录下来，并粘贴在下方：

-- 算法粘贴于此 --

（3）在交互式 Python 会话（IDLE）中，尝试输入以下每个命令。写下你看到的结果。

A. print("Hello, world!")　　结果：________________

B. print("Hello", "wor1d!")　　________________

C. print(3)　　________________

D. print(3.0)　　________________

E. print(2 + 3)　　________________

F. print(2.0 + 3.0)　　________________

G. print("2" + "3")　　________________

H. print("2 + 3 = ", 2 + 3)　　________________

I. print(2 * 3) ____________________

J. print(2 ** 3) ____________________

K. print(7 / 3) ____________________

L. print(7 // 3) ____________________

（4）阅读本章内容，对其中的各个实例进行具体操作实现，从中理解 Python 程序设计，提高 Python 编程能力。如果不能顺利完成，请分析可能的原因是什么。

答：____________________

____

（5）在 IDLE 中输入并运行程序实例 1-1 chaos.py。

① 尝试通过各种输入值，观察它在本任务中描述的功能。

② 修改 chaos 程序，使用 2.0 代替 3.9 作为逻辑函数中的乘数。你修改的代码行应该像下面这样：

x = 2.0 * x * (1 - x)

用各种输入值运行该程序，并将结果与从原始程序获得的结果进行比较。写一小段话，描述你在两个版本的行为中观察到的所有差异。

答：____________________

____

____

③ 修改 chaos 程序，让它打印出 20 个值，而不是 10 个。

④ 修改 chaos 程序，让打印值的数量由用户确定。你将必须在程序顶部附近添加如下面这样的一行，以便从用户处获取另一个计算值：

n = eval(input(" 我应该打印多少个数字？ "))

然后，你需要更改循环，使用 n 代替具体的数字。

3. 实训总结

____

____

____

____

4. 教师对实训的评价

____

____

第 2 章 语法基础

Python 属于解释性程序语言，因此可以一行一行地编写程序命令并交给 Python 解释器立即执行，这一点与编译式程序语言（例如 C 与 C++）不同，其程序代码必须先经过编译器转换为计算机硬件能读懂的机器指令码，然后才执行。

解释性程序语言的这种方式非常方便学习，在互动模式下，通过互动过程，可以逐步掌握 Python 语言的语法和各项功能特色。

2.1 标识符、对象与类型

为开始下面的学习，我们进入 Python 解释器互动模式（shell），或者把程序代码写入文件再交由解释器执行。在本书中，当看到三个大于符号“>>>”时，代表解释器处于互动模式，等待输入程序代码；若出现较长且完整的程序代码，会写成文件并标示文件名。

下面的程序代码会输出数字 3。

```
>>> 3
3
```

在互动模式（shell）中，仅输入“3”，也会回应“3”，这是因为 shell 会在执行完一段程序代码之后，尽量输出结果提供回应。但若是在程序文件里写个“3”，执行后并不会出现“3”，平常编写程序代码文件时，若想输出内容到屏幕上，应使用 print 语句。

虽然这一行程序代码只有一个数字 3，但执行可不简单（见图 2-1），解释器解析输入的程序代码，检查语法并了解语义后，知道你想要的是个值为 3 的数字；然后，若处于互动模式，解释器会试着输出执行结果。

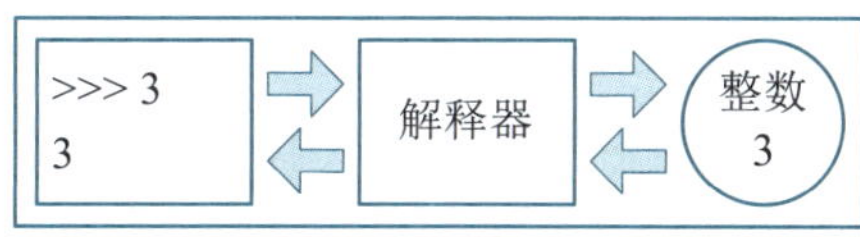

图 2-1　输入“3”的执行过程

不过，上述程序代码在执行完后无法再次调用。为此，需要命名机制，为它取个名称，以便能通过该名称重复调用。请看下面的程序代码。在符号“#”之后的文字是程序的注释，即使输入了也会被解释器所忽略。

```
>>> a = 3       # 建立整数 3，取名称 a（第一次）
>>> a           # 再次调用 a
3
```

当执行程序代码“a = 3”时，等号“=”的意思是“赋值”，会先执行右边的程序代码，建立整数 3 后，若左边的名称是第一次出现，那么解释器会建立该名称，再把数字 3 赋值给名称 a。

除了整数，Python 还能提供浮点数、字符串和其他各种数据。

2.1.1 标识符与保留字

名称是编程的重要组成部分。我们为值命名（例如 celsius 和 fahrenheit），为模块命名（例如 convert），也为模块中的函数命名（例如 main）。从技术上讲，所有这些名称都称为“标识符”。

当在程序里命名名称时，必须遵守 Python 制定的一些规则：每个标识符必须以字母或下画线（“_”）开头，后跟字母（小写 a~z，大写 A~Z）、数字（0~9）或下画线（“_”）的任意序列。这意味着第一个不能是数字，单个标识符不能包含任何空格。

所以，a、i、score、factory、_g_value、camelCase、idx、send_to_screen 等都是合乎规则的名称。注意到，Python 标识符区分大小写（又称“大小写敏感”），所以对 Python 来说，spam、Spam、sPam 和 SPAM 是不同的名称。大多数情况下，程序员可以自由选择符合这些规则的任何名称。不过，好的程序员总是会选择一些有实际意义的名字。

Python 有 39 个保留字（也称关键字）。与有五六十个以上保留字的语言如 C++、C#、Java 等相比，Python 可谓中规中矩。本书附录 A 中列出了 Python 的保留字。

```
>>> if = 3              # if 是 Python 保留字
File "<stdin>", line 1
if = 3
   ^
```

if 是 Python 的保留字，无法以此命名，否则会出现出错信息“SyntaxError: invalid syntax”（语法错误：无效的语法）。

```
>>> IF = 4              # 取名为大写 IF 后虽可行，但不建议
```

在 Python 中也可以使用 Unicode 字符来命名，例如可以使用中文字、日文假名、法文字母来命名。例如：

```
>>> 数 = 3              # 建立整数 3，命名为“数”
>>> 你好 = 'hello'      # 建立字符串 'hello'，命名为“你好”
```

不过取这种名称不利流通也不具国际性，所以应尽量避免。

当想通过某名称存取与其绑定的对象时，该名称必须先存在，也就是必须先定义。在 Python 中定义名称的方式是赋值语句。当某名称第一次出现在赋值语句左边时，解释器就会产生该名称，然后便能在程序中使用该名称（对象）；之后若该名称又出现在赋值语句左边，便会转而指向别的对象。

```
>>> a                  # 目前尚未有“a”这个名称
Traceback (most recent call last):
  File "<stdin>", line 1, in <module>
NameError: name 'a' is not defined
(名称错误：名称 'a' 尚未定义)
>>> a = 3              # 以赋值语句产生名称、建立 int 对象 3，并绑定两者
>>> a + 5              # 之后就可以使用名称“a”来存取对象
8
>>> a = 99             # 转而指向别的新对象
```

但也有例外，在使用“+=”这样的运算符时，若左边是可变对象，例如 list（列表），其动作通常会是原地修改。

Python 还包括许多内置函数（例如 print 函数）。虽然在技术上可以将内置函数的名称用来标识其他目的，但这是一个“非常糟糕”的主意。例如，如果重新定义 print 的含义，就无法再打印信息，这也会让其他阅读程序的 Python 程序员感到非常困惑，因为他们预期中的 print 指的是内置函数。

2.1.2 对象与类型

请看下面的举例，执行结果如图 2-2 所示。图中的 3、7、1.25、'hello' 称为“对象”，每个对象都有其类型，例如 7 是 int（整数），1.25 为 float（浮点数），'hello' 是 str（字符串）。当想建立字符串对象时，以单引号“'”或双引号“"”包住想要的文字即可。执行赋值（等号“=”）动作时，如果左边的名称（标识符）是第一次出现，那么 Python 解释器就会先产生该名称，让你经由该名称调用指向的对象；若之后再把相同的名称放在等号左边，那么解释器会找出该名称，使它转而指向新的对象，例如上述程序代码执行后，名称 a 最后会指向整数对象。名称与对象之间的关系又称绑定。由于 Python 具备垃圾收集的功能，而上述程序代码最后已经没有任何名称指向该对象，原先的整数对象 3（被称为垃圾）会被自动回收。

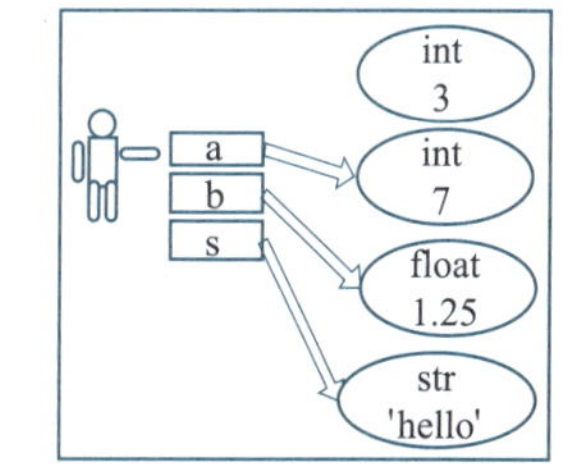

图 2-2 名称与对象的关系

编写程序时会根据需求建立各种不同的对象，若想表示学生的成绩，可使用整数或浮点数类型的对象，若想存储员工的姓名，可使用字符串类型的对象。此外，Python 还提供了其他一些数据类型。

在某些程序语言中，变量是个整体的概念，包括变量的名称、变量值的类型、存放变量值的地方。以变量名称来使用变量，变量与类型也捆绑在一起，一经宣告便不可改变，存放值的地方也是一块与变量名称紧紧关联在一起的固定大小的存储块。

但是，若只有这种形式的变量也会很不方便，所以其他程序语言后来加入了指针、对象等概念。而在 Python 里，所有东西通通都是对象，不论是整数、字符串、列表，还是函数、模块等，并且把名称与对象的概念独立开来，所以不再使用“变量”的概念来解释。

2.1.3 动态类型

谈论程序语言时，常会看到“动态”与“静态”这两个词，简单地说，动态是指“执行时”，

静态就是指“执行前”。把名称与对象分离开，而且把类型放在对象身上，在动态执行时才会找出对象的类型，这种概念称为动态类型。

名称本身并不含有类型信息，该名称可能指向整数对象，也可能指向列表对象，在程序执行过程中，该名称指向对象的类型可能会改变，所以只看程序代码“a + b”，并不知道 a 与 b 的类型，自然也不清楚“+”应该做什么动作，只有在执行时，知道 a 与 b 的类型后，才能执行“a + b”。如果是整数，那么“+”是算术加法；如果是字符串，那么“+”是字符串连接。这种根据类型做出不一样行为的机制称为“多态”。因为 Python 采用动态类型，所以名称可随时指向不同类型的对象，容器类型内的元素也可以是不同类型。例如下面的程序代码，在列表 a 里放入各种类型的对象。

```
>>> a = [3, 'abc', 4.56, (0, 1, 2), [[3, 4], 'def']]
```

2.1.4 列表

除了整数、浮点数、字符串等数据类型之外，还有一种称为列表（list）的具备容器（数据结构）功能的类型，list 数据结构中可以放入任何类型的对象。建立列表对象时，其语法是使用方括号“[ ]”包住想含有的对象。例如：

```
>>> li0 = [30, 41, 52, 63]
>>> li0[2]              # 调用位于索引 2 处的对象
52
>>> li1 = ['amy', 'bob', 'cathy']
>>> b = li1[1]          # 拿到索引 1 之处的对象，赋值给名称 b
>>> b                   # 名称 b 指向字符串对象 'bob'
 'bob'
>>> li1[99]             # 索引值超过界限，发生错误
Traceback (most recent call last):
  File "<stdin>", line 1, in <module>
IndexError: list index out of range   # 索引错误
```

如图 2-3 所示，名称 li0 指向一个列表对象，含有 4 个元素（或称为项目），分别是整数对象 30、41、52、63，然后可使用 li0[2] 的索引语法来存取该位置的对象，给定名称后再于方括号内写进索引值即可。列表的索引值从 0 开始计数，所以列表 li0 的有效索引值界限是 0~3。名称 li1 指向另一个列表对象，含有 3 个字符串对象，使用索引语法取出对象后，可以赋值给另一个名称；若索引值超过界限，便会显示出错信息“IndexError: list index out of range”（索引错误：列表索引值超过界限）。

注：索引从 0 开始长度为 n 的列表，其有效索引值是 0~n-1，如果不小心以 n 作为索引值来存取列表，就会出错，这叫做“离一错误”。虽然只差一，但还是属于非法动作。

列表可以同时放入任何类型的对象，包括列表本身。例如：

```
>>> li2 = [3, 101, 4.56, 'book', 'music']
>>> li3 = ['Frank', 177, 68, 'engineer', ['C', 'Python']]
>>> li3[4]            # li3 列表、索引值 4 的地方也是个列表 ['C', 'Python']
>>> li3[4][1]         # 既然是个列表，继续以 [] 语法调用其内容'Python'
```

列表 li2 里有两个整数对象、一个浮点数对象、两个字符串对象。列表不仅可以含有整数、浮点数、字符串这些对象类型，也可含有列表。如上例的 li3，其索引值 4 之处也是个列表，里头含有两个字符串（见图 2-4）。

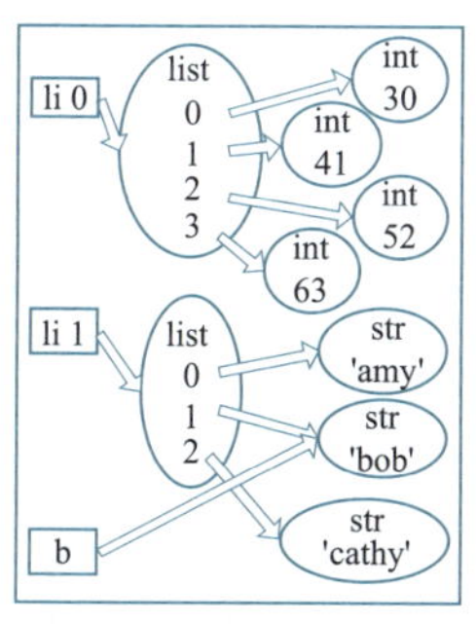

图 2-3　列表对象

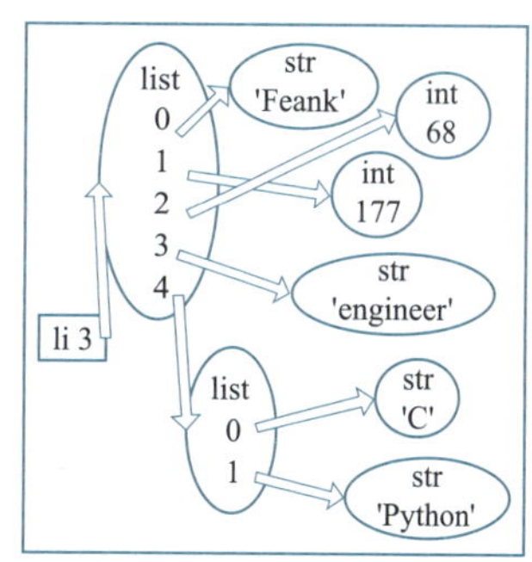

图 2-4　列表内可含有列表

当我们说"列表内可存放对象"时，并不是真的把某个对象放在列表里，而是让该列表能以索引的方式指向其他对象，就跟"a = 3"的赋值结果差不多，只不过改成索引语法来调用罢了。

2.1.5　可变与不可变

类型为 int、float、str 的对象，都拥有"不可变"的特性，即不可变对象一旦建立，其值就无法改变。可以让某个名称转而指向别的对象，但不能修改不可变对象。

```
>>> a = 3              # 建立整数对象（值为 3），产生名称 a 指向它
>>> a = 4              # 名称 a 转而指向另一个整数对象（值为 4）
>>> a
4
```

上述程序代码中，值为 3 的整数对象一旦建立后，其值就不能再变动；执行"a = 4"后，名称 a 指向新的对象，则原先的对象将成为垃圾被系统回收。但列表属于"可变"对象，建立后，仍可修改其内容。

```
>>> name = 'Frank'                # 姓名
>>> weight = 177                  # 身高
>>> height = 68                   # 体重
>>> title = 'engineer'            # 职称
>>> langs = ['C', 'Python']       # 程序语言
>>> li4 = [name, weight, height, title, langs]
>>> li4[2] = 75
>>> li4
['Frank', 185, 75, 'engineer', ['C', 'Python']]
```

在上述代码中，列表 li4 的索引值 2 原本指向整数对象 68（体重），之后"li4[2] = 75"让该处转而指向新的整数对象 75，换句话说，列表 li4 改变了。而因为程序里没有任何一处（名称）指向之前的整数对象 68，也就成为垃圾，会被 Python 的垃圾收集机制回收。

2.1.6 别名

因为 Python 有不可变对象（int、float、str）与可变对象（list、dict）之分，而且名称与对象其实是独立的两样东西，所以必须注意发生“别名现象”，也就是当两个（或以上）的名称都指向同一个对象时的状况。别名也称共享参考。

如果是不可变对象，那么程序行为应可预期，例如：

```
>>> a = 3              # 名称 a 指向整数对象 3
>>> b = a              # 通过名称 a 拿到整数对象 3，赋值给名称 b
>>> a                  # 此时，a 与 b 都指向“同一个”对象
3
>>> b
3
>>> b = 4              # 名称b指向“新的整数对象 4”
>>> b
4
>>> a                  # 名称a仍指向原先的整数对象3
3
```

上述程序行为，读者应该熟悉了，但如果是可变对象，那就要小心，例如：

```
>>> a = [60, 71, 82] # 名称a指向列表
>>> b = a            # 通过名称a拿到列表，赋值给名称b
>>> a                # 此时，a与b都指向“同一个”列表
[60, 71, 82]
>>> b
[60, 71, 82]
>>> b[0] = 99        # 通过名称b修改列表（可变对象）
>>> b                # 改变了
[99, 71, 82]
>>> a
[99, 71, 82]
```

当使用可变对象时，同一个对象可赋值给多个名称。换句话说，多个名称可指向同一个对象，通过这些名称都可以修改该可变对象。

2.1.7 元组

Python 提供了元组（tuple）类型，元组是不可变的列表（list）。建立 tuple 对象时，须使用小括号“( )”包住想含有的对象。例如：

```
>>> ()                         # 空 tuple
()
>>> t0 = (30, 41, 52, 63)
>>> t0[2]                      # 调用索引 2 该处的对象
52
>>> t1 = ('amy', 'bob', 'cathy')
>>> b = t1[1]                  # 读取索引 1 的对象，赋值给名称b
>>> b                          # 名称b指向字符串对象 'bob'
'bob'
```

```
>>> t1[0] = 'annie'     # tuple 是不可变对象，不能修改
Traceback (most recent call last):
  File "<stdin>", line 1, in <module>
TypeError: 'tuple' object does not support item assignment
（类型错误：'tuple'对象不支持项目分配）
>>> t1[99]               # 索引值超过界限，发生错误
Traceback (most recent call last):
  File "<stdin>", line 1, in <module>
IndexError: tuple index out of range
（索引错误：元组索引超出范围）
```

tuple 与 list 很像，建立时改用小括号包住内含对象，调用时的索引语法都和 list 一样，索引值超过界限时也会发生错误，但 tuple 对象属于不可变对象，当想要更改它时，例如“t1[0] = 'annie'”，将会出现错误“TypeError: 'tuple' object does not support item assignment”（类型错误：'tuple' 对象不支持赋值动作）。

既然 tuple 对象不可变，就无须担心别名现象，因为一旦有个名称指向 tuple 对象，不管是自己建立的、还是从某处获取的，它都不会改变。

```
>>> t0 = (0, 1, 2, 3)
>>> t1 = t0                    # t1 与 t1 指向同一个对象
>>> t1[0] = 99                 # 不可变
Traceback (most recent call last):
  File "<stdin>", line 1, in <module>
TypeError: 'tuple' object does not support item assignment
（类型错误：'tuple'对象不支持项目分配）
```

当想建立只含一个元素的 tuple 对象时，不能只写“('only one')”，因为括号“( )”除了用来建立 tuple 对象，也可用来改变运算顺序，所以必须如上述程序代码加个逗号“('only one',)”，这样 Python 才能正确得知你想要的是什么。另外，在语义明确的地方，通常可以省略掉建立 tuple 的括号，Python 还是能知道你的意思。例如：

```
>>> t0 = ('only one')          # t0 是 str 对象
>>> t1 = ('only one', )        # t1 是 tuple 对象
>>> ('a', 'b', 'c')            # 以括号“( )”建立 tuple 对象
('a', 'b', 'c')
>>> 'a', 'b', 'c'              # 此处可省略括号
('a', 'b', 'c')
```

又如：

```
>>> (0, 1, 2, 3)               # 建立数组
(0, 1, 2, 3)
>>> 3 * (4 + 5)                # 用括号改变运算顺序
27
>>> (0)                        # 这样只会得到值为 0 的 int 对象
0
>>> (0, )                      # 这样会得到含有一个元素的 tuple 对象
(0,)
```

2.1.8 内置常数

所谓“内置常数”，是指 Python 事先就设定好的数据，即系统默认的几个名称，指向预先建立的对象，这些名称都代表了特定的意义，如果任意重新赋值，程序的行为就会改变，也会让阅读程序代码的人困惑且造成混淆，因此，一般不会也不该这么做。

内置常数包括 None、False、True、NotImplemented、Ellipsis、__debug__。

2.2 表达式

现在，我们已经建立并拥有一些东西（对象）了，但是，该怎么操作各种类型的对象呢？例如，华氏温度转成摄氏温度，获取五门课的成绩后想求个平均分，想比较两个对象的大小，想连接好几个字符串，这些动作就要靠表达式来完成了。

表达式由操作数与运算符组成，操作数就是对象，可以直接写在程序里，例如 3、45.67、'How are you?'、[3, 2, 1, 0] 这些字面值；操作数也可以是个名称，通过名称调用指向的对象。运算符代表了种种不同的操作动作，例如两个整数对象相加、连接两个 tuple 或列表、比较两个字符串、检查某个对象是否存在于列表中，等等。

2.2.1 算术运算符

算术运算符包括 +、–、*、/、%、//、**，例如：

```
>>> a = 3 + 5                    # + 加法，得到 8
>>> b = 6 - 20                   # - 减法，得到 -14
>>> c = 200 + a * b              # 先乘除后加减，得到 88
>>> c2 = (200 + a) * b           # 使用括号改变运算顺序，得到 -2912
>>> d = 17 / 3                   # 5.666666666666667
>>> d2 = 17 // 3                 # 地板除法，得到 5
>>> e = 17 % 3                   # 余数，得到 2
>>> f = 2 ** 5                   # 2 的 5 次方，得到 32
>>> g = +f                       # 求 f 的正数，还是 32
>>> h = -f                       # 求 f 的负数，得到 -32
```

其中，“+”加法、“-”减法、“*”乘法、“**”幂次方和数学中的含义一样；“+”与“–”运算符不仅能作为二元运算符（需要两个操作数），代表加法与减法，也可作为一元运算符（需要一个操作数），代表正数与负数，“-x”可改变 x 的正负号，但“+x”就没什么用了。

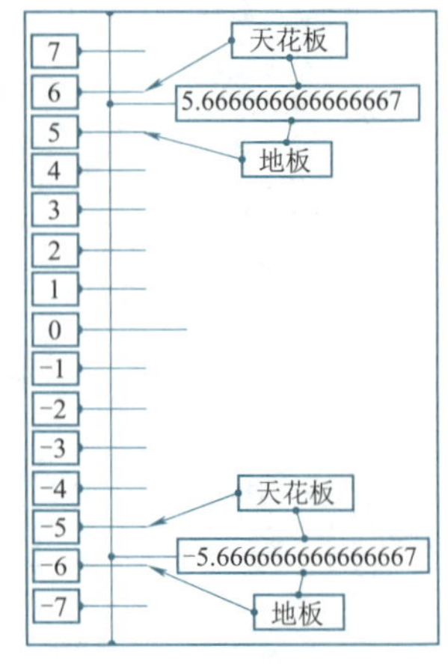

图 2-5　天花板与地板

要特别注意“/”、“//”和“%”。先来看看地板除法运算符“//”，我们想象有一条垂直的数值线（见图 2-5），往上为正，往下为负；“17 // 3”的结果会是“17 除以 3”的地板，也就是比它小但最靠近它的整数，换句话说，“17 除以 3”落在 5 与 6 之间，天花板是 6，地板是 5，所以“17 // 3”地板除法的结果会是 5；而“– 17 除以 3”落在 – 5 与 – 6 之间，天花板是 – 5、地板是 – 6，所以“– 17 // 3”结果是 – 6。若作用在浮点数，行为仍相同，但结果的对象类型会是 float。

换个说法，地板除法“//”的运算规则是：先对被除数进行四舍五入取整（除数不动），然后运算除法，对运算结果进行无条件截断，只保留到整数部分，小数点后不保留。这个计算结果类似于 floor()，所以称为地板除法。

至于除法运算符“/”，若操作数是浮点数，则得到一般除法（也称精确除法）的结果，例如“17.0 / 3”的结果是“5.666666666666667”，只要操作数其中一个是浮点数，另一个操作数就会被自动转成浮点数，然后再作除法。但因为计算机的浮点数类型不能表示无穷位数，所以只能得到“5.666666666666667”这样的结果；另外，就算是非无穷位数，浮点数类型仍无法完整表示某些值，操作数不论是整数还是浮点数，其行为都相同（见表 2–1）。

表 2–1 “/”、“%”与“//”的运算结果

举　例	运 算 结 果
17 / 3	5.666666666666667
–17 / 3	–5.666666666666667
17 // 3	5
–17 // 3	–6
17 % 3	2
–17 % 3	1
17 % -3	–1
–17 % -3	–2
17.0 / 3	5.666666666666667
–17.0 / 3	–5.666666666666667
17.0 // 3	5.0
–17.0 // 3	–6.0
17.0 % 3	2.0
–17.0 % 3	1.0
17.0 % -3	–1.0
–17.0 % -3	–2.0

余数运算符“%”，操作数是正整数对象时，其行为例如“17 % 3”的结果是 2；但若是负整数，其行为由“x % y”等于“x–(x//y) * y”决定，若作用在浮点数，行为仍一样，但结果的类型是 float。

```
>>> x = 17
>>> y = -3
>>> x % y
-1
>>> x - (x // y) * y
-1
```

Python 执行表达式运算时，会遵从运算符优先顺序，在算术运算符中，“**”最高，“+”正数与“-”负数次之，然后是“*、/、//、%”，之后是“+、-”加减法，这也符合我们学过的运算顺序。

若想改变运算顺序，可使用括号。当表达式中有多个运算符、且优先顺序相同时，会从左边开始运算，除了“**”以外。

```
>>> 2 + 3 - 1            # 优先顺序相同，从左边开始算
4                        # 等同于 (2 + 3) - 1
>>> 2 * (3 * 4)          # 使用括号改变运算顺序
24
>>> 2 ** 3 ** 2          # 注意，“**”例外，先算 3 ** 2
512
>>> 2 ** (3 ** 2)
512
>>> (2 ** 3) ** 2
64
```

当表达式中的操作数属于不同类型的对象时，它们之间并不能进行运算，必须先转变数据类型，对于 int 与 float 这两种数值类型，只要知道表达式中有浮点数时，其他操作数就会都转成浮点数。

str（字符串）类型的对象可以使用“+”与“*”，分别代表字符串连接与复制字符串数次再连接起来，例如：

```
>>> 'Hello'+' '+'Python'        # 连接
'Hello Python'
>>> 'Hello' * 4                 # 复制数次再连接
'HelloHelloHelloHello'
>>> 4 * 'Hello'
'HelloHelloHelloHello'
```

其实，list 与 tuple 也可以使用“+”与“*”作运算，因为它们与字符串都是序列类型的一种。

```
>>> [0, 1, 2] + [3, 4, 5]       # 列表连接后产生新列表
[0, 1, 2, 3, 4, 5]
>>> [0, 1, 2] * 3               # 列表的“乘法”，重复列表的内容数次
[0, 1, 2, 0, 1, 2, 0, 1, 2]
```

上述程序代码里的 list 对象若改成 tuple 对象依然可运算，只不过产生的对象会是 tuple 类型。

2.2.2 比较运算符

广义的比较运算符有：

（1）<、<=、>、>=、!=、<>、==：作大小比较，比较的意义由类型决定。

（2）in、not in：成员关系运算符，检查某元素是否在容器型对象里。

（3）is、is not：同等关系运算符，判断两个对象是否为同一个。

比较运算符的运算结果会产生布尔（bool）类型的对象，只有两种可能的值，True（真）与 False（假）。

```
>>> a = 11
```

```
>>> b = 23
>>> a < b                # a 小于 b 吗?
True
>>> a <= b               # a 小于或等于 b 吗?
True
>>> a > b                # a 大于 b 吗?
False
>>> a >= b               # a 大于或等于 b 吗?
False
>>> a == b               # a 等于 b 吗? 注意，两个等于符号 "=="
False
>>> a != b               # a 等于 b 吗?
True
>>> a <> b               # a 等于 b 吗? 2.x 版才有 "<>"
True
```

以上是数值类型（int 或 float）的比较行为，str、list、tuple 类型也能使用比较运算符，但较少用。“==”（双等号）可用来比较两个对象的内容是否相等。

```
>>> li0 = [0, 1, 2]
>>> li1 = [3, 4, 5]
>>> li2 = [0] + [1, 2]
>>> li0 == li1
False                    # 两者不相等，含有不同的内容
>>> li0 == li2
True                     # 两个列表里含有相同的对象
```

成员关系运算符 in、not in 可检查某对象是否位于容器（数据结构）对象内，换句话说，可检查 str、list、tuple 类型的对象里是否有该对象。

```
>>> a = 4
>>> b = 11
>>> li = [2, 3, 5, 7, 11, 13, 17, 19]
>>> t = [0, 2, 4, 6, 8, 10]
>>> a in li              # a 在 li 里吗?
False
>>> b in li              # b 在 li 里吗?
True
>>> a not in t           # a 不在 t 里吗?
False
>>> b not in t           # b 不在 t 里吗?
True
>>> s0 = 'you'
>>> s1 = 'she'
>>> s2 = 'How are you?'
>>> s0 in s2             # s2 里有 s0 吗?
True
>>> s1 in s2             # s2 里有 s1 吗?
```

```
False
```

同等关系运算符 is 可判断两个对象是不是“同一个”，准确地说，是判断两个名称是否指向同一个对象；is not 的行为则相反。

```
>>> a = 3
>>> b = 4
>>> c = 1 + 2
>>> a is b                # 名称 a 与名称 b 是否指向同一个对象？
False
>>> a == c
True                      # a 的值与 c 的值相等
>>> a is c
True
>>> t0 = (0, 1, 2)
>>> t1 = t0
>>> t2 = (0, ) + (1, 2)
>>> t0 is t1              # 这两个名称是否指向同一对象？
True
>>> t0 == t2
True                      # t0 与 t2 内含的对象都相同
>>> t0 is t2
False                     # t0 与 t2 指向不同的对象
```

当想知道两个名称是否指向同一个对象时，使用 is；若是想比较两个对象是否相等，应该使用运算符“==”。

True 与 False 实际上就是整数 1 与 0，只不过拥有特别的名称，作为特殊用途罢了。所以可用于一般的算术运算，但并不建议这么做。应该把 True 与 False 视为类型布尔的真假值，而不是单纯的数字。

```
>>> False - 5 + (True * 3)
-2
>>> True == 1, False == 0              # 其值虽等于 1 和 0，
(True, True)
>>> True is 1, False is 0              # 但并非同一对象
(False, False)
```

当想比较多个数值时，原本需要以 and 或 or 组合多个比较表达式，但 Python 支持简短的写法，例如“x < y < z”等同于“x < y and y < z”，例如：

```
>>> x, y, z = 3, 6, 9
>>> x < y and y < z
True
>>> x < y < z                          # 简短写法
True
>>> x < y and y > z
False
>>> x < y > z                          # 简短写法
False
```

```
>>> x == y < z
False
>>> x == y and y < z                     # 简短写法
False
```

若只须比较三个东西，可使用简短写法。不过一旦比较的东西（表达式）较长、需要比较的个数多于三个，那么使用简短写法很容易搞混，不知道到底是哪个比哪个。

2.2.3　逻辑运算符

比较运算符的运算结果可得到 True 或 False，这些是布尔类型的对象，而逻辑运算符可以再进一步，把多个比较表达式结合在一起。例如，你不仅想知道代表水温的数字是否大于冰点（0 ℃），也想同时知道该数字是否也小于沸点（100 ℃）。

逻辑运算符有 and、or、not。当 and 运算时，只有在左右两边的对象都为 True 时，运算结果才会是 True，其余情况都为 False；or 则只要有一个对象为 True 就会得到结果 True；not 则是反转真假值。

```
>>> x = 42                               # 假设这是水温
>>> 0 <= x and x <= 100                  # 是否介于 0 到 100 之间（包含）
True
>>> y = 25
>>> z = 36
>>> a = x < y or z < x                   # 是否超出 25~36 界限之外
>>> a                                    # 可把运算结果（是个 bool 对象）赋值给名称 a
True
>>> not a                                # “not”代表“非”的意思
False
```

在 Python 里，可被当作真假值的不仅有 True 跟 False，事实上，所有对象都可用于逻辑运算。False、None、数值类型值为 0 的对象、空字符串“''”、空 list 对象与空 tuple 对象，在逻辑表达式里都会被当作 False，任何其他对象则一律视为 True。注意，字符串“'0'”、list“[0]”、tuple“(0,)”都代表“真”。None 是个非常特别的对象，它的类型是 NoneType，通常用来代表“无”或“尚未得到有效值”。

```
>>> li0 = [0, 1, 2]
>>> li1 = []                             # 空 list 对象
>>> li2 = [None, False]
>>> li0 and li1 []                       # [] 也代表空列表
False
>>> li0 or li2 [None, False]             # 只要 list 对象里有东西，它就不代表 False
```

结合 and、or、not 组成更长的逻辑表达式时，须注意短路行为，一旦运算式已经得知结果，就不会再继续运算，例如：

```
>>> li0 = []
>>> li1 = [30, 41, 52]
>>> li0 and li0[0] > 25                  # 光看 li0 就知道整个表达式的结果
[]                                       # 所以结果就是 li0“[]”，根本不会运算“li0[0]>25”
```

```
>>> li1 and li1[0] > 25                    # li1 非空列表
True                                       # 所以会去运算 "li1[0] > 25"
>>> [] or '0'                    # [] 为假，所以结果由 '0' 决定
'0'                              # '0' 为真
>>> '' or [0] or () or 0         # 看到 [0] (真) 时就知道结果了，根本不会去看后面的 () 和 0
[0]
```

最后，在 Python 里，“x < y and y <= z” 可写成 “x < y <= z”，语义相同但更短。

2.2.4 运算符优先级

表 2-2 列出了 Python 中所有运算符的优先顺序，其中某些尚未介绍。表中的 expr 代表表达式，例如 “3 + 2” “16 << 2”，而 “expr...” 代表一串以逗号隔开的表达式，例如 “1, 3+5, 5/2, 2**3”，“arguments...” 代表传入函数的参数（零到多个）。

表 2-2 运算符优先顺序（优先级从上到下从高到低）

运 算 符	简 单 说 明
(expr...)、[expr...]、{key: value...}、`expr...`、{expr...}	tuple、列表、字典、字符串转换、集合
x[index]、x[index:index]、x(arguments...)、x.attribute	索引、切片、函数调用、属性项存取
**	幂次方
+x、-x、~x	正数、负数、位运算 “NOT”
*、/、//、%	乘法、除法、余数（也用于字符串格式化）
+、-	加法、减法
<<、>>	位位移运算
&	位运算 “AND”
^	位运算 “XOR”
|	位运算 “OR”
in、not in、is、is not、<、<=、>、>=、!=、<>、==	比较运算，也包括成员关系和同等关系
not x	布尔逻辑运算 “NOT”
and	布尔逻辑运算 “AND”
or	布尔逻辑运算 “OR”
if/else	条件表达式
Lambda	lambda 表达式

一般的数值运算符，例如 “+、*、/” 等等，其优先顺序都高于比较运算符，如 “<=、!=、is not” 等。

（1）编写程序需要一种系统的方法来解决问题，其步骤包括：问题分析、程序规格说明、设计、实现、测试 / 调试和维护。

（2）程序由标识符和表达式构成的语句组成。标识符以下画线或字母开头，后跟字母、数字或下画线字符的组合。Python 中的标识符区分大小写。表达式是产生数据的程序片段，可以由字面量、变量、运算符组成。

（3）Python 的数字运算符包括加法（+）、减法（-）、乘法（*）、除法（/）和乘幂（**）等常见的算术运算。

2.3　单行和多行注释

在编写程序代码时，为了使代码更容易理解，通常会在实现某种功能时添加一些注释予以说明，注释的内容不会被程序解析执行。

（1）中文注释方法。Python 默认使用 ASCII 码保存文件。如果在程序中使用中文注释时，为避免出现乱码，应该在程序的开头声明保存编码的字符格式。例如在程序开头加上：

```
# coding=gbk
```

或者：

```
# coding=utf-8
```

（2）单行注释符号。“#”常被用作单行注释符号，在代码中使用 # 时，它右边的任何数据都会被忽略而当做注释内容。

```
print 1                      # 输出 1
# 右边的内容在执行的时候不会被输出
```

（3）批量、多行注释符号。当注释内容有很多行时，需要使用多行注释符，就是用三引号对'''…'''（单引号组成）或者"""…"""（双引号组成）来包含注释内容。例如：

```
'''
三对单引号，Python 多行注释符
三对单引号，Python 多行注释符
三对单引号，Python 多行注释符
'''
```

或者

```
"""
三对单引号，Python 多行注释符
三对单引号，Python 多行注释符
三对单引号，Python 多行注释符
"""
```

2.4　源程序文件

虽然在学习初期 Python 的解释器互动模式（Shell）会很好用，透过交互方式逐步学习了各种语言功能，但最终还是要把程序写在文件里。

2.4.1　扩展名与执行方式

Python 源代码文件，或称为脚本文件，一般会以 .py 作为扩展名。当执行 Python 程序文件之后，可能还会看见 .pyc 文件，这些是字节文件。虽然理论上 Python 解释器会一行一行地执行文件里的程序代码，但实际上是先把源程序文档编译成二进制代码文档，然后才执行；假设再次执行时文件内容没变，就不需编译可直接执行二进制代码文档，以提升执行速度。.pyc 可能与源程序文件放在一起，也可能放在 __pycache__ 目录之下，这由 Python 解释器的不同版本而定。另外，.pyo 文件则是开启效能最佳化选项编译出来的二进制代码文档。

当在命令模式下想执行 Python 程序时，可以输入 Python 解释器的指令名（通常是 python）、后面跟着源程序文件名，这样便可执行。

2.4.2 程序常见错误

下面列举几则 Python 程序中的常见错误。

1. 缩排不正确

当看到“IndentationError”（缩排错误）信息时，就代表该程序代码里某语句的缩排深度不正确。

请注意所使用的程序代码编辑器的特殊功能，有些编辑器会把一个 Tab 换成 4 个空格（或其他）；一个 Tab 有时等于 4 个空格的宽度，有时却等于 8 个空格，总之，在屏幕上所看见的缩排模样，看似正确，但实际上并不一定正确。

建议保持一致的缩排风格，例如全部采用“4 个空格”作为一层缩排的深度，并且不要混用空格与 Tab。在命令模式下执行程序文件时，可为 Python 解释器指令（通常是 python）加上参数“-t”，便会帮助侦测是否有混用的情况，并对此发出警告。

2. 忘记冒号“:”

Python 语句会以冒号“:”表示接下来的程序代码为主体部分，例如 if、else、for、def 与 while，这点跟以大括号“{”“}”来划分程序代码的语言不同（如 C/C++ 与 Java）。

3. 操作数对象的类型不同

不同类型的对象之间不能进行运算，“3 + 4.5”可执行的原因是 Python 解释器自动转换，会把 3 从类型 int 转为类型 float，然后才和 4.5 相加；但若碰到无法自动转换的情况，解释器便会显示出错信息。例如““45” + 3”与“3 + “45””，你想要的结果是字符串还是整数呢？

想连接字符串与数字时，应以函数 str 先将数字转成字符串，然后再以“+”连接两个字符串。

4. 搞错“=”与“==”

一个等号“=”的意义是“赋值”，其作用是让左边的名称指向右边的对象；两个等号“==”的意义则是比较左右两边是否相等。“is”运算符的作用是判断左右两边是否为同一个对象。

建立新对象还是原地修改有些动作会建立新对象，有些则是“原地修改”，须区分清楚。

```
>>> a = b = c = [0,1,2]         # 原本都指向同一个列表对象
>>> b = b + [97, 98, 99]        # 右边表达式会产生出新的列表对象
>>> c += [3, 4, 5]              # 这是原地修改
>>> a, b, c ([0, 1, 2, 3, 4, 5], [0, 1, 2, 97, 98, 99], [0, 1, 2, 3, 4, 5])
>>> a is c, a is b              # a与c指向同一个对象
(True, False)
```

2.5 软件开发过程

编写大型程序是一项艰巨的挑战。如果没有系统的方法，几乎是不可能的。因此，创建程序的过程通常被分成几个阶段，其依据是每个阶段中产生的信息（可参阅“软件工程”课程）。

2.5.1 软件开发的主要步骤

通常，创建程序应该完成以下工作：

(1) 分析问题：确定要解决的问题是什么。尝试尽可能多地了解它。除非真的知道问题是什么，否则就不要开始解决它。

(2) 确定规格说明：准确描述程序将做什么。此时，不必担心程序“怎么做”，而是要确定它“做什么”。对于简单程序，这包括仔细描述程序的输入和输出以及它们的相互关系。

(3) 创建设计：规划程序的总体结构。这是描述程序怎么做的地方。主要任务是设计算法来满足规格说明。

(4) 实现设计：将设计翻译成计算机语言（例如 Python）并放入计算机。

(5) 测试 / 调试程序：试用所编写的程序，看看它是否按预期工作。如果有任何错误（通常称为“缺陷”），那么应该修复它们。定位和修复错误的过程称为“调试”程序。调试阶段的目标是找到错误，所以应该尝试能想到的“打破”程序的一切可能。

(6) 维护程序：继续根据用户的需求开发该程序。大多数程序从来没有真正完成，它们在不断的使用中持续演进。

2.5.2 程序开发示例：温度转换器

下面，我们通过一个温度转换器的简单例子来体验软件开发过程的各个步骤。

人们因为工作和学习的需要，常常会在不同的地方生活，由此也会带来一些不便。例如，在杭州，人们开车常用公里数，而在旧金山，人们用的是英里数。相同的问题还有气候温度上的摄氏度和华氏度。下面就编写一个将摄氏温度转换为华氏温度的小程序。

先来考虑该程序的规格说明。

输入：程序将允许输入摄氏温度。

输出：程序将显示转换后的华氏温度。

程序输出与输入之间的确切关系是：0 摄氏度（冰点）等于 32 华氏度，100 摄氏度（沸点）等于 212 华氏度。据此，可以计算出华氏度与摄氏度的比率为 $(212 - 32 / (100 - 0) = (180 / 100) = 9 / 5$。使用 F 表示华氏温度，用 C 表示摄氏温度，转换公式的形式为

$$F = (9 / 5)\ C + k$$

其中 k 为某个常数。代入 0 和 32 分别作为 C 和 F，可以得到 $k = 32$。所以最后的关系公式是

$$F = (9 / 5)\ C + 32$$

现在我们来为问题设计一个遵循标准模式“输入—处理—输出”（IPO）的简单算法：程序提示用户输入信息（摄氏温度），处理它，产生华氏温度，然后在计算机屏幕上显示结果作为输出。

通常，直接用一种计算机语言来编写算法需要相当的精度，这常常会扼杀开发算法的创造性过程。作为替代，人们常用“伪代码”来编写算法。伪代码只是精确的自然语言（例如汉语或英语等），用于描述程序所要做的事。这意味着既可以交流算法，又不必要求正确写出某种特定编程语言的细节。

下面是“温度转换器”的完整算法：

```
输入摄氏度温度（称为 celsius）
计算华氏度为 (9 / 5) celsius + 32
输出华氏度
```

下一步，是将此算法设计转换为 Python 程序。这很直接，因为算法的每一行都变成了相应的 Python 代码行。

【程序实例 2-1】一个温度转换器程序。

```
# convert.py
# 将摄氏温度转换为华氏温度的程序

def main():
  celsius = eval(input("摄氏温度是多少？"))
  fahrenheit = 9 / 5 * celsius + 32
  print("该温度是", fahrenheit, "华氏度。")

main()
```

请仔细阅读，看看你是否能弄清楚这个程序的每一行做了什么。程序完成后，测试它，看看它工作得如何。我们用值 0 和 100 来测试这个程序，下面是两次测试的输出：

```
摄氏温度是多少？0
该温度是 32.0 华氏度。
摄氏温度是多少？100
该温度是 212.0 华氏度。
```

习　题

1. 判断题（在题目右侧的括号内填写“√”或“×”）

（1）编写程序的最好方法是立即输入一些代码，然后调试它，直到它工作。　　（　　）

（2）可以在不使用编程语言的情况下编写算法。　　（　　）

（3）程序在写入和调试后不再需要修改。　　（　　）

（4）Python 标识符必须以字母或下画线开头。　　（　　）

（5）关键词是好的变量名。　　（　　）

（6）表达式由文字、变量和运算符构成。　　（　　）

（7）在 Python 中，x = y + 1 是一个合法的语句。　　（　　）

（8）Python 列表的大小不能增长和缩小。　　（　　）

（9）与字符串不同，Python 列表不可变。 （ ）

（10）列表必须至少包含一个数据项。 （ ）

2. 选择题（在题目的括号内填写正确选项）

（1）以下（ ）不是软件开发过程中的一个步骤。

A. 规格说明 B. 测试 / 调试 C. 决定费用 D. 维护

（2）将摄氏度转换为华氏度的正确公式是（ ）。

A. F = 9 / 5(C) + 32 B. F = 5 / 9(C) - 32

C. $F = B^2 – 4AC$ D. F = (212 - 32) / (100 - 0)

（3）准确描述计算机程序将做什么来解决问题的过程称为（ ）。

A. 设计 B. 实现 C. 编程 D. 规格说明

（4）以下（ ）项不是合法的标识符。

A. spam B. spAm C. 2spam D. spam4U

（5）下列（ ）不在表达式中使用。

A. 变量 B. 语句 C. 操作符 D. 字面量

（6）生成或计算新数据值的代码片段称为（ ）。

A. 标识符 B. 表达式 C. 生成子句 D. 赋值语句

（7）以下（ ）项不是 IPO 模式的一部分。

A. 输入 B. 程序 C. 处理 D. 输出

3. 讨论

（1）列出并用自己的语言描述软件开发过程中的 6 个步骤。

（2）为什么说先写出一个算法的伪代码而不是立即投入 Python 代码是一个好主意？

编程训练

1. 实训目的

（1）了解构成有效 Python 标识符及其命名规则。

（2）了解变量与对象的关系，熟悉对象与数据类型。

（3）熟悉 Python 表达式、运算符及其优先级。

（4）熟悉源程序文件的扩展名及其执行方式。

2. 实训内容与步骤

（1）仔细阅读本章各个实例的具体实现，从中了解 Python 程序设计，提高编程能力。如果不能顺利完成，请分析可能的原因是什么。

答：____

____

（2）识别下列程序的各部分：

①圈出每个标识符，为每个表达式加下画线。

②在每一行的末尾添加注释，指示该行上的语句类型（输出、赋值、输入、循环等）。

注释：

```
# chaos.py
# 一个随意编写的简单程序，没有特定的目的
def main():
    print(" 该程序说明了一个随意的功能。")
    x = eval(input(" 输入 0 到 1 之间的数字："))
    for i in range(10):
    x = 3.9 * x * (1 - x)
    print(x)
ain()
```

3. 实训总结

4. 教师对实训的评价

第 3 章 赋值与条件

简单的程序一般遵循输入、处理、输出（IPO）模式。整个 Python 程序由许多模块组成，模块里含有程序语句，语句各有其意义并含有表达式，表达式则建立并操作对象。有了基本的构建块（标识符和表达式），就可以更完整地描述各种 Python 语句。

一些编程语言提供了异常处理机制，让程序更具“防御性”。Python 的异常处理机制是 try…except 语句。

3.1 语句

语句是 Python 程序里最小、最基本的执行单位，每种语句都有其独特的语法和语义。不符合语句的语法，就不是合法的程序代码，也就不能被解释器正确解析并执行。而学习编写 Python 程序，也就是学习各种语句所代表的意思，再加上表达式，表达出你想要的程序行为。

3.1.1 Python 语句一览

Python 语句可分为简单语句与复合语句，大致上可以这么认为：能写成一行程序代码的是简单语句，跨越好几行的是复合语句。某些简单语句可以跨好几行，但事实上 Python 解释器会把它们当作同一行看待；有时复合语句的程序码太短了，因此 Python 语法也允许写在同一行上。表 3-1 列出了 Python 的所有语句。

表 3-1　语句一览表

语　　句	简　单　说　明
表达式	表达式本身就能成为语句，例如 3、foo()、x or y
赋值	运算符包括 =、+=、-=、*=、/=、//=、%=、**=、>>=、<<=、&=、^=、|=
assert	断言（假设）语句，通常用于除错
pass	什么事情也不做的语句
del	删除名称以及与对象之间的绑定关系
return	离开函数并返回某值或 None
yield	只能用于生成器函数内

续表

语　句	简 单 说 明
raise	触发异常
break	只能用在 for 与 while 循环内，将立即终止最靠近它的那一层循环
continue	立即跳到最靠近它的那一层循环的下一轮
import	读入模块
global	声明名称为全局范围
nonlocal	宣告名称位于外围函数范围内
if	条件判断式
while	while 循环
for	for 循环
try	异常处理
with	把一组程序语句包起来，由上下文管理器负责进入与离开的情况
def	函数定义
class	定义类

3.1.2　表达式语句

任何表达式同时也都是合法的语句，所以“3”“3 + 5”“3 < 5”“x < y or z < x”等既是表达式也是语句，我们可以在 Python 解释器的互动模式里输入“3”并执行。

Python 程序可使用分号“;”标示语句的结尾，但也可以不写；但若使用分号，便可把多个语句写在同一行上。

```
>>> 1 + 2                        # 表达式也是合法语句
3
>>> 1 + 2;                       # 以分号“;”标示语句结尾
3
>>> 1 + 2; 3 + 4; 5 + 6;         # 以分号“;”隔开语句
3
7
11
```

实际开发中很少把多个语句写在同一行上，因为这样会导致程序的可读性差。

3.1.3　语句的缩排

Python 使用缩排来标示程序代码的层级，所以语法非常简洁，不同于 C / C++ / Java / C# / JavaScript 以花括号“{ }”包住一堆程序代码的方式。不过第一次接触缩排格式的人会很不习惯，有道是：“若能搞懂缩排，就已经搞懂 Python 语法的一半了。”

Python 语法规定，缩排可以是四个空格（建议）、两个空格、一个 Tab 键或任何其他组合，重点在于保持一致、不要混用。本书的程序中一律采用四个空格的方式。

3.2　赋值语句

Python 中使用等号（=）表示将值赋给变量。利用赋值，程序可以从键盘获得输入。Python 还允许同时赋值，这对于利用单个提示获取多个输入值很有用处。

赋值语句是 Python 中重要的语句之一，务必完整且清楚地了解赋值语句。

3.2.1　简单赋值

基本赋值语句具有以下形式：

```
<标识符> = <表达式>
```

执行赋值语句时，解释器先执行等号右边的表达式，得到结果（对象）后，再赋值给等号左边的名称，将该值与左侧命名的变量相关联，建立起名称与对象之间的关系，我们其为“绑定”。

例如：

```
>>> a = 3              # 建立 int 对象值为 3，产生名称 a（第一次），赋值
>>> b = 3 + 5          # 运算结果是整数对象 8，取名为 b
>>> c = a < b          # 运算结果是 bool 对象，值为 True，c 指向此对象
>>> a = a + 1          # 运算结果是个新对象，a 转而指向该对象
```

赋值语句左边的名称第一次出现时，Python 解释器便会建立此名称。该名称可以多次被赋值，但它只保留最新赋的值。后面出现的赋值会使该名称转而指向别的对象，也就是建立新的绑定关系。所以，在上述程序代码里，“a = 3”是第一次建立 a，解释器会产生该名称并指向 int 对象 3；之后执行“a = a + 1”时，先运算右边，得到新的 int 对象 4，然后让 a 转而指向该对象，这个语句展示了如何使用名称的当前值来更新它的值。名称的值可以改变，这就是它们被称为“变量”的原因。我们可以将“变量”看作计算机内存中的一种命名的存储位置，可以在其中放入一个值。当变量更改时，旧值被删除并写入一个新值。

如果一个值不再被任何名称所引用，它就不再有用。Python 将自动从内存中清除这些值，以便收回存储空间。

现在，大家应该很清楚“名称”、“变量”、“对象”和“类型”的关系了。但有时候我们会以不同的说法描述：

• 当我们说“对象 a”时，正确说法是“名称 a 指向的那个对象”；

• 当我们说“对象 a 是个 int”时，正确说法是“名称 a 指向的对象，类型是 int”；

• 当我们说“浮点数 3.14”时，正确说法是“有个类型为 float 的对象，其值为 3.14”；

• 当我们说“3 是个整数对象”时，正确说法是“执行程序代码 3 后会建立类型为 int 的对象，其值为 3”；

• 当我们说“整数对象 a 为 3”时，正确说法是“名称 a 指向类型 int 的对象，其值为 3”；

• 当我们说“字符串 s”时，正确说法是“名称 s 指向的对象，其类型是 str”；

• 当我们说“tuple 类型不可变”时，正确说法是“类型 tuple 的对象一旦建立，其内容就不会改变”；

• 当我们说“list 对象 li”时，正确说法是“名称 li 指向类型为 list 的对象”；
• 当我们说“list 是可变对象”时，正确说法是“类型为 list 的对象是可变的”；
• 当我们说“t 是个 tuple”时，正确说法是“名称 t 指向类型为 tuple 的对象”。

3.2.2 多重赋值

所谓多重赋值，是指在同一行内，让同一个对象赋值（绑定）到多个名称，以及用分号“;”隔开多个赋值语句。

```
>>> a = b = c = 3                # a、b、c 都指向同一个 int 对象 3
>>> b = 4; c = 5                 # 以分号隔开两个语句，重新赋值 b 与 c
>>> a
3
>>> x = y = z = [0, 1, 2]        # 都指向同一个 list 对象
>>> y[0] = 99                    # list 是可变对象，修改
>>> z = [30, 41, 52]             # 名称 z 转而指向新对象
>>> x, y, z                      # x 与 y 指向同一个对象
([99, 1, 2], [99, 1, 2], [30, 41, 52])
```

在使用多重赋值时，要注意可变对象与不可变对象的差别。上述程序代码中，因为 int 对象 3 不可变，所以通过名称 a、b 与 c 无法修改所指向的 int 对象 3。若是可变的 list 对象，则通过 y 修改该对象的话，那么 x 指向的对象也变了，因为 x 与 y 指向的对象是同一个。（想一想为什么）

3.2.3 序列赋值

若想把多个对象在同一行内赋值给多个名称，可使用“序列赋值”（又称“同时赋值”），即一个赋值语句允许同时计算几个值。它看起来像这样：

```
<名称 1>, <名称 2>, ..., <名称 n> = <表达式 1>, <表达式 2>, ..., <表达式 n>
```

它告诉 Python 对右侧所有表达式求值，然后将这些值赋给左侧命名的相应名称。例如：

```
sum, diff = x + y, x - y
```

这里，sum 得到 x 和 y 的和，diff 得到 x 和 y 的差。

这种形式的赋值实际上非常有用。例如：假设有两个变量 x 和 y，希望交换它们的值。也就是说，希望将当前存储在 x 中的值存储在 y 中，将当前存储在 y 中的值存储在 x 中。下面这样做是不行的：

```
x = y
y = x
```

因为最终得到了原始 y 值的两个副本。（想一想为什么）

完成交换的一种方法是引入一个附加变量，它暂时记住 x 的原始值。

```
temp = x
x = y
y = temp
```

这种三变量交换的方式在其他编程语言中很常见。在 Python 中，同时赋值语句提供了一种优雅的选择。下面是简单的 Python 等价写法，因为赋值是同时的：

```
x, y = y, x
```

又如：

```
>>> (a, b, c) = (0, 1, 2)             # 左边是tuple（元组，不可变的列表）
>>> a, b, c = 0, 1, 2                 # tuple可省略括号
>>> a, b = b, a                       # 交换a与b所指向的对象
>>> a, b                              # a, b原来是 (0, 1)
(1, 0)                                # 现在是 (1, 0)
>>> x = [0, 1]; i = 0
>>> i, x[i] = 1, 2                    # 注意i先成为1，然后才赋值x[i]
>>> x [0, 2]                          # 所以是x[1]变了
```

不仅可以使用元组（tuple），也可以使用方括号（list）；使用这种赋值语句时，等号右边可以是任何序列类型，例如 list、tuple、str 等。

```
>>> a, b, c = [0, 1, 2]               # 等号右边可以是list对象
>>> [a, b, c] = [0, 1, 2]             # 等号左边也可以使用方括号
>>> a, b, c =  'abc'                  # 等号右边可以是str对象
>>> a, b, c                           # 查看，a、b、c分别指向一个str对象
('a', 'b', 'c')                       # 每个str对象只含一个字元
>>> data = ['John', 165, 51, ('C', 'Python')]
>>> name, height, weight, (lang0, lang1) = data
>>> name, height, weight, lang0, lang1
('John', 165, 51, 'C', 'Python')
```

“序列赋值”最好用的情况是当知道某容器对象的内部结构时，可以迅速地把其内容抽取出来，例如上面的 data。使用此种赋值能减少程序代码行数，但实际开发时，应把相关的数据放在一起、不相关的分开，这样才能让程序代码易读易懂。

上面的序列赋值，语句左右两边的个数必须相同，否则会发生错误。此外，“星号序列赋值”适合用于长度不定或未知的情况，例如：

```
>>> x = [0, 1, 2, 3, 4]
>>> a, *b, c = x                      # 星号，其余元素通通都会放进b
>>> a, b, c (0, [1, 2, 3], 4)         # b是个列表对象
>>> head, *rest = x                   # 拿出x列表里的第0个元素
>>> head, rest                        # 剩余的通通放进 rest (0, [1, 2, 3, 4])
>>> *rest, t1, t0 = x                 # 拿出倒数两个元素
>>> rest, t1, t0                      # 剩余的通通放进 rest ([0, 1, 2], 3, 4)
>>> a0, a1, a2, a3, *a4 = x           # 注意，当两边个数相等时，
>>> a0, a1, a2, a3, a4                # 以星号标示的名称a4，
(0, 1, 2, 3, [4])                     # 仍然会是list对象
>>> a0, a1, a2, a3, *a4, a5 = x
>>> a0, a1, a2, a3, a4, a5            # 当左边名称个数多于右边时，
(0, 1, 2, 3, [], 4)                   # 以星号标示的名称会指向空列表，
>>> a0, *a1, *a2, a3 = x              # 此种形式的两个星号，发生错误
  File "<stdin>", line 1
    a0, *a1, *a2, a3
       ^
```

```
SyntaxError: invalid syntax          # 语法错误：无效语法
>>> record = ('John', 50, 123.45, (12, 18, 2012))
>>> name, *_, (*_, year) = record    # 这种形式的两个星号，合法想要的才取名称，
>>> name, year                       # 不需要的东西就随便给个名称，例如下画线“_”
('John', 2012)
```

3.2.4 增强型赋值

增强型赋值语句是指运算符中有+=、-=、*=、/=、//=、%=、**=、>>=、<<=、&=、^=、|=。以“x += y”为例，其语义“几乎”等同于“x = x + y”，实际行为必须视语句左边的对象是否为可变对象而定，例如：

```
>>> a = b = 3
>>> a += 8                      # 等同于a = a + 8
>>> (a, b)                      # 因为int对象不可变
(11, 3)                         # a、b指向不同的对象
>>> x = y = [0, 1, 2]           # x与y指向同一个可变对象
>>> x += [98, 99]               # 注意：这会改变x指向的对象
>>> x, y ([0, 1, 2, 98, 99], [0, 1, 2, 98, 99])
>>> x is y                      # x跟y是同一个对象
True
>>> x = y = [0, 1, 2]           # 让我们再试一次，
>>> x = x + [98, 99]            # 这次使用表达式x + [98, 99]
>>> x, y                        # 名称x会转而指向运算后的新对象
([0, 1, 2, 98, 99], [0, 1, 2])
>>> x is y                      # x与y不是同一个对象
False
```

执行“x += y”时，若x是不可变对象，那么其行为等同于“x = x + y”；若x是可变对象，那么“x += y”将会修改x对象而不是产生新对象，这种行为称为“原地修改”；而“x = x + [98, 99]”则是由表达式“x + [98, 99]”产生新的对象，再指派给名称x。请仔细琢磨这一段的含义。

3.3 赋值输入

输入语句的目的是从程序的用户那里获取信息并存储到变量中。在Python中，输入是用一个赋值语句结合一个内置函数input实现的。输入语句的具体形式，取决于希望从用户那里获取的数据类型。对于文本输入，语句如下所示：

```
<变量> = input(<字符串表达式>)
```

这里的<字符串表达式>用于提示用户输入，该提示几乎总是一个字符串字面量（即引号内的一些文本）。

当Python遇到对input的调用时，它在屏幕上打印提示。然后，暂停并等待用户输入一些文本，输入完成后按Enter键。用户输入的任何东西都会存储为字符串，例如：

```
>>> name = input("请输入你的名字: ")
```

```
请输入你的名字：xiaoming
>>> name
'xiaoming'
```

执行 input 语句时 Python 打印输出提示“请输入你的名字:”，然后解释器暂停，等待用户输入。在这个例子中输入 xiaoming（小明），结果字符串“xiaoming”被记在名称 name 中。对 name 求值将返回输入的字符串。

如果希望接收的是用户输入的一个数字，就需要形式稍复杂一点的 input 语句：

```
<变量> = eval(input(<字符串表达式>))
```

这里添加了另一个 Python 的内置函数 eval,它内嵌了 input 函数。eval 是 evaluate(求值)的缩写。在这种形式中,用户输入的文本被求值为一个表达式,以产生存储到变量中的值。例如字符串“32”被转换成数字 32：

```
x = eval(input("请输入 0 到 1 之间的数字："))
celsius = eval(input("摄氏温度是多少？"))
```

应该在提示结尾处的引号内安排一个空格，以使用户输入的内容不会紧挨着提示开始，让交互更容易阅读和理解。

虽然数字示例特别提示用户输入数字，但实际上用户输入的只是一个数字字面量，即一个简单的 Python 表达式。事实上,任何有效的表达式都是可接受的。请考虑下面与 Python 解释器的交互：

```
>>> ans = eval(input("请输入一个表达式："))
请输入一个表达式：3 + 4 * 5
>>> print(ans)
23
>>>
```

这里，提示输入表达式时，用户输入“3 + 4 * 5”，Python 通过 eval 对此表达式求值，并将值赋给变量 ans。打印时，我们看到 ans 的值为 23，与预期一样。不同的是，用户在语句执行时提供的是表达式。

eval 函数功能很强大，但也有“潜在的危险”。如本例所示，当我们对用户输入求值时，本质上是允许用户输入一部分程序。Python 将尽职尽责地对输入的任何内容求值，了解 Python 的人就有可能利用这种能力输入恶意指令。例如，用户可以输入记录计算机上的私人信息或删除文件的表达式。在计算机安全中，这被称为“代码注入”攻击，因为攻击者将恶意代码注入正在运行的程序中。

【程序实例 3-1】用单个 input 从用户那里获取多个数字，求出考试平均分。

```
# avg.py
# 计算两个考试分数的平均值的简单程序，用来说明多个输入的使用

def main():
        print("这个程序计算两个考试分数的平均值。")

        score1, score2 = eval(input("输入以逗号分隔的两个分数："))
        average = (score1 + score2) / 2
```

```
        print("分数的平均值是：", average)

main()
```

请记录：上面代码的运行结果为 ______________________

该程序提示用逗号分隔两个分数，例如 input 语句的效果就像进行以下赋值：

```
score1, score2 = 86, 92
```

这个例子可以扩展到任意数量的输入。当然，也可以通过单独的 input 语句获得用户的输入：

```
score1 = eval(input("输入第一个分数: "))
score2 = eval(input("输入第二个分数: "))
```

某种程度上，这可能更好，因为单独的提示对用户来说信息更准确。有时在单个 input 中获取多个值提供了更直观的用户接口。但要记住，多个值的技巧不适用于字符串（非求值）输入，如果用户输入逗号，它只是输入字符串中的一个字符。

3.4 条件语句

计算机程序是指令的序列，序列是编程的一个基本概念。但是，只用序列不足以解决所有问题，实践中常常需要改变程序的顺序流程，以适应特定情况的需要。这是通过称为“控制结构”的特殊语句来完成的。“判断”是允许程序针对不同情况执行不同指令序列的控制结构，实际上允许程序“选择”适当的动作过程。

条件语句根据表达式的运算结果（True 或 False）来判断应该执行哪部分的程序代码（分支），控制程序走向，称此类语句为程序流控制。

在 Python 中，简单的判断用一个 if 语句来实现，两路判断通常使用 if...else，多路判断用 if...elif...else 实现。如果判断结构是嵌套的，则结合判断的算法可能会变得相当复杂。在程序设计过程中，通常有许多解决方案可选，程序员应仔细考虑，得到正确、有效和可理解的程序。

判断基于条件的求值，条件是简单的布尔表达式，其运算结果为 True 或 False。Python 有专门的布尔数据类型，其字面量为 True 和 False。条件的构成利用了关系运算符 <、<=、!=、==、> 和 >=。

if 语句的一般形式如下，其中 elif 与 else 为可选项，elif 也可以有好几个：

```
if 表达式:
    语句
    语句 ...
elif 表达式:
    语句
    语句 ...
else:
    语句
    语句 ...
```

if、elif、else 那一行的最后面必须加上冒号“: “，代表后面接着一组程序语句，而里面的语句必须缩排。例如：

```
>>> a = 3                         # a之前没有空格
>>>  a = 3                        # a之前有一个空格，发生错误
  File "<stdin>", line 1
    a = 3
    ^
IndentationError: unexpected indent   # 缩排错误：未预期缩排
>>> a, b, x = 3, 5, -1
>>> if a < b:                     # 如果 a 小于 b
...     x = a                     # 让 x 指向对象 a；在 x 之前输入四个空格
...                               # 直接按 Enter 键输入空行，代表结束 if 语句
>>> x                             # x 指向 3
3
```

在上面的程序代码里，因为表达式“a < b”为真，所以会进入 if 内的程序代码；若“a < b”的结果为假，就会跳过不执行。

当输入“if a < b:”时，若解释器处于互动模式，会输出“...”提醒这不是有效语句，无法执行，要求继续输入，而在冒号“:”之下的程序代码必须缩排。“if a < b:”之后的程序代码可含有多个语句（此例中只有一个），然后直接按 Enter 键输入空行，代表结束；在解释器互动模式下才须如此，若是写在文件中就不需要了。

3.4.1　简单判断

我们简单判断开始。作为一个例子，先回顾一下摄氏温度转换为华氏温度的程序（参见程序实例 2-1）。我们来加强这个程序，以确保在温度极端（相当热或相当冷）时程序能打印出适当的警告提示。

1. 给出完整的增强规格说明

假设当温度超过 90 华氏度时应该发出热警告，而低于 30 华氏度时则会发出冷警告。为此，设计一个扩展的算法如下：

```
以摄氏度输入温度值
计算华氏温度为 9/5 摄氏度 +32
输出华氏度值
如果华氏度 > 90
        打印热警告
如果华氏度 < 30
        打印冷警告
```

这个设计在结束时有两个简单的“判断”。缩进表示只有满足上一行中列出的条件才执行该步骤。判断引入了一个替代的控制流，算法采取的步骤取决于华氏度的值。

图 3-1 是一个流程图，展示算法可能采取的路径。菱形框表示有条件的判断。如果条件为假，则控制传递到序列中的下一个语句；如果条件成立，则控制权转移到右侧框中的指令，这些指令完成后，控制会传递到下一个语句。

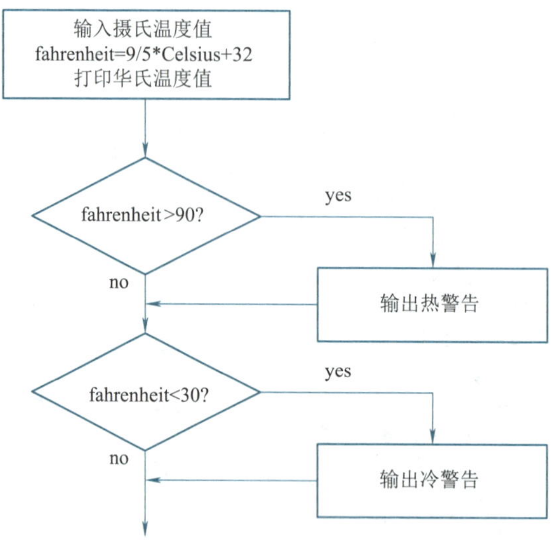

图 3-1　带有警告的温度转换程序流程图

【程序实例 3-2】带温度警告的摄氏温度转换为华氏温度的 Python 程序。

```
# convert2.py
# 将摄氏温度转换为华氏温度的程序。此版本发出热和冷警告

def main():
    celsius = float(input("摄氏温度是多少？"))
    fahrenheit = 9/5 * celsius + 32
    print("温度是", fahrenheit, "华氏度。")

    # 打印极端温度警告
    if fahrenheit > 90:
        print("那里真的很热。 小心！")
    if fahrenheit < 30:
        print("特别提醒，一定要穿得暖和些！")

main()
```

可以看到，Python 的 if 语句用于实现判断。

```
if <条件> :
   <序列>
```

这里 <序列> 是 if 头部下缩进的一个或多个语句的序列。在 convert2.py 中有两个 if 语句，每个 <序列> 中都有一个语句。

可见，if 的语义是：首先，对头部中的条件求值。如果条件为真，则执行 <序列> 中的语句，然后控制传递到程序中的下一条语句；如果条件为假，则跳过 <序列> 中的语句（见图 3-2）。if 的 <序列> 是否执行取决于条件，不论哪种情况，控制随后会传递到 if 后的下一个语句，这是“一路”判断或“简单”判断。

2. 形成简单条件

上述程序使用的简单条件比较两个表达式的值：<expr> <relop> <expr>。<relop> 是“关系运算符”的缩写，是“小于”或“等于”这类数学概念的特别名称。Python 中有 6 个关系运算符（见表 3-2）。

特别要注意用“==”表示相等。由于 Python 已经使用“=”符号来表示赋值语句，因此对于相等概念，需要使用不同的符号。

条件可以用于比较数字或字符串。比较字符串时，排序是根据底层的 Unicode 值以字母顺序放置的字符串。因此，所有大写拉丁字母都在小写字母之前（例如，Bbbb 在 aaaa 之前，因为 B 在 a 之前）。

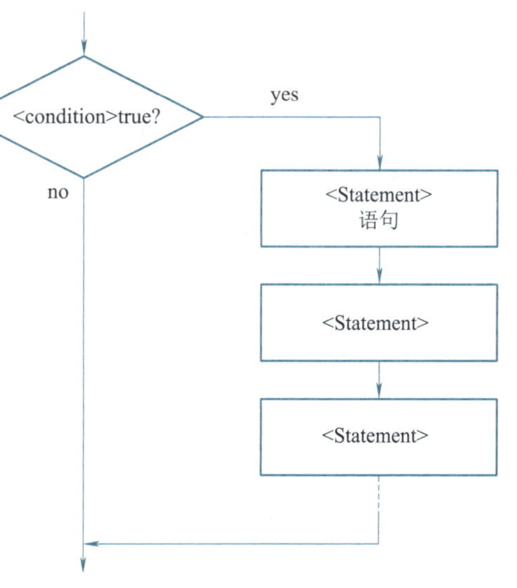

图 3-2　简单 if 语句的控制流

条件实际上是一种布尔表达式，对它求值会产生值 True（条件成立）或 False（条件不成立）。某些语言（如 C++）用整数 1 和 0 来表示这些值。在 Python 中，布尔表达式类型为 bool，布尔值 true 和 false 由字面量 True 和 False 表示。下面是一些交互示例：

表 3-2　Python 中的关系运算符

Python	数　学	含　义
<	<	小于
<=	≤	小于等于
==	=	等于
>=	≥	大于等于
>	>	大于
!=	≠	不等于

```
>>> 3 < 4
True
>>> 3 * 4 < 3 + 4
False
>>> "hello" == "hello"
True
>>> "hello" < "hello"
False
>>> "Hello" < "hello"
True
```

3. 条件程序执行

运行 Python 程序有几种不同的方式。一些 Python 模块文件被设计为直接运行，这些通常称为“程序”或“脚本”。其他 Python 模块主要设计为让其他程序导入和使用，这些通常称为“库”。有时希望创建一种混合模块，它既可以作为独立程序使用，也可以作为由其他程序导入的库使用。

到目前为止，我们编写的大多数程序在底部有一行 main() 来调用 main 函数，启动该程序的运行，这些程序适合直接运行。在窗口环境中，可以通过点击（或双击）图标来运行该文件，或者输入类似 Python <myfile> 这样的命令。

由于 Python 在导入过程中对模块中的行求值，所以当前程序在导入到交互式 Python 会话或另一个 Python 程序时也会运行。一般来说，不要让模块在导入时运行。以交互方式测试程序时，通常的方法是首先导入模块，然后在每次运行时调用它的 main（或一些其他函数）。

如果程序设计为既可以导入（不运行）又可以直接运行，则对底部的 main 的调用必须是有条件的。一个简单的判断应该就能搞定，我们只需要找到合适的条件：

```
if <条件> :
    main()
```

无论何时导入模块，Python 都会在该模块内部创建一个特殊的变量 __name__，并为其分配一个表示模块名称的字符串。下面是一个示例交互，显示 math 库的情况：

```
>>> import math
>>> math.__name__
'math'
```

可以看到，在导入后，math 模块中的 __name__ 变量赋为字符串“math”。

但是，如果直接运行 Python 代码（不导入），Python 会将 __name__ 的值设置为“__main__”。

```
>>> __name__
'__main__'
```

例如，我们可以改变程序的最后一行，像这样：

```
if __name__ == '__main__':
    main()
```

这保证在直接调用程序时自动运行 main，但如果导入模块，就不会运行。几乎在每个 Python 程序的底部，都会看到类似这样的一行代码。

3.4.2 复杂判断

if 语句还可以加上 elif 与 else 做更复杂的条件判断。我们称 elif 与 else 为子句，它们不可独立存在，属于 if 语句的一部分。

```
>>> t = 999; x = None                    # 以 None 代表无效值
>>> if t < 0:                            # 如果 if 为真
...     x = -1                           # 执行此处
... elif 0 <= t and t <= 100:            # 如果 if 为假而这里为真
...     x = t                            # 执行此处
... else:                                # 如果之前皆为假
...     x = 101                          # 执行此处
...                                      # 以此例而言，最后 x 会是 101
... elif                                 # 若只输入 elif 或 else
```

```
  File "<stdin>", line 1
    elif
      ^ SyntaxError: invalid syntax  # 语法错误：无效语法
```

执行 if / elif / elif... / else 组成的语句时，会从上到下逐一判断 if 与 elif 的表达式是否为真，若为真便执行对应的程序代码，然后跳到语句组之后继续执行；若所有的 if 与 elif 皆为假，便会执行 else 子句（如果有）的程序代码。

if 语句内部还可以有 if 语句，形成嵌套结构。例如，下面的操作是找出 a、b、c 三个数中最大的一个：

```
>>> a, b, c = 3, 5, 7; x = None
>>> if a < b:                  # 缩排零层
...     if b < c:              # 缩排一层
...       x = c                # 缩排二层
...     else:                  # 缩排一层
...       x = b                # 缩排二层
... else:                      # 缩排零层
...     if a < c:              # 缩排一层
...       x = c                # 缩排二层
...     else:                  # 缩排一层
...       x = a                # 缩排二层
...                            # 最后 x 会是 a、b、c 中最大的
... if a < b                   # 忘记冒号 ":"
 File "<stdin>", line 1
   if a < b
          ^
SyntaxError: invalid syntax  # 语法错误：无效语法
```

在 if 语句中嵌套 if 语句时，必须再多缩排一层，这样 Python 解释器才能看懂程序代码。

【程序实例 3-3】二次方程求解程序。

```
# quadratic.py
# 计算二次方程实根的程序，说明数学库的使用
# 如果方程没有真正的根，该程序会崩溃

import math                # 使数学库可用

def main():
    print("该程序找到二次方程的真实解。")
    print()

    a = float(input("输入系数 a: "))
    b = float(input("输入系数 b: "))
    c = float(input("输入系数 c: "))

    discRoot = math.sqrt(b * b - 4 * a * c)
    root1 = (-b + discRoot) / (2 * a)
    root2 = (-b - discRoot) / (2 * a)
```

```
        print()
        print("这组解是：", root1, root2)

    main()
```

程序注释中指出，如果给出的系数造成没有实根的二次方程时，该程序会崩溃。这段代码的问题是当 b^2-4ac 小于 0 时，程序试图取负数的平方根。由于负数没有实根，所以程序报告错误。

请看下面这个执行的这个例子：

```
>>> main()
该程序找到二次方程的真实解。
输入系数 a: 1
输入系数 b: 2
输入系数 c: 3
Traceback (most recent call last):
File "quadratic.py", line 23, in <module>
     main()
File "quadratic.py", line 16, in main
    discRoot = math.sqrt(b * b - 4 * a * c)
ValueError: math domain error
```

【程序实例 3-4】二次方程求解程序，增加一个判断以保证程序不会崩溃。

```
# quadratic2.py
import math

def main():
    print("该程序找到二次方程的真实解。\n")
    a = float(input("输入系数 a: "))
    b = float(input("输入系数 b: "))
    c = float(input("输入系数 c: "))

    discrim = b * b - 4 * a * c
    if discrim >= 0:
        discRoot = math.sqrt(discrim)
        root1 = (-b + discRoot) / (2 * a)
        root2 = (-b - discRoot) / (2 * a)
        print("\n这组解是：", root1, root2)

main()
```

这个修改版本首先计算判别式（b^2-4ac）的值，再检查并确保它不是负数。然后程序继续取平方根并计算解。如果 dscrim 为负数，该程序将不会调用 math.sqrt。

下面是交互执行的示例：

```
>>> main()
该程序找到二次方程的真实解。
输入系数 a: 1
```

```
输入系数 b: 2
输入系数 c: 3
>>>
```

当方程没有实根时，即当 b * b – 4 * a * c 小于零时，程序将简单地跳过计算并转到下一条语句。由于没有下一条语句，程序就会退出。不过，这几乎比以前的版本更差，因为它不给用户任何迹象表明发生什么错误，只是让程序中止。好的程序应该打印一条消息，告诉用户他们指定的方程没有实数解。我们可以通过在程序结束时添加另一个简单的判断来实现这一点。

```
if discrim < 0:
    print(" 这个等式没有实数解！ ")
```

但这个解决方案还有问题。程序中有两个条件但只有一个判断。根据 dscrim 的值，程序应该打印没有实数根，或者计算并显示根。这是一个两路判断的例子（见图 3-3）。

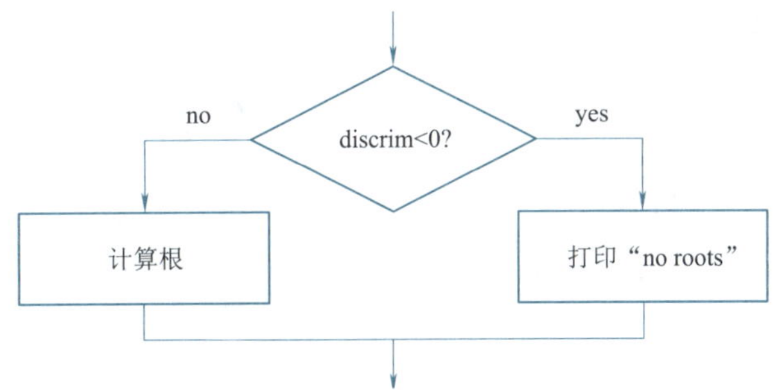

图 3-3　二次方程求解程序是一个两路判断

在 Python 中，可以通过 if...else 语句，即在 if 子句后加上 else 子句来实现两路判断。

```
if <条件> :
    <陈述>
else :
    <陈述>
```

当 Python 解释器遇到这种结构时，它首先对条件求值。如果条件为真，则执行 if 下的语句；如果条件为假，则执行 else 下的语句。在任何情况下，控制随后都转到 if...else 之后的语句。

【程序实例 3-5】二次方程求解程序，使用两路判断，得到一个更好的解决方案。

```
# quadratic3.py
import math

def main():
    print(" 该程序找到二次方程的真实解。\n")
    a = float(input(" 输入系数 a: "))
    b = float(input(" 输入系数 b: "))
    c = float(input(" 输入系数 c: "))

    discrim = b * b - 4 * a * c
    if discrim < 0:
```

```
            print("\n这个等式没有实根! ")
        else:
            discRoot = math.sqrt(b * b - 4 * a * c)
            root1 = (-b + discRoot) / (2 * a)
            root2 = (-b - discRoot) / (2 * a)
            print("\n这组解是 : ", root1, root2)

main()
```

下面是两次运行这个程序的示例会话：

```
>>> main()
该程序找到二次方程的真实解。
输入系数 a: 1
输入系数 b: 2
输入系数 c: 3
这个等式没有实根！
>>> main()
该程序找到二次方程的真实解。
输入系数 a: 2
输入系数 b: 4
输入系数 c: 1
这组解是 : -0.2928932188134524 -1.7071067811865475
>>>
```

3.4.3 多路判断

程序示例 3-5 所示的二次方程求解程序改进较大，但是还存在一些问题。例如：

```
>>> main()
该程序找到二次方程的真实解。
输入系数 a: 1
输入系数 b: 2
输入系数 c: 1
这组解是 : -1.0 -1.0
```

这在技术上是正确的，给定的系数产生一个方程，有相等的根为 -1。但是，输出可能会使某些用户感到困惑。程序应该给出更多信息，以避免混乱。

当 discrim 为 0 时，发生等根的情况。在这种情况下，discRoot 也为 0，并且两个根的值为 -b。如果希望捕捉这种特殊情况，程序实际上需要一个三路判断，即：

…

检查 discrim 的值：

当 <0：处理没有根的情况；

当 = 0：处理双根的情况；

当 > 0：处理两个不同根的情况。

该算法的一种编码方法是用两个 if...else 语句。if 或 else 子句的主体可以包含任何合法的 Python 语句，包括其他 if 或 if...else 语句。将一个复合语句放入另一个复合语句称为“嵌套”。下面是用嵌套来实现三路判断的代码片段：

```
if discrim < 0:
    print("没有实根！ ")
else :
    if discrim == 0 :
        root = -b / (2 * a)
        print("有一个双根", root)
    else :
        # 有两个不同的根
```

仔细观察这段代码，会看到有三种可能的路径。代码序列由 dscrim 的值确定。该解决方案的流程图如图 3-4 所示。你可以看到顶层结构只是一个 if...else（将虚线框视为一个大语句）。虚线框包含第二个 if...else，嵌套在顶级判断的 else 部分中。

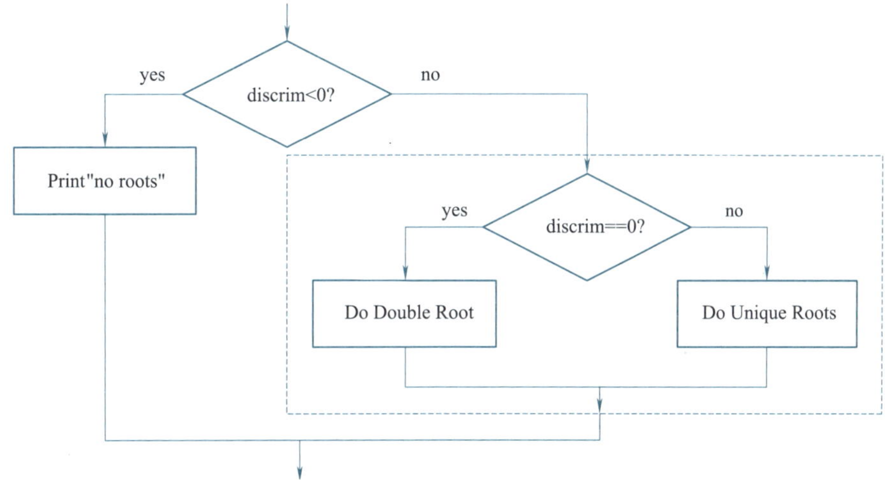

图 3-4　使用嵌套 if...else 的二次求解器的三路判断

这个解决方案虽然有效，但是用两个两路判断实现的三路判断，得到的代码不反映原始问题的真正三路判断思维。设想一下，如果需要像这样做一个五路判断呢。这个时候 if...else 结构将嵌套四层，Python 代码会一直写到屏幕的右边。（资深程序员会告诉你，其实所编写的程序也是“苗条”的好，因为“胖”了，说明程序嵌套深，这样的程序就复杂了。）

在 Python 中编写多路判断还有另一种方法，它保留了嵌套结构的语义，但看起来更舒服。这就是将一个 else 和一个 if 组合成一个称为 elif 的子句（读作“ell-if”）。

```
if <条件 1> :
    <情况 1 陈述>
elif <条件 2> :
    <情况 2 陈述>
elif <条件 3> :
    <情况 3 陈述>
...
else:
    <默认 陈述>
```

这个格式用于分隔任意数量的互斥代码块。Python 将依次对每个条件求值，寻找第一个为真的条件。如果找到真条件，就执行在该条件下缩进的语句，并且控制转到整个 if...elif...else 之后的下一语句。

如果没有条件为真，则执行 else 下的语句。else 子句是可选的，如果省略，则可能没有语句块被执行。

【程序实例 3-6】二次方程求解程序，用 if...elif...else 表示三路判断得到了一个很好的程序。

```
# quadratic4.py
import math

def main():
    print("该程序找到二次方程的真实解。\n")

    a = float(input("输入系数 a: "))
    b = float(input("输入系数 b: "))
    c = float(input("输入系数 c: "))

    discrim = b * b - 4 * a * c
    if discrim < 0 :
       print("\n 这个等式没有实根！ ")
    elif discrim == 0:
       root= -b / (2 * a)
       print("\n 有一个双根！ ", root)
    else :
       discRoot = math.sqrt(b * b - 4 * a * c)
       root1 = (-b + discRoot) / (2 * a)
       root2 = (-b - discRoot) / (2 * a)
       print("\n 这组解是 : ", root1, root2)

main()
```

3.4.4 程序示例：寻找三个数中最大的一个

由于判断结构可以改变程序的控制流，因此算法就从单调、逐步、严格的顺序处理中解脱了出来。下面，我们来看一个更复杂的判断问题设计，从而展示设计过程中的一些挑战。

假设我们需要一个算法，找出三个数中最大的一个。这个算法可能是一个更大的问题的一部分，例如确定等级或计算税额。也就是说，计算机如何确定用户的三个输入中哪一个最大？下面是简单的程序大纲：

```
def main():
    x1, x2, x3 = eval(input("请输入三个值 : "))

    # 填补代码将 maxval 设置为最大值
    print("最大的值是 ", maxval)
```

请注意，这里使用 eval 来获取三个数，这种方式比较“粗暴”。在程序设计实践中，通常应该避免 eval。不过，这里我们只是关心开发和测试一些算法思想。

在阅读下面的分析之前，建议先试着自己解决这个问题。

1. 策略 1：比较每个值

显然，这个程序向我们提出了一个判断问题。我们需要一系列语句，将 maxval 的值设置为三个输入 x1、x2 和 x3 中的最大值。看上去这像是一个三路判断。

```
maxval = x1
maxval = x2
maxval = x3
```

让我们考虑第一种可能性：x1 最大。为了确定 x1 确实是最大的，我们只需要检查它至少与另外两个一样大。下面是第一次尝试：

```
if x1 >= x2 >= x3:
    maxval = x1
```

Python 允许这种复合条件，也就是说，当 x1 至少与 x2 一样大且 x2 至少与 x3 一样大时，条件为真。

条件清楚地表明 x1 至少与 x2 和 x3 一样大，因此将其值赋给 maxval 应该是正确的（始终要特别注意边界值）。

但是，我们是否能确定当 x1 最大时，在所有情况下这个条件都是真的呢？假设实际值是 5、2 和 4，显然，x1 是最大的，但条件返回 false，因为关系 5 > = 2 > = 4 不成立。

要确保 x1 是最大的，但不关心 x2 和 x3 的相对顺序。我们真正需要的是确定 x1 >= x2 且 x1 >= x3。Python 允许我们测试这样的多个条件，只要用 and 关键字将它们组合起来：

```
if x1 >= x2 and x1 >= x3:    # x1 大于其他每个
   maxval = x1
```

要完成该程序，我们只需要为其他可能性执行类似的测试：

```
if x1 >= x2 and x1 >= x3:
    maxval = x1
elif x2 >= x1 and x2 >= x3:
    maxval = x2
else:
    maxval = x3
```

我们的算法基本上是检查了每个可能的值，以确定它是否最大。这在只有三个值时结果还是简单的，但如果试图找到五个值中最大的，解决方案恐怕就复杂或者说啰嗦了。

2. 策略 2：判断树

第二种方式是使用"判断树"方法。假设我们从一个简单的测试 x1 >= x2 开始。如果条件为真，只需要看看 x1 和 x3 哪个更大；如果条件为假，则结果归结为 x2 和 x3 之间的选择。

第一个判断"分支"有两种可能性，每种又有另一个判断，因此称为"判断树"。图 3-5 用流程图展示了这种情况。这个流程图很容易转换成嵌套的 if...else 语句。

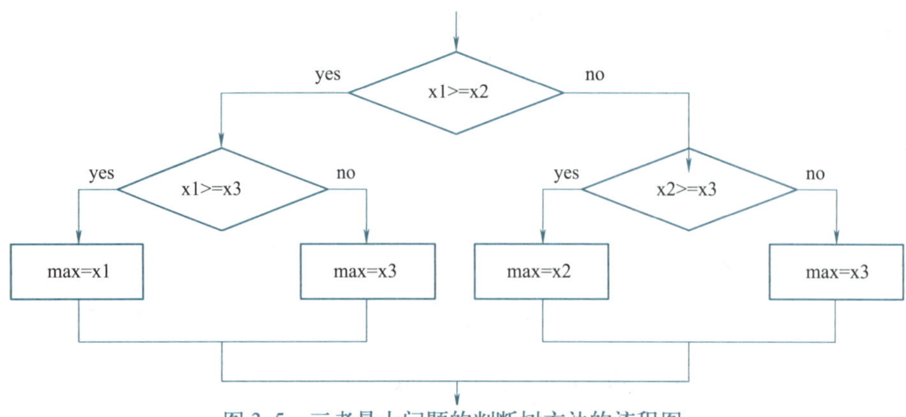

图 3-5　三者最大问题的判断树方法的流程图

```
if x1 >= x2:
    if x1 >= x3:
        maxval = x1
    else:
        maxval = x3
else:
    if x2 >= x3:
        maxval = x2
    else:
        maxval = x3
```

这个方法的优势是效率。无论三个值的顺序如何，该算法都将进行两次比较，并将正确的值分配给 maxval，但这种方法的结构比第一种复杂。

3．策略 3：顺序处理

如果面对一个包含有几百个数字的集合，又没有特定的顺序，你将如何找到这个集合中最大的数字呢？通常我们会制定一个简单的策略，即顺序浏览列表，记录到目前为止最大的数字。在程序设计中，我们使用变量 maxval 来记录这个最大值，最后 maxval 将自动包含列表中的最大值，流程图描述如图 3-6 所示。

下面是对应的 Python 代码：

```
maxval = x1
if x2 > maxval:
    maxval = x2
if x3 > maxval:
    maxval = x3
```

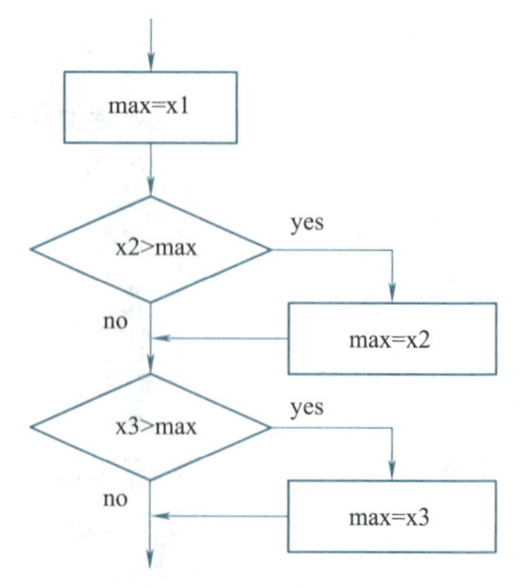

图 3-6　三者最大问题的顺序方法的流程图

显然，顺序方法是三种算法中最好的，代码简单，只包含两个简单的判断，并且顺序处理比以前算法中使用的嵌套更容易理解。此外，这个思路能很好地扩展到更大的问题。

最后一个解决方案可以扩展到更大的问题。我们可以轻松地编写一个程序，允许将该算法折叠成一个循环，找到 n 个数字中最大的。每次取得一个值，并不断重复使用单个变量 x。每次比较最新的 x 和 maxval 的当前值，看它是否更大。

【程序实例 3-7】查找一系列数字中的最大值。

```
# maxn.py
#    查找一系列数字中的最大值

def main():
    n = int(input("一共有多少个数字？ "))

    # 将 max 设置为第一个值
    maxval = float(input("输入一个数字 >> "))

    # 现在比较 n-1 个连续值
    for i in range(n - 1):
        x = float(input("输入一个数字 >> "))
        if x > maxval:
            maxval = x

    print("这个最大的值是 ", maxval)

main()
```

这段代码利用嵌套在循环中的判断来完成工作。在循环的每次迭代中，将到目前为止看到的最大值存入 maxval。

4. 策略 4：使用内置函数

Python 实际上有一个内置的返回最大参数的函数 max，即：

```
def main():
    x1, x2, x3 = eval(input("请输入三个值： "))
    print("最大的值是 ", max(x1, x2, x3))
```

解决这个问题的尝试展示了算法和程序设计中的一些重要思想。

（1）存在多种实现方式。任何有价值的计算问题，都有多种解决方法。因此，不要急于编写。想想你的设计，问自己是否存在更好的方法来处理这个问题。重要的是要找到一个正确的算法，力求清晰、简单、高效、可扩展和优雅，一些直接的方法通常简单、清楚、有效。

（2）通用性好。通过考虑更通用的 n 个数的最大值问题，得到最佳解决方案。

（3）不要重新发明轮子。第四个解决方案是使用 Python 的 max 函数，针对这个策略很多聪明的程序员已经设计了无数的好算法和程序，真正的专业程序员知道什么时候借用这些好的算法和程序。

3.5　异常处理

二次方程求解程序使用判断结构，避免了对负数取平方根和运行时产生错误。在许多程序中，这是一种常见的模式：使用判断来防止可能的错误。

为了简化问题的处理，Python 提出了“异常处理”机制，它让程序员可以编写一些代码，捕获和处理程序运行时出现的错误。具有异常处理的程序不会显式地检查算法中的每个步骤是否成功，而是“做这些步骤，如果任何问题出现，以这种方式处理它”。在 Python 中，异常处理是通过类似于判断的特殊控制结构完成的。

【程序实例 3-8】二次方程求解程序，使用异常机制来捕获 math.sqrt 函数中的可能错误。

```
# quadratic5.py
import math

def main():
    print("该程序找到二次方程的真实解。\n")

    try:
        a = float(input("输入系数 a: "))
        b = float(input("输入系数 b: "))
        c = float(input("输入系数 c: "))
        discRoot = math.sqrt(b * b - 4 * a * c)
        root1 = (-b + discRoot) / (2 * a)
        root2 = (-b - discRoot) / (2 * a)
        print("\n这组解是：", root1, root2)
    except ValueError:
        print("\n没有实根。")

main()
```

注意到，这基本上就是二次方程求解程序最初的版本，但在核心程序外面加上了异常处理机制 try...except。try 语句的一般形式为：

```
try:
    <body>
except <ErrorType>:
    <handler>
```

当 Python 遇到 try 语句时，它尝试执行其中的语句。如果这些语句执行没有错误，控制随后转到 try...except 后的下一个语句；如果在其中某处发生错误，Python 会查找具有匹配错误类型的 except 子句。如果找到合适的 except，则执行处理程序代码。在没有异常处理机制时，程序会因此产生并报告出错。

新程序还捕获到用户输入无效值导致的错误。让我们输入“x”作为第一个输入，再次运行程序。Python 执行 float("x") 时，引发了一个 ValueError，因为“x”不能转换为浮点数。这导致程序退出 try 并跳转到该错误的 except 子句。

【程序实例 3-9】二次方程求解程序的最后一个版本，检查发生了什么样的错误。

```
# quadratic6.py
import math

def main():
    print("该程序找到二次方程的真实解。\n")
```

```
    try:
        a = float(input("输入系数 a: "))
        b = float(input("输入系数 b: "))
        c = float(input("输入系数 c: "))
        discRoot = math.sqrt(b * b - 4 * a * c)
        root1 = (-b + discRoot) / (2 * a)
        root2 = (-b - discRoot) / (2 * a)
        print("\n 这组解是 : ", root1, root2)
    except ValueError as excObj:
        if str(excObj) == "math domain error":        # 数学域错误
            print("没有实根")
        else:
            print("给出的系数无效")
    except:
        print("\n 出了点问题，对不起！ ")

main()
```

多个 except 类似于 elif。如果发生错误，Python 将依次尝试每个 except，查找与错误类型匹配的错误。在这个例子底部的空 except，行为就像一个 else，如果前面的 except 错误类型都不匹配，它将作为默认行为。如果底部没有默认值，并且没有任何 except 类型匹配错误，程序将崩溃，Python 会报告错误。

异常实际上是一种对象。在这个例子中，异常被转换成一个字符串，检查该消息，看看是什么导致了 ValueError（即 ValueError: math domain error）。可以看到，try...except 语句让我们可以编写防御式程序。利用这种技术，可以观察 Python 打印的错误消息，设计 except 子句来捕获并处理它们，以建立专业品质的软件。

3.6 pass 语句

pass 语句实际上什么事情也不做。在程序设计实践中，根据 Python 语法，有时明明应该放进语句，但却不需要或者还不知道该写什么，这时可暂时摆上 pass，以避免发生错误。

```
a, b = 3, 5
if a < b:
    print('a < b')              # 输出 str 对象
else:
    pass                        # 啥事也不做
```

习 题

1. 判断题（在题目右侧的括号内填写“√”或“×”）

（1）Python 不允许使用单个语句输入多个值。（　　）

（2）一个简单的判断可以用一个 if 语句来实现。（　　）

（3）在 Python 条件中，等于“=”被写成“/=”。（　　）

（4）用 if...elif 语句实现两路判断。（　　）

（5）elif 可以单独使用。（　　）

（6）单个 try 语句可以捕获多种错误。（　　）

（7）多路判断必须通过嵌套多个 if...else 语句来处理。（　　）

（8）对于涉及判断结构的问题，通常只有一个正确的解决方案。（　　）

（9）输入验证意味着在需要输入时提示用户。（　　）

2. 选择题（在题目的括号内填写正确选项）

（1）在 Python 中，获取用户输入通过一个特殊的表达式来实现，称为（　　）。

A. for　　B. read　　C. 同时赋值　　D. input

（2）控制其他语句执行的语句称为（　　）。

A. 老板结构　　B. 超结构　　C. 控制结构　　D. 分支

（3）在 Python 中实现多路判断的最佳结构是（　　）。

A. if...elif...else　　B. if...else　　C. if　　D. try

（4）求值为 true 或 false 的表达式称为（　　）。

A. 操作表达式　　B. 布尔表达式　　C. 简单表达式　　D. 复合表达式

（5）当程序直接运行（未导入）时，__name__ 的值为（　　）。

A. __main__　　B. main　　C. script　　D. True

（6）bool 类型的字面量是（　　）。

A. T, F　　B. True, False　　C. true, false　　D. 1, 0

（7）在另一个判断内部做出判断是（　　）。

A. 克隆　　B. 勺子　　C. 嵌套　　D. 拖延

（8）一个判断导致另一组判断，这些判断又导致另一组判断，依此下去，这样的结构称为判断（　　）。

A. 网络　　B. 网　　C. 树　　D. 陷阱

编程训练

1. 实训目的

（1）理解布尔表达式和布尔数据类型的概念。

（2）能够阅读、编写和实现使用判断结构，包括使用系列判断和嵌套判断结构的算法。

（3）利用 if、if...else、if...elif...else 语句理解简单、两路和多路判断编程模式及其实现。

（4）理解异常处理的思想，能够编写简单异常处理代码，捕捉标准的 Python 运行时错误。

2. 实训内容与步骤

（1）仔细阅读本章内容，对其中的各个实例进行具体操作实现，从中体会 Python 程序设计，提高 Python 编程能力。如果不能顺利完成，请分析可能的原因是什么。

答：____

____

（2）阅读程序。下面是一个判断结构：

```
a, b, c = eval(input("输入三个数字: "))
if a > b:
  if b > c:
     print("垃圾邮件！ ")
  else:
     print("这是一只迟到的鹦鹉！ ")
  elif b > c:
     print("奶酪专柜")
     if a >= c:
       print("切达乳酪")
     elif a < b:
       print("豪达")
     elif c == b:
       print("瑞士人")
     else:
       print("树")
       if a == b:
          print("板栗")
       else:
         print("落叶松")
print("Done")
```

记录：写出以下每种可能输入所产生的输出。

A. 3, 4, 5 : ____________________

B. 3, 3, 3 : ____________________

C. 5, 4, 3 : ____________________

D. 3, 5, 2 : ____________________

E. 5, 4, 7 : ____________________

F. 3, 3, 2 : ____________________

（3）编写程序。

① 许多公司对每周超出 40 小时以上的工作时间支付 150% 的工资。编写程序输入工作小时数和小时工资，并计算一周的总工资。

② 某位 CS（计算机科学）教授给出了 5 分的小测验，评分等级为 5-A，4-B，3-C，2-D，1-E，0-F。编写一个程序，接受测验得分作为输入，并使用判断结构来计算相应的等级。

③ 某位 CS 教授给出了 100 分的考试，分级为 90~100 : A，80~89 : B，70~79 : C，60~69 : D，<60 : F。编写一个程序，将考试分数作为输入，并使用判断结构来计算相应的等级。

④ 某所大学根据学生拿到的学分对学生分年级。小于 7 学分的学生是大一新生。至少有 7 学分才是大二，16 学分以上是大三，26 学分以上是大四。编写一个程序，根据获得的学分数计算某学生所处的年级。

⑤ 某年是闰年，如果它可以被 4 整除，除非它是世纪年份但不能被 400 整除（1800 和 1900 不是闰年，而 1600 和 2000 是）。编写程序，计算某年是否为闰年。

⑥ 编写程序，以月 / 日 / 年的形式接收日期，并输出日期是否有效。例如 5/24/1962 是有效的，但 9/31/2000 不是（9 月只有 30 天。）。

⑦ 编写程序，利用球体的半径作为输入，计算体积和表面积。以下是可能有用的公式：

$$V=\frac{4}{3}\pi r^3$$

$$A=4\pi r^2$$

⑧ 使用以下公式编写程序以计算三角形的面积，其三边的长度为 a、b 和 c：

$$s=\frac{a+b+c}{2}$$

$$A=\sqrt{s(s-a)(s-b)(s-c)}$$

⑨ 修改本章程序实例 3-1（avg.py），找出三个考试成绩的平均值。

记录：将你编写的上述程序的源代码另外用纸记录下来，并粘贴在下方：

----------------------------------- 程序设计源代码粘贴于此 -------------------------------------

3．实训总结

____

____

____

____

4．教师对实训的评价

____

____

第 4 章 循环与输出

之前的程序代码执行时，都是一行接着一行，直到最后。但有时我们想重复执行同样的程序代码，此时便需要用到循环（loop），程序员用循环连续多次执行一系列语句。

Python 的 for 循环是循环遍历序列的有限循环；while 语句是一个不定循环，只要循环条件保持为真，它就继续迭代。使用不定循环时，必须注意不要写成无限循环。

4.1 for 循环语句

最简单的循环称为“确定循环”，也就是说，在循环开始时，Python 就知道循环（又称“迭代”）的次数。Python 的 for 语句是一个循环遍历一系列值的确定循环。

Python 的 for 循环语句的一般形式是：

```
for <变量> in <序列> :
<循环体>
```

<循环体> 可以是任意 Python 语句序列，其范围通过它在循环头（for <变量> in <序列> : ）下面的缩进来表示。

4.1.1 解析确定循环

关键字 for 后面的 <变量> 称为“循环索引”，它依次取 <序列> 中的每个值，并针对每个值都执行一次循环体中的语句。通常，<序列> 部分由值“列表”构成。列表是 Python 中一个非常重要的概念，可以在方括号中放置一系列表达式，从而创建一个简单的列表。

见下列交互示例：

```
>>> for i in [0, 1, 2, 3]:
        print(i)
0
1
2
3
```

```
>>> for odd in [1, 3, 5, 7, 9]:
        print(odd * odd)
1
9
25
49
81
```

这两个例子依次使用列表中的每个值执行循环体。列表的长度决定了循环执行的次数。在第一个例子中，列表包含 4 个值，即 0~3，并且简单地打印了这些连续的 i 值。在第二个例子中，odd 取前 5 个奇数的值，循环体打印了这些数字的平方值。

我们再看看下面这个循环头：

```
for i in range(10):
```

将它与 for 循环的模板进行比较可以看出，range(10) 必定是某种序列。事实上，range 是一个内置的 Python 函数，用于“当场”生成一个数字序列，可以认为它是一种数字序列的隐性描述。要明白 range 实际上做了什么，可以要求 Python 用另一个内置函数 list，将 range 转换为一个简单的旧式列表：

```
>>> list(range(10))              # 将 range(10) 转换为显式列表
[0, 1, 2, 3, 4, 5, 6, 7, 8, 9]
```

可见，表达式 range(10) 产生数字 0~9 的序列。使用 range(10) 的循环等价于使用那些具体数字列表的循环。

```
for i in [0, 1, 2, 3, 4, 5, 6, 7, 8, 9]:
```

一般来说，range(< 表达式 >) 将产生一个数字序列，从 0 开始，但不包括 < 表达式 > 的值，< 表达式 > 的值确定了结果序列中的项数。这种“计数循环”模式是使用确定循环的一种很常见的方式。如果希望在程序中做一定次数的某些事，可用一个带有合适 range 的 for 循环，即：

```
for <变量> in range( <表达式> ):
```

表达式的值确定了循环执行的次数，程序员经常使用 i 或 j 作为计数循环的循环索引变量，只要确保所使用的标识符没有用于任何其他目的即可。

循环的有用之处在于其改变了程序“控制流”的方式。通常认为计算机是严格按顺序执行一系列指令。引入循环会导致 Python 退回去并重复执行一些语句。类似 for 循环的语句称为“控制结构”，因为它们控制了程序其他部分的执行顺序。

用“流程图”的图形方式可以帮助我们来思考控制结构。流程图用一些框来表示程序的不同部分，并用框之间的箭头表示程序运行时的事件序列。图 4-1 用流程图描述了 for 循环的语义。

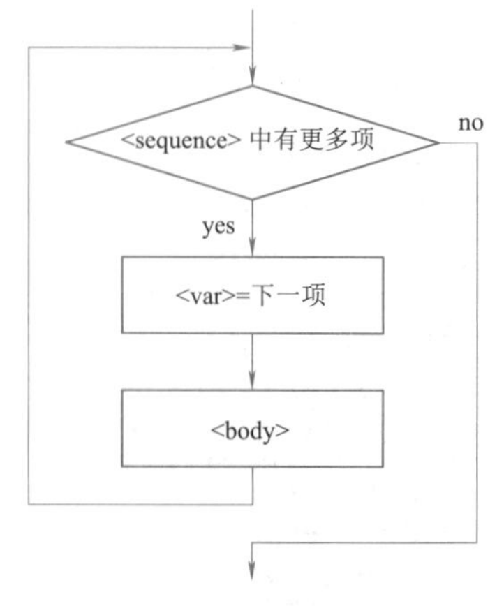

图 4-1　for 循环的流程图

流程图中的菱形框表示程序中的判断。当 Python 遇到循环头时，它检查序列中是否有项。如果答案为“是”，则循环索引变量被赋予序列中的下一项，然后执行循环体。一旦循环体完成，程序返回到循环头并检查序列中的下一个值。如果没有更多的项，循环就退出，程序移动到循环之后的语句。

【程序实例 4-1】以 for 循环计算总分与平均成绩。

```
# for_score.py
scores = [60, 73, 81, 95, 34]
n = 0
total = 0
for x in scores:                # 循环头
    n += 1                      # 循环体
    total += x                  # 循环体
avg = total / n
```

请记录：阅读代码，分析 avg 的运行结果为 ________________________________。

其中最重要的是 for 循环头“for x in scores:”，在“in”前面是你取的名称，在“in”后面则是能够提供一连串对象的对象，此例子中使用 list 对象，而 for 循环就会在每一轮依序逐一取出该 list 对象里的元素（对象），赋值给“in”前的名称，以此例而言，首轮的 x 会是 60，下一轮时 x 会是 73，依此类推，直到用尽，到时便会跳出 for 循环。此例中循环结束后，n 会是列表 scores 的长度（含有几个元素），而 total 会是所有元素（成绩）的总和，然后以“avg = total / n”算出平均成绩。

Python 的 for 循环不仅能处理 list，也可以处理 tuple 与 str。

下面的例子用来统计字符串内有几个字母 'e'：

```
s = 'Hello Python'
e_count = 0
for x in s:                     # x 会是字符串 s 里的每一个字母
    if x == 'e':
        e_count += 1            # 统计出现 'e' 的次数
```

for 循环的“in”其实跟赋值语句“=”的作用差不多，就是建立名称与对象的绑定关系，还记得“a, b = 0, 1”这样的赋值语句吗？ for 循环也办得到。例如，找出两个成绩都超过 90 分的学生：

```
names_scores = (('Amy', 82, 90), ('John', 33, 64), ('Zoe', 91, 94))
highs = []
for x, y, z in names_scores:
    if y >= 90 and z >= 90:
        highs += [x, y, z]
```

上述循环执行时，首轮的 x 是 'Amy'、y 是 82、z 是 90，依此类推。因为 for 循环的“in”几乎等同于赋值“=”，所以也能使用“星号序列赋值”。例如，若把上述程序代码的循环头改成：

```
for x, *y in names_scores:
   ... 省略 ...
```

那么首轮的 x 是 'Amy'，y 是 [82, 90]，依此类推。for 循环的“in”后面不仅能放入 list、tuple、str，也可以放入任何序列（sequence）类型与可迭代者（iterable）。序列和可迭代者是 Python 非常重要的类型。

【程序实例 4–2】两重循环，可得到所有颜色与动物的组合。

```
# for_nested.py
colors = ['red', 'green', 'blue']
animals = ['cat', 'dog', 'horse', 'sheep']
results = []
for x in colors:                           # 颜色
    for y in animals:                      # 动物
       results += [x + ' ' + y]
```

请记录：阅读代码，分析 results 的运行结果为 ________________________。

最后，results 将会是 ['red cat'，'red dog'，'red horse'，'red sheep'，'green cat'，'green dog'，'green horse'，'green sheep'，'blue cat'，'blue dog'，'blue horse'，'blue sheep']。

4.1.2 程序实例：计算一系列数字的平均值

计算用户输入的一系列数字的平均值，这个程序应该适用于任意大小的数字。通常，平均值是通过对数字求和并除以数字的个数来计算的。程序不需要记录输入的数字，只需要一个不断增长的总和，以便最后计算出平均值。

考虑到这里需要处理一系列数字，它们将由某种形式的循环来处理。如果有 n 个数字，循环应该执行 n 次，可以用计数的循环模式。我们还需要一个不断增长的总和，这需要一个循环累积器。将两个想法结合在一起，可以描述设计如下：

```
输入数字的个数，n
初始化为 0
循环 n 次
    输入一个数字，x
    将 x 添加到总计
输出平均值为总数 /n
```

【程序实例 4–3】计数循环和累积器。

```
# average1.py
def main():
    n = int(input("有多少个数字？"))
    total = 0.0
    for i in range(n):
        x = float(input("输入一个数字 >> "))
    total = total + x
    print("\n 这些数字的平均值是 ", total / n)

main()
```

请记录：上面代码的运行结果为 ________________________

不断增长的总和从 0 开始，依次加上每个数字。循环后，将总和除以 n，计算平均值。通过这个小程序，我们了解了一些常见的模式，计数循环和累积器。

4.1.3　程序实例：计算投资的终值

下面，我们通过开发一个计算投资终值的程序来熟悉编程过程。

我们知道存入银行账户的钱会赚取利息，这个利息随着时间的推移而累积。从现在起 10 年后，一个账户将有多少钱呢？显然，这取决于开始时有多少钱（本金）以及账户赚多少利息。给定本金和利率，程序就能够计算出未来 10 年投资的终值。

制定程序的规格说明。需要用户输入初始投资金额，即本金。还需要说明账户赚多少利息。处理此问题的一种简单方法是让用户输入年度百分比率，年利率告诉我们一年内的投资收益。如果年利率为 3%，那么 100 元的投资在一年时间内增长到 103 元，因此利率将输入为 0.03。

得到以下规格说明：

```
程序终值
输入
principal 投资于美元的金额
APR 以十进制数表示的年度百分比利率
输出   投资 10 年后的终值
关系   一年后的价值由 principal(1 + apr) 给出。该公式需要应用 10 次。
```

接下来使用伪代码为程序设计一个算法。针对规格说明，这个算法看起来很简单：

```
打印介绍
输入本金的金额(principal)
输入年度百分比利率(apr)
重复 10 次:
principal = principal * (1 + apr)
输出 principal 的值
```

事实上，在这个设计中并不一定要用循环。有一个公式可以利用乘幂一步就能算出终值。不过在这里，我们想借这个例子来说明循环方法。知道如何计算一年的利息，就能计算未来任意年数的利息。

现在编写一个 Python 程序，上面算法的每一步都转换为一条 Python 语句。要注意的是，计数循环模式应用了 10 次利息公式。

【程序实例 4-4】计算未来 10 年投资价值。

```
# futval.py
# 计算未来 10 年投资价值的程序
def main():
    print("这个程序计算 10 年投资的未来价值。")         # 打印介绍
    principal = eval(input("输入初始本金："))          # 输入本金
    apr = eval(input("输入年利率："))                  # 输入年度百分比利率

    for i in range(10):                                # 重复 10 次(计数循环)
        principal = principal * (1 + apr)              # 计算(赋值)

    print("10 年的价值是：", principal)                # 输出计算结果

main()
```

请记录：上面代码的运行结果为 ____

在程序中添加了几个空行来分隔程序的输入、处理和输出部分。在程序设计中策略性地放置“空行”能增加程序的可读性。

4.2 while 循环语句

程序实例 4-1 的求平均值程序首先需要用户明确有多少个数字，这在数字不多时是可以的。但是，如果有很多数字需要参与求平均值呢？可见，我们需要使用另一种循环，即“不定循环”或“条件循环”，一个独立循环保持迭代，直到满足某些条件，而事先则无须确定循环次数。

在 Python 中用 while 语句实现不定循环，语法上非常简单：

```
while <条件> :
    <循环体>
```

从“while”到“:”称为“头（head)”，而里面的所有程序语句则称为“循环体”。<条件>是一个布尔表达式，通常<循环体>是一个或多个语句的序列。while 的语义很简单。只要条件保持为真，循环体就会重复执行。当条件为 False 时，循环终止。

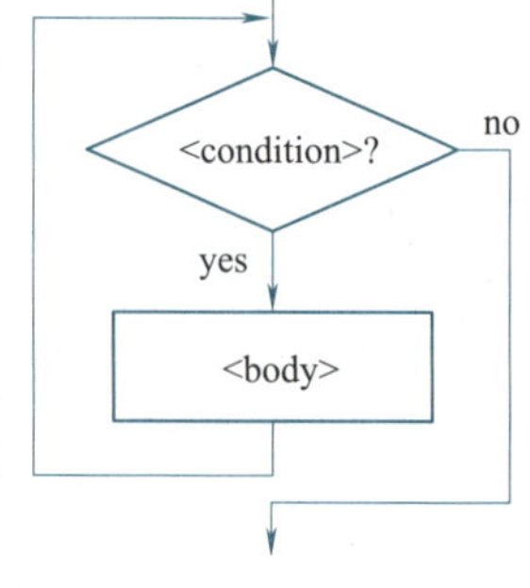

图 4-2　while 循环的流程图

4.2.1　解析不定循环

如图 4-2 所示，在循环体执行前，始终在循环顶部进行条件测试。这种结构称为“先测试”循环。如果循环条件最初就为假，则循环体根本就不会执行。

例如，下面的程序可从 1 加到 100，最后 x 应等于 5050。

```
i = 1
x = 0
while i <= 100:          # 循环头
    x += i               # 循环体
    i += 1               # 循环体
```

在这组程序代码中，我们利用 i 来控制 while 循环，首轮时 i 是 0，“i <= 100”比较表达式为真，所以进入循环体，循环体最后一行让 i 加 1，然后程序流程会再回到循环头的表达式，重复以上步骤，直到表达式的结果为假，也就是当 i 大于 100 时，会跳出循环，从整个循环的下一行程序代码继续执行。

我们称这种程序形式为循环，循环重复执行同样的程序代码，直到某件事为假。

while 语句的简单性让它既强大又危险。因为不那么严格，所以更为通用，它可以做的不只是遍历序列。但它也是错误的常见来源。例如，假设我们忘记在循环体的底部增加 i：

```
i = 0
while i <= 10 :
    print(i)
```

该程序的输出是什么？这是一个“无限循环”（又称“死循环”）。如果发生了无限循环，通常通过按 Ctrl+C 组合键退出循环。如果循环非常忙而无法打断，恐怕就要使用“暴力”手段了（例如按 Ctrl+Alt+Delete 组合键）。当然，最好是开始就避免写出无限循环。

4.2.2　程序实例：计算总分与平均分

下面是一个简单的 while 循环，从 0 数到 10：

```
i = 0
while i <= 10 :
    print(i)
    i = i + 1
```

这个 while 循环的效果与下面的 for 循环是一样的：

```
for i in range(11):
    print(i)
```

注意到，while 要求在循环之前对循环变量（i）初始化，并在循环体底部让 i 增加（i = i + 1），而在 for 循环中，循环变量是自动处理的。

【程序实例 4-5】计算总分与平均分。

```
# while_score.py
scores = [60, 73, 81, 95, 34]
n = 5                           # 目前写 5，以后将由程序求出列表长度
i = 0
total = 0                       # total 最后将是总分
while i < 5:
    total += scores[i]
    i += 1
avg = total / n                 # avg 是平均分
```

请记录：阅读代码，运行结果为________________

这个程序中，假定列表中的数字代表某学生的成绩，运用循环求得总分，然后算出平均成绩。试想一下：如果忘记在循环体的底部增加 i，会发生什么？

4.3　break 语句与 continue 语句

使用循环语句时，有时在处理到循环的某一轮时，就已经达到目标不必再继续执行，此时可使用 break 语句立即跳出循环。例如，只想得知有无不及格（低于 60 分）的成绩即可，程序如下：

【程序实例 4-6】for 与 break。

```
# for_break.py
scores = (98, 78, 64, 55, 61, 82)
lower_than_60 = False
for x in scores:
    if x < 60:                  # 只要有一科低于 60 分
        lower_than_60 = True
        break                   # 跳出循环
```

请记录：阅读代码，运行结果为 ______________________________

break 语句只能跳出一个循环，也就是与 break 语句最靠近的那一层循环。

假设给定一组数字，希望求出总和，但里头有些错误的数据，这是就可以使用 break 语句跳过那些不需要处理的数据，程序如下：

【程序实例 4-7】两重循环与 break。

```
# for_break_nested.py
data = [[33, 44, 55], [18381, 99781], [60, 70, 42, 91], [32, 51]]
total = 0
for x in data:
    for y in x:
        if 0 <= y <= 100:       # 判断数据是否正确
            total += y
        else:                   # 错误的数据，全部舍弃
            break
```

请记录：阅读代码，运行结果为 ______________________________

有时，当循环执行到某个位置时，就知道不必再继续执行这一轮了，想要立即跳回循环头继续执行下一轮，此时可使用 continue 语句。例如，只想计算超过 60 分成绩的平均成绩，也就是说不必处理低于 60 分的成绩。

【程序实例 4-8】计算超过 60 分成绩的平均成绩。

```
# for_high.py
scores = [60, 73, 81, 95, 34]
n = 0
high_total = 0
for x in scores:
    if x < 60:                          # 低于 60 分
        continue                        # 直接跳到下一轮
    n += 1
    high_total += x
```

请记录：阅读代码，运行结果为 ______________________________

不过，上面这个程序代码可以改成不使用 continue 语句。举个稍微复杂一点的例子。有一班学生的成绩太差，老师决定给每人加 10 分，但上限是 90 分，而且原本已经大于 90 分的成绩保持不变，程序如下：

【程序实例 4-9】加分。

```
# score_plus.py
scores = [30, 99, 41, 55, 84]
scores_new = []                 # 存放加分后的成绩
for x in scores:
    if x >= 90:                 # 原始成绩已经大于 90
        scores_new += [x]       # 直接放进去就好了
        continue                # 下面的程序代码无须执行，继续下一轮即可
        x += 10                 # 加 10 分
    if x >= 90:                 # 超过加分上限
```

```
        x = 90
    scores_new += [x]             # 放进去
```

请记录：阅读代码，运行结果为 ______________________________

4.4 常见循环模式

在程序设计中，循环语句的应用非常广泛，下面学习一些典型的循环运用。

4.4.1 交互式循环

不定循环有一个很好的用途，就是用来编写交互式循环，具体想法是，允许用户根据需要重复程序的某些部分。下面以对数字求平均值为例进行介绍。

我们修改求平均值程序，使其记录有多少个数字参与计算。我们加一个累积器（称为 count）来计数，它从 0 开始，每循环一次就加 1。为了允许用户在任何时间停止，循环中每次迭代时将询问是否有更多的数据要处理。交互式循环的一般模式如下：

```
将 moredata 设为 "yes"
当 moredata 为 "yes" 时
获取下一个数据项
处理该项目
询问用户是否有更多数据要处理
```

将交互式循环模式与累积器相结合，得到这个求平均值的程序算法：

```
初始化 total 为 0.0
将 count 初始化为 0
将 moredata 设为 "yes"
当 moredata 为 "yes" 时
输入一个数字，x
将 x 添加到 total
count 加 1
询问用户是否有更多数据要处理
输出 total/count
```

【程序实例 4-10】两个累积器交织在交互式循环的基本结构中。

```
# average2.py
def main():
    total = 0.0
    count = 0
    moredata = "yes"
    while moredata[0] == "y":
        x = float(input(" 输入一个数字 >> "))
        total = total + x
        count = count + 1
        moredata = input(" 还有更多的数据吗 (yes or no)? ")
```

```
    print("\n 这组数据的平均值是 ", total / count)

main()
```

请记录：上面代码的运行结果为 ____

该程序使用字符串索引（moredata [0]）来查看用户输入的第一个字母。这样可以做出各种各样的响应，例如“yes”、“y”、“yeah”等。重要的是第一个字母是“y”。

在这个版本中，用户不必对数据值进行计数，但是用户几乎肯定会因为不断提示是否有更多数据而感到烦恼。

4.4.2 哨兵循环

哨兵循环是一种常见的编程模式，它可能是解决求数字平均值问题的更好方案。哨兵循环不断循环处理输入的数据，直到遇到表明迭代结束的特殊值，这个特殊值就称为“哨兵”。可以选择任何值作为哨兵，唯一限制是其能与实际数据值区分开来。哨兵不作为数据的一部分进行处理。

下面是设计哨兵循环的一般模式：

```
获取第一个数据项
当这个数据项不是哨兵
处理该项目
获取下一个数据项
```

请注意这种模式如何避免处理哨兵。在循环开始之前取得第一项数据，如果第一项就是哨兵，循环将立即终止，不会处理任何数据。否则，处理该项数据，并读取下一项。循环顶部的测试确保下一项不是哨兵并处理它。如果遇到哨兵，则循环终止。

我们将哨兵模式应用于数字平均值问题。第一步是选择哨兵。假设我们正在使用该程序来计算考试成绩的平均值。在这种情况下，我们可以放心地假设没有得分低于 0，用户可以输入负数来表示数据结束（即某个负数成为“哨兵”）。

【程序实例 4-11】这个程序结合了哨兵循环和来自交互式循环版本的两个累积器。

```
# average3.py
def main():
    total = 0.0
    count = 0
    x = float(input(" 输入一个数字（负数退出）>> "))
    while x >= 0:
        total = total + x
        count = count + 1
        x = float(input(" 输入一个数字（负数退出）>> "))

    print("\n 这组数据的平均值是 ", total / count)

main()
```

请记录：上面代码的运行结果为 ____

注意到，提醒用户知道如何表明数据结束的提示安排在启动读入或者循环体底部效果是相同的。这个程序既提供了交互式循环的易用性，又省去了一直输入“yes”的麻烦。哨兵循环是非常方便地解决各种数据处理问题的模式。

这个程序还有个瑕疵，如果输入的第一个数字就是负数，会出现什么问题？怎么调整？

不过这个解决方案还存在一个限制，该程序不能用于对一组既包含负值又包含正值的数字求平均值。为使这个程序更通用，我们需要一个特殊的哨兵值。

为了拥有一个真正独特的哨兵，需要扩大可能的输入。假设我们将用户的输入作为字符串获取，就可以设定一个非数字字符串作为哨兵，用来表示输入结束，而所有其他输入都将被转换为数字并视为数值。一个简单的解决方案是将一个空字符串作为哨兵值，空字符串在 Python 中被表示为 "" （引号之间没有空格）。如果用户响应输入时输入空白行（只需按 Enter 键），Python 将返回一个空字符串。可以用这个方法来终止输入，伪代码设计如下：

```
initialize total to 0.0
initialize count to 0
input data item as a string, xStr
while xStr is not empty
    convert xStr to a number, x
    add x to total

    add 1 to count
    input next data item as a string, xStr
output total/count
```

【程序实例 4-12】将字符串转换为数字添加到哨兵循环的处理部分。

```
# average4.py
def main():
    total = 0.0
    count = 0
    xStr = input("输入一个数字（按回车键退出）>> ")
    while xStr != "":
        x = float(xStr)
        total = total + x
        count = count + 1
        xStr = input("输入一个数字（按回车键退出）>> ")

    print("\n这组数据的平均值是 ", total / count)

main()
```

请记录：上面代码的运行结果为 ____________________

这段代码检查并确保输入不是哨兵（""）后，通过 float 将输入转换成数字。

4.4.3 文件循环

到目前为止，所有平均值程序都是互动方式的。想象一下，如果正在尝试求 87 个数字的平均值，而恰巧在接近尾声时发生了打字错误，那么，使用这个程序恐怕就需要重头开始了。

处理该问题的更好方法，是将所有数字先输入文件中，文件中的数据可以仔细考察并编辑，再发送给程序，生成报告。这种面向文件的方法常常用于数据处理应用程序。Python 将文件视为一系列行，因此，使用 for 循环逐行处理文件尤其容易。我们可以将这种技术直接应用于求数字平均值问题。

例如，准备一个文件 test.txt，里面逐行存放数字 32、88、99、22、33、55。执行下列程序。

【程序实例 4-13】假设数字被输入一个文件，每行一个，用程序计算平均值。

```
# average5.py
def main():
    fileName = input("这些数字在哪个文件里？ ")
    infile = open(fileName, 'r')
    total = 0.0
    count = 0
    for line in infile:
        total = total + float(line)
        count = count + 1

    print("\n这组数据的平均值是 ", total / count)

main()
```

请记录：上面代码的运行结果为 ________________

在这段代码中，循环变量 line 将文件作为行序列，遍历该文件。每行被转换为一个数字，并加到不断增长的总和中。

readline() 方法从文件中获取下一行作为字符串，在文件末尾，readline() 返回一个空字符串，我们可以用它作为哨兵值。下面是 Python 中使用 readline() 的“文件结束循环”的一般模式。

```
line = infile.readline()
while line != "":
    # 处理 line
    line = infile.readline()
```

我们不用担心文件中遇到空行会导致该循环过早停止。因为文本文件中的空白行包含单个换行符（\n），"\n" 不等于 ""，所以循环将继续。

【程序实例 4-14】将文件结束哨兵循环应用于数字平均值问题。还是准备一个文件 test.txt，里面逐行存放数字 32、88、99、22、33、55。执行下列程序。

```
# average6.py
def main():
    fileName = input("这些数字在哪个文件里？ ")
    infile = open(fileName, 'r')
    total = 0.0
    count = 0
    line = infile.readline()
    while line != "":
        total = total + float(line)
        count = count + 1
        line = infile.readline()
```

```
    print("\n 这组数据的平均值是 ", total / count)

main()
```

请记录：上面代码的运行结果为 ________________________

显然，这个版本不如使用 for 循环那样简洁，不过我们就此了解了用文件结束循环的形式。

4.4.4　嵌套循环

我们讨论过判断和循环这样的控制结构如何嵌套在一起产生复杂的算法。和其他控制结构一样，循环也可以嵌套。

我们来看一个例子。修改一下基于文件求平均值问题的规格说明，这一次不是每行输入一个数字，而是允许一行包含任何数目的值。如果一行上出现多个值，则以逗号分隔。

在顶层，基本算法是文件处理循环，计算不断增长的总和与计数，其中使用文件结束循环。

```
total = 0.0
count = 0
line = infile.readline()
while line != "":
    # 更新行的总数和计数
    line = infile.readline()

print("\n 这组数据的平均值是 ", total / count)
```

那么，如何更新循环体中的总数和计数呢？由于文件中每个单独的行包含一个或多个由逗号分隔的数字，所以我们可以将该行分割成子字符串，每个子字符串代表一个数字。然后，需要循环遍历这些子字符串，将每个子字符串转换成一个数字，并将它加到 total 中。对每个数字，还需要让 count 加 1。这是处理一行的代码片段：

```
for xStr in line.split(","):
    total = total + float(xStr)
    count = count +1
```

请注意，此片段中的 for 循环的迭代由 line 的值控制，它正是上面我们简要描述的文件处理循环的循环控制变量。

【程序实例 4-15】将两个循环编织在一起的程序。

```
# average7.py
def main():
   fileName = input(" 这些数字在哪个文件里 ? ")
   infile = open(fileName, 'r')
   total = 0.0
   count = 0
   line = infile.readline()
   while line != "":
        # 更新行的总数和计数
        for xStr in line.split(","):
```

```
            total = total + float(xStr)
            count = count + 1
        line = infile.readline()
    print("\n这组数据的平均值是 ", total / count)

main()
```

请记录：上面代码的运行结果为 ____

处理一行中数字的循环在文件处理循环内缩进。外层 while 循环对文件的每一行进行一次迭代。在外层循环的每次迭代中，内层 for 循环迭代的次数等于该行中数字的次数。内层循环完成时，文件的下一行被读入，外层循环进行下一次迭代。

这个问题的单个片段并不复杂，但最终的结果有点复杂。设计嵌套循环算法时，最好一次考虑一个循环，先设计外层，不考虑内层的内容，然后设计内层的内容，忽略外层循环。最后放在一起，注意保留嵌套。如果单个循环是正确的，则嵌套的结果就是正确的。

4.4.5 后测试循环

判断结构（if）以及先测试循环（while）提供了一套完整的控制结构，每个算法都可以用这些结构来表示。原则上，掌握了 while 和 if，就能写出所有希望得到的算法。然而，对于某些类型问题，替代结构有时可能会比较方便。

假设你正在编写一个输入算法，该算法需要从用户那里获取一个非负数。如果用户输入错误，则程序会要求重新输入。它不断重新提示，直到用户输入一个有效值。这个过程称为输入验证，精心设计的程序应该尽可能地验证输入。

下面是一个简单的算法：

```
Repeat
    从用户那里得到一个号码
until number is >= 0
```

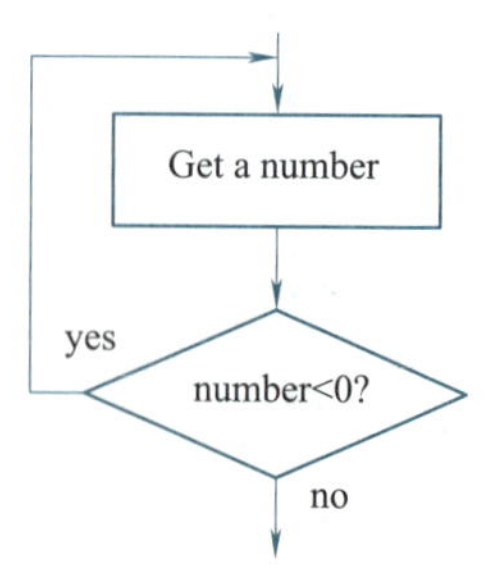

图 4-3　测试后循环的流程图

思路是循环持续取得输入，直到该值可以接受（有效）。描述该设计的流程图如图 4-3 所示。这是一个“后测试循环”，算法中必须至少执行一次循环体，其条件测试在循环体之后进行。

Python 没有直接实现后测试循环的语句，该算法可以用 while 来实现，只要预设第一次迭代的循环条件：

```
number = -1                    # 以非法值开始进入循环
while number < 0:
   number = float(input("输入一个正数："))
```

程序迫使循环体至少执行一次。注意到这与先前给出的交互式循环模式结构类似。

一些程序员喜欢用 break 语句来直接模拟后测试循环，执行 break 会导致 Python 立即退出围绕它的循环。通常这样的设计在语法上像是无限循环。下面是用 break 实现的相同算法：

```
while True:
    number = float(input("输入一个正数："))
    if number >= 0: break             # 如果数字有效，则退出循环
```

只要循环头中的表达式求值为真，while 循环就会继续。True 始终为真，但是当 x 的值为非负数时，执行 break 语句，循环终止。请注意，这里将 break 放在 if 同一行上，如果 if 的 body 只包含一个语句，这是合法的。常常看到单行的 if ... break 组合用作循环出口。

我们再对这个小程序做点改进，让程序发出提示，说明输入无效。在后测试循环的 while 版本中，需要添加一个 if，这样输入有效时不显示警告。

```
number = -1                          # 以非法值开始进入循环
while number < 0:
    number = float(input(" 输入一个正数 : "))
    if number < 0:
        print(" 您输入的数字不是正数 ")
```

为 break 添加警告，只要在原有的 if 添加一个 else。

```
while True:
    number = float(input(" 输入一个正数 : "))
    if number >= 0:
        break                        # 如果数字有效，则退出循环
    else:
        print(" 您输入的数字不是正数 ")
```

4.4.6　循环加一半

构建非标准的循环结构，可以用循环条件为 True 的 while 循环，并用 break 语句来提供循环出口。我们来看一个不同风格的提示设计：

```
while True:
    number = float(input(" 输入一个正数 : "))
    if number >= 0: break            # 退出循环
    print(" 您输入的数字不是正数 ")
```

这里的循环出口安排在循环体的中间，我们把它称为“循环加一半”。循环加一半是避免在哨兵循环中启动读取的较好方式。下面是用循环加一半来实现哨兵循环的一般模式（见图 4-4）：

```
当为真时 :
得到下一个数据项
如果该项目是哨兵 : 退出 (break)
处理该项目
```

可以看到，这个实现忠实于哨兵循环的第一规则：避免处理哨兵值。要注意避免在一个循环体中塞进多个 break 语句。如果有多个出口，循环的逻辑容易失控。

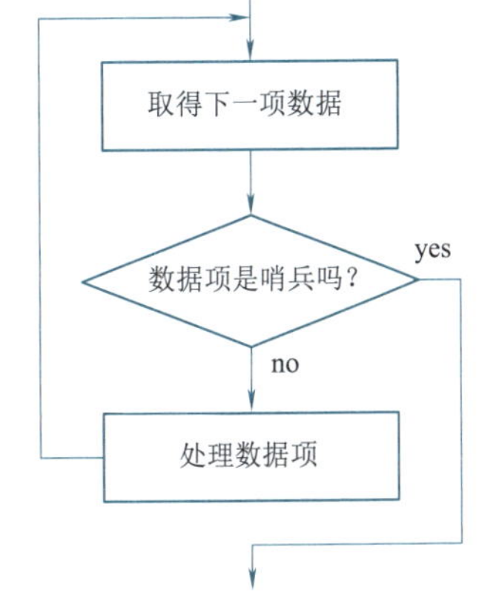

图 4-4　哨兵循环模式的循环加一半实现

4.4.7　循环语句中的 else 子句

for 与 while 语句还能再加上 else 子句。例如，下面的程序会检查列表 numbers 里是否有偶数。

```
numbers = [1, 5, 13, 7, 2, 9]
hasEven = False
for x in numbers:
    if x % 2 == 0:              # 发现偶数
        hasEven = True
        break                   # 就可以 break 跳出
    else:
        hasEven = False
```

当 for 循环正常结束时（即使连一轮也没执行），就会去执行 else 子句，但若中途以 break 语句跳出循环，就不会执行 else 子句。while 循环也可加上 else 子句，用法相同。

4.5 输出语句

Python 对每个语句的语法（形式）和语义（意义）有一套精确的规则。可以使用 Python 的内置函数 print 在屏幕上显示，所以 print 语句与其他函数调用具有相同的一般形式。我们输入函数名 print，后面带上括号中列出的参数。

下面是用模板符号时 print 语句的样子：

```
print(<expr>, <expr>, ..., <expr>)
print()
```

这两个模板展示了两种形式的 print 语句。第一个表示 print 语句可以包含函数名 print，后面是带括号的表达式序列，用逗号分隔。模板中的尖括号符号（<>）用于表示由 Python 代码的其他片段填充的“槽”。括号内的 expr 表示一个表达式。省略号（“...”）表示不确定的（表达式）序列，实际上不会输入该省略号。第二个版本的 print 语句表明，括号内不带表达式的 print 也是合法的。

就语义而言，print 语句以文本形式显示信息。所有提供的表达式都从左到右求值，结果值以从左到右的方式显示在输出行上。默认情况下，在显示的值之间放置一个空格字符，例如：

```
print(3 + 4)
print(3, 4, 3 + 4)
print()
print("The answer is ", 3 + 4)
```

产生的输出为：

```
7
3 4 7

The answer is 7
```

最后一个语句说明字符串字面量表达式经常在 print 语句用作为标记输出的方便方法。

注意：连续的 print 语句通常显示在屏幕的不同行上。空 print（无参数）生成空行输出。在打印所有提供的表达式之后，print 函数自动附加某种结束文本。默认情况下，结束文本是表示行结束的特殊标记字符（表示为“\n”）。这里使用命名参数的特殊语法，或称为“关键字”参数。

包含指定结束文本的关键字参数的 print 语句的模板如下：

```
print(<expr>, <expr>, ..., <expr>, end = "\n ")
```

命名参数的关键字是 end，它使用“=”符号赋值，类似于变量赋值。注意：在模板中已经显示其默认值，即行末字符。这是一种标准方式，用于显示在未明确指定某个其他值时，关键字参数具有的值。

print 语句中的 end 参数有一个常见用法，即允许多个 print 构建单行输出。例如：

```
print("The answer is ", end = "")
print(3 + 4)
```

产生单行输出：

```
the answer is 7
```

第一个 print 语句的输出以空格而不是行末字符结束，第二个语句的输出紧跟在空格之后。

在许多使用 Python 系统上，可以通过简单地点击（或双击）程序文件的图标来运行程序。这时可能会发现一个可用性问题：程序在新窗口中运行，但程序一完成运行窗口就会消失，因此无法读取程序运行结果。为此，在程序结束时添加一个输入语句，让它暂停，给用户一个读取结果的机会。下面这样的代码应该有效：

```
input("按 <回车> 键退出 ")
```

习　题

1. **判断题**（在题目右侧的括号内填写“√”或“×”）

（1）程序代码通常是顺序执行的，而循环被用于跳过程序的一部分。（　　）

（2）计数循环被设计为迭代特定次数。（　　）

（3）for 语句是一个循环遍历一系列值的确定循环。（　　）

（4）类似 for 循环的语句称为“控制结构”，因为它们完全控制了程序各部分的执行顺序。（　　）

（5）程序员经常使用 a 或 b 作为计数循环的循环索引变量。（　　）

（6）“流程图”的图形方式可以帮助思考程序的控制结构。（　　）

（7）Python 的 for 循环不能处理 list，但可以处理 tuple 与 str。（　　）

（8）for 循环的“in”跟赋值语句“=”的作用一样，就是建立名称与对象的绑定关系。（　　）

（9）在“不定循环”或“条件循环”中，一个独立循环保持迭代，直到满足某些条件，但是，需要事先确定循环次数。（　　）

（10）在不定循环中，始终在循环顶部进行条件测试，如果循环条件最初就为假，则循环体立即得到执行。（　　）

（11）如果发生了死循环，通常通过按 Ctrl+C 组合键退出循环。如果循环非常忙而无法打断，就要使用按 Ctrl+Alt+Delete 组合键这样的“暴力”手段了。当然，最好是开始就避免写出无限循环。（　　）

（12）在使用循环语句时，当已经达到目标不必再继续执行时，可使用 break 语句立即跳出循环。（　　）

（13）不定循环不能用来编写交互式循环，即不允许用户根据需要重复程序的某些部分。（　　）

（14）处理批量数据的更好方法，是将所有数字先输入文件中，再仔细考察并编辑后，再发送给程序，生成报告。（　　）

（15）对于“后测试循环”，算法中必须至少执行一次循环体，其条件测试在循环体之后进行。（　　）

（16）Python 的内置函数 print 可以处理结果输出到打印机上。（　　）

2. 选择题（在题目的括号内填写正确选项）

（1）流程图中的（　　）表示程序中的判断。

A. 菱形框　　B. 矩形框　　C. 圆形框　　D. 圆角矩形

（2）哨兵循环不断循环处理输入的数据，直到遇到表明迭代结束的特殊值，这个特殊值就称为（　　）

A. 终值　　B. 尾值　　C. 哨兵　　D. 条件

（3）判断和循环这样的控制结构可以（　　）在一起产生复杂的算法。

A. 组合　　B. 嵌套　　C. 连接　　D. 重叠

（4）模板 for < 变量 > in range(< 表达式 >) 描述了（　　）。

A. 一般 for 循环　　B. 赋值语句　　C. 流程图　　D. 计数循环

（5）用于计算阶乘的模式是（　　）。

A. 累积器　　B. 计数循环

C. 格子　　D. 输入、处理、输出

（6）下列选项中，会输出 1，2，3 三个数字的是（　　）。

A.

```
for i in range(3) :
  print(i)
```

B.

```
for i in range(2) :
    print(i + 1)
```

C.

```
a_list = [0, 1, 2]
for i in a_list:
    print(i + 1)
```

D.

```
i = 1
while i < 3:
    print(i)
    i = i + 1
```

（7）阅读下面的代码：

```
sum = 0
for i in range(100):
    if (i % 10):
        continue
    sum = sum + 1
print(sum)
```

上述程序的执行结果是（　　）

A. 5050　　B. 4960　　C. 450　　D. 10

（8）已知 x = 10，y = 20，z = 30；以下语句执行后 x，y，z 的值是（　　）。

```
if x < y:
   z = x
   x = y
   y = z
```

A. 10，20，30　　B. 10，20，20

C. 20，10，10　　D. 20，10，30

（9）有一个函数关系如下表所示：

x	y
x < 0	x - 1
x = 0	x
x > 0	x + 1

下列程序段中，能正确表示上面关系的是（　　）。

A.

```
y = x + 1
if x >= 0:
   if x == 0:
      y = x
   else:
      y = x – 1
```

B.

```
y = x - 1
if x != 0:
   if x > 0:
      y = x + 1
   else:
      y = x
```

C.

```
if x <= 0:
   if x < 0:
      y = x - 1
   else:
      y = x
else:
   y = x + 1
```

D.

```
y = x
if x <= 0:
   if x < 0:
      y = x - 1
   else:
      y = x + 1
```

（10）下列语句正确的是（　　）。

A. min = x if x < y else y　　B. max = x > y ? x : y

C. if (x > y) print x　　D. while True : pass

3. 讨论

（1）解释确定循环、for 循环和计数循环几个概念之间的关系。

（2）写出以下片段的输出：

a.
```
for i in range(5):
    print(i * i)
```

b. for d in [3, 1, 4, 1, 5] :
```
print(d, end = "")
```
c. for i in range(4):
```
print("Hello")
```
d. for i in range(5):
```
print(i, 2 ** i)
```
（3）如果执行下面的代码，你认为会发生什么？

```
print("start")
for i in range(0):
    print("Hello")
print("end")
```

（4）如果执行下面的代码，你认为会发生什么？

```
print("start")
for i in range(0):
   print("Hello")
print("end")
```

编程训练

1．实训目的

（1）熟悉 for 循环与 while 循环的概念。

（2）理解、编写和使用循环结构，熟悉使用循环的各种模式算法。

（3）掌握 break 和 continue 语句的运用。

2．实训内容与步骤

（1）仔细阅读本章内容，对其中的各个实例进行具体操作实现，从中体会 Python 程序设计，提高 Python 编程能力。如果不能顺利完成，请分析可能的原因是什么。

答：____

____

（2）编写程序。理解和编写 Python 语句，将信息输出到屏幕，为变量赋值，获取通过键盘输入的信息，并执行计数循环。

① 编程计算前 n 个自然数的和，其中 n 的值由用户提供。

② 编程计算前 n 个自然数的立方和，其中 n 的值由用户提供。

③ 编写一个程序，将以千米为单位的距离转换为英里。1 千米约为 0.62 英里。确保程序打印介绍，解释它的作用。

④ 编写一个交互式 Python 计算器程序。程序应该允许用户输入数学表达式，然后打印表达式的值。加入循环，以使用户可以执行许多计算（例如，最多 100 个）。

注意：要提前退出，用户可以通过键入一个错误的表达式，或简单地关闭计算器程序运行的窗口，让程序以崩溃方式结束。

⑤ 用 while 循环编程，来确定投资在特定利率下翻倍需要多长时间。输入是年利率，输出是投资增加一倍的年数。注：初始投资金额无关紧要，你可以用 1 元。

⑥ 编程对用户输入的一系列数字求和。程序应该首先提示用户有多少数字要求和，然后依次提示用户输入每个数字，并在输入所有数字后打印出总和（提示：在循环体中使用输入语句）。

记录：将你编写的上述程序的源代码另外用纸记录下来，并粘贴在下方：

------------------------------------ 程序设计源代码粘贴于此 ------------------------------------

3. 实训总结

____

____

____

____

4. 教师对实训的评价

____

____

第 5 章 序列与迭代

Python 的序列类型包括列表、元组、字符串、文件等，存取这些抽象类型时，核心的概念就是迭代，一个接着一个地逐一操作。这种形式的数据不胜枚举，所以 Python 提供了充分的支持。以列表为中心，围绕着许多相关类型、内置函数、方法、列表生成式等，以方便在程序里处理序列形式的数据。事实上，顺序、条件判断、再加上迭代（重复）的执行形式，就组成了基本的程序流程。

5.1 类型与对象

我们已经熟悉类型、对象、名称（标识符）之间的关系了，也学会了不少类型，包括整数（int）、浮点数（float）、列表（list）、字符串（str）等，甚至函数（function）、模块（module）也都是类型。例如：

```
>>> a = 22; b = 4+5j; c = 'hi'; d = (169, 44)
>>> e = ['Amy', a, d]
>>> def sq(x): return x * x
...
>>> import math
```

这里的 a、b、c、d、e、sq、math 都是名称，分别指向某种对象，而对象必定属于某种类型，规定了该对象的接口与用法；我们可用内置函数 type 查出某对象的类型，type() 会显示 <class 'XXX'>。

```
>>> type(a); type(c); type(e)          # 查询对象的类型
<class 'int'>
<class 'str'>
<class 'list'>
>>> type(sq); type(math)               # 模块与函数也是对象，
<class 'function'>                     # 也有类型
<class 'module'>
```

5.1.1 类型也是对象

所谓“类型（type）”在程序里也是以对象形式存在的，使用 type() 得到代表类型的对象后，可以比较判断两个对象的类型是否相同；有些基本类型直接输入其名称便可得到代表该类型的对象，有些类型则被放在某个模块内。

```
>>> it = type(a)                # 类型是对象，也能命名
>>> it
<class 'int'>
>>> type(a) is type(99)         # 比较类型是否为同一个
True
>>> int, float, complex         # 基本的类型，直接取用
(<type 'int'>, <type 'float'>, <type 'complex'>)
>>> tuple, list, str (<class 'tuple'>, <class 'list'>, <class 'str'>)
>>> type(e) is list             # 直接取用类型作判断 True
>>> import types                # 有些类型被放在模块内
>>> type(sq) is types.FunctionType
True
>>> type(math) is types.ModuleType
True
```

整数对象的类型是 int，类型既然是对象，那么它也有类型，类型对象的类型是 type。

```
>>> a = 3                       # 名称 a 指向 int 对象，值为 3
>>> type(a)                     # 其类型是 int
<class 'int'>
>>> at = type(a)                # 名称 at 指向 type 对象
>>> type(at)                    # 其类型是 type
<class 'type'>
```

表 5-1 列出了 Python 的部分类型。

表 5-1　Python 的部分类型

类　型	位　置
Bool	内置名称 bool
Int	内置名称 int
long (2.x)	内置名称 long
Complex	内置名称 complex
list	内置名称 list
tuple	内置名称 tuple
str	内置名称 str
函数	模块内，types.FunctionType
模块	模块内，types.ModuleType
内置函数	模块内，types.BuiltinFunctionType
内置方法	模块内，types.BuiltinMethodType
Decimal	模块内，decimal.Decimal
Fraction	模块内，fractions.Fraction
dict	内置名称 dict

续表

类　型	位　置
slice	内置名称 slice
dict	内置名称 dict
set	内置名称 set

每个对象的类型各有其独特的性质，例如，int 对象不可变，list 对象是可变的容器，函数对象可被调用。在需要区别的时候，我们会称某类型建立的对象为“实体”，以避免混淆。使用内置函数 instance 可判断对象是否为某类型的实体。

```
>>> callable(sq), callable(math)           # sq是函数，可被调用
(True, False)
>>> callable(list), callable(int)          # list、int 不仅是类型的名称，也可被调用
(True, True)
>>> isinstance(sq, types.FunctionType) # sq是函数类型的实体
True
>>> isinstance(d, tuple)                   # d是tuple类型的实体
True
```

5.1.2 命名空间

名称会指向对象，命名空间是名称存在的地方，模块、函数、类型、实体（对象）都具备命名空间的功能。

```
import math
pi = math.pi
c = complex(3, 4)
def circle(r)
  area = pi * r * r
  return area
```

在上述代码中，全局范围的命名空间里含有名称 math、pi、circle，其中 math 是个模块、pi 与 c 都是对象，都具有命名空间的功能，例如，math 里的 sqrt、floor、trunc 都指向函数，c 对象里面的 real 与 imag 则指向浮点数。

函数具有命名空间的功能，上述程序只“定义”了函数 circle 但尚未调用，也就是说，此时尚未产生 circle 的局部命名空间，更别提名称 r 是否存在了。调用函数才会建立出局部（函数）范围的命名空间，里面会放着 r、area。一旦函数结束（返回），该局部（函数）范围的命名空间也会消失，这里说的是“名称”消失了，所以在函数之外将无法使用函数内的名称 area，不过函数返回的对象若还有名称指向它，就仍会继续存活。

当在程序里取用某名称时，如果位于函数内，会先到局部（函数）范围命名空间寻找，找不到会去全局范围命名空间寻找，若再找不到会去存放内置名称命名空间（由模块 __builtins__ 提供）寻找（见图 5-1）。在局部与全局之间还有一个“外围函数”的范围。

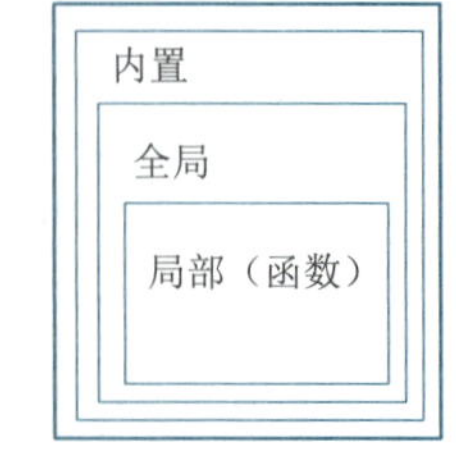

图 5-1　搜寻名称时的顺序规则

5.2 抽象类型

前面介绍类型与对象时，一个对象看似都只有一个类型，例如 3 是 int，[0, 1, 2] 是 list，但实际情况会更复杂。例如 list、tuple、str 都是序列类型，那么“序列”的类型在哪里呢？

5.2.1 序列

序列是个抽象类型，list、tuple、str 都是实际类型，可产生出对象，但我们不能用序列类型产生对象，只能说类型为 list（或 tuple、str）的对象符合序列定义的操作接口。

某些类型拥有相同的接口，例如 list 拥有“长度”的概念，tuple、str 也有，但 int、float 没有。此时可把这部分接口提出来，放在抽象类型里，让 list、tuple、str 遵循并符合此抽象类型的描述（见图 5-2）。

“长度或大小”的观念由抽象类型 Sized 定义，所以符合此接口的类型对象必须含有方法 __len__，从其名称前后有两个下画线便可猜想，这是个具有特定意义、预先规定好名称的方法，会被运算符或内置函数取用。而抽象类型 Container 定义了“某东西是否在里面”的观念，由 __contains__ 负责，Sequence（序列）抽象类型“继承”了 Sized 与 Container，也就是说符合其定义的接口，更进一步定义了“取出元素”（__getitem__）、“某元素的索引”（index）等接口，而 MutableSequence（可变序列）抽象类型又再以 Sequence 为基础、加入可修改内容的接口，诸如“移除”“附加”等。这些抽象类型被放在模块 collections.abc 里，可以使用内置函数 isinstance 得知实体对象是否符合某类型（与抽象类型），而内置函数 issubclass 可得知类型与类型之间的继承关系（包括抽象类型）。

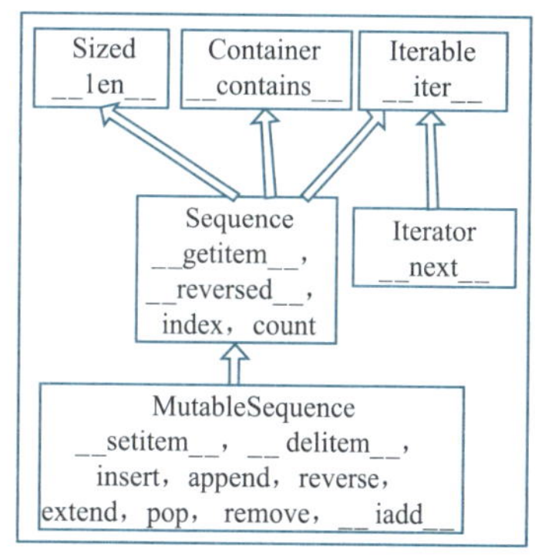

图 5-2 序列相关的抽象类型层级

5.2.2 可迭代项与迭代器

再来看可迭代项（Iterable）与迭代器（Iterator）。抽象类型 Iterable 定义了“建立 Iterator”的接口，而 Iterator 定义了“逐步取出下一个元素”的接口。下面是个简单的实例。

```
>>> li = [30, 41, 52]          # list 对象，也是可迭代项
>>> lit = iter(li)             # 以内置函数 iter 取得迭代器
>>> lit                        # 名称 lit 指向这个迭代器
<list_iterator object at 0x00BD6C90>
>>> next(lit)                  # 以内置函数 next 可取得下一个元素
30
>>> next(lit)
41
>>> next(lit)
52
>>> next(lit)                  # 没有下一个了，发生错误
Traceback (most recent call last):
```

```
  File "<stdin>", line 1, in <module>
StopIteration
```

5.2.3 共同接口

Python 运用各种类型（包括抽象类型）来规范对象的接口，根据类型定义出一套存取方式，list、tuple、str 都符合序列抽象类型，list 还符合可变序列抽象类型。表 5-2 列出了这些类型都支持的操作动作，其中 s 与 t 代表某一种序列类型的实体对象，i、j、k 都是整数。表 5-3 列出了可变的操作动作，其中 s 代表可变序列类型的实体对象，t 是可迭代项。除了 list、tuple、str 之外，还有其他类型继承自序列抽象类型。字符串 str 除了这里列出的操作动作，还有很多和“文本”相关的方法。

表 5-2　序列类型共同的操作动作

操　作　动　作	结　果
x in s、x not in s	测试 s 是否含有 x，返回 True 或 False
s is t、s is not t	测试 s 与 t 是否为同一个对象，返回 True 或 False
s < t（<、<=、>、>=、!=、==）	根据比较运算的结果返回 True 或 False
s + t	连接 s 与 t
s * n、n * s	s 浅复制 n 次，然后连接起来
s[i]	s 的第 i 个元素，索引值从 0 起跳
s[i:j]	s 里从第 i 个到第 j 个（不含）元素
s[i:j:k]	s 里从第 i 个到第 j 个（不含）元素，每次跳 k 个
len(s)	s 的长度（元素的个数）
min(s)	s 里最小的元素
max(s)	s 里最大的元素
s.index(x)、s.index(x[, i[, j]])	s 里 x 第一次出现的索引值；以 i、j 指定搜寻索引界限
s.count(x)	s 里 x 出现的次数

表 5-3　可变序列类型共同的操作动作

操　作　动　作	结　果
s[i] = x	把 s 的第 i 个元素置换为 x
del s[i]	删除 s 里第 i 个元素
s[i:j] = t	把 s 里从第 i 个到第 j 个（不含）元素置换为 t 的内容
del s[i:j]	删除 s 里从第 i 个到第 j 个（不含）元素，等同于 s[i:j] = []
s[i:j:k] = t	把 s[i:j:k] 的元素置换为 t 的内容
del s[i:j:k]	删除 s 里 s[i:j:k] 所代表的元素
s.append(x)	将 x 加到 s 的末端，等同于 s[len(s):len(s)] = [x]
s.extend(t)	把 t 的内容物附加到 s 的末端，等同于 s[len(s):len(s)] = t
s.clear()	删除 s 里的所有元素，等同于 del s[:]
s.copy()	浅复制 s，3.x 版才有，等同于 s[:]
s.insert(i, x)	把 x 插入索引值 i 的位置，等同于 s[i:i] = [x]
s.pop([i])	拿出索引值为 i 的元素，并移除该元素
s.remove(x)	删除 s 里的 x，等同于 del s[s.index(x)]
s.reverse()	原地逆转 s 里的元素

5.3 元素存取

序列类型是一种容器（数据结构），里面的内容称为元素，它们的存取方式介绍如下：

5.3.1 索引

以方括号“[ ]”的索引方式来指定想存取的元素，索引值从 0 开始计数，所以长度为 n 的序列，有效合法的索引值会是 0~n-1。

```
>>> li = [30, 41, 52, 63, 74, 85]
>>> li[0]                          # 取得索引值 0 之处的对象
30
>>> li[5], li[len(li) - 1]         # 以内置函数 len 得知长度
(85, 85)
>>> li[99]                         # 超过了，发生错误
Traceback (most recent call last):
  File "<stdin>", line 1, in <module>
IndexError: list index out of range         # 索引错误：列表索引值超过界限
>>> s =  'hello python'            # 字符串也能使用索引
>>> s[0], s[6]
('h', 'p')
>>> s[0], s[6], s[len(s) - 1]
('h', 'p', 'n')
```

任何序列类型，例如 list、tuple、str 等都可以使用索引存取方式。索引值也可以是负数，如果是 -i（假设 i 为正数），会被当作“长度 - i”。假设序列对象 s 长度是 n，那么 s[-i] 将等同于 s[len(s) - i]。负索引值从 -1（最后的元素）到 -n（最前面的元素）。

```
>>> li = [30, 41, 52, 63, 74, 85]       # 长度是 6
>>> li[-1], li[len(li) - 1]        # 此处 [-1] 等同于 [6 - 1]
(85, 85)                           # 以 [-1] 存取最后的元素，比 len() 方便
>>> li[-2], li[-5], li[-6], li[-len(li)]
(74, 41, 30, 30)
>>> li[0], li[-0]                  # 注意，-0 还是 0，不是 6 - 0
(30, 30)
>>> li[-7]                         # 超过了，发生错误
Traceback (most recent call last):
  File "<stdin>", line 1, in <module>
IndexError: list index out of range
```

如果是可变序列类型，例如 list，就能以赋值语句修改其内容，即让该索引值转而指向新对象。

```
>>> li = [30, 41, 52, 63, 74, 85]
>>> li[0] = 'Amy'                              # 修改第 0 个
>>> li[len(li) - 1] = ('a', 'b', 'c')
>>> li ['Amy', 41, 52, 63, 74, ('a', 'b', 'c')]
>>> li2 = ['a', 'b', 'c']
>>> li[-1] = li2                               # 指向新对象，是个列表
>>> li ['Amy', 41, 52, 63, 74, ['a', 'b', 'c']]
```

```
>>> li2[0] = 'abc'                                  # 修改 li2
>>> li                                              # li[-1] 也变了
['Amy', 41, 52, 63, 74, ['abc', 'b', 'c']]
>>> li[-1] is li2                                   # 因为两者都指向同一个对象
True
```

如果是可变序列类型，例如 list，就能以 del 语句删除元素。

```
>>> li = [30, 41, 52, 63, 74, 85]
>>> del li[0]                                       # 删除第 0 个
>>> li [41, 52, 63, 74, 85]
>>> del li[-1]                                      # 删除最后一个
>>> li [41, 52, 63, 74]
```

“删除元素”的意思是移除掉该列表的某索引值以及指向对象的绑定关系。

5.3.2 切片

除了索引，Python 还提供切片方式来存取序列类型，基本语法是 s[i : j]，i 代表起始索引值，j 代表结束索引值（不包含），切片的结果是新的序列对象。

```
>>> li = [30, 41, 52, 63, 74, 85]
>>> li[0:3]                       # 从 0 到 3（不包含）
[30, 41, 52]                      # 新的列表对象
>>> li[2:]                        # 没指定 j，默认为长度 len(li)
[52, 63, 74, 85]
>>> li[:4]                        # 没指定 i，默认为 0
[30, 41, 52, 63]
>>> li[5:3]                       # i 大于 j
[]                                # 得到空列表
>>> li[99:3]                      # i 若大于长度，会被视为长度
[] >>> li[3:99]                   # j 若大于长度，会被视为长度
[63, 74, 85] >>> li[:]            # i 与 j 都没指定，等同于 [0:len(li)]，
[30, 41, 52, 63, 74, 85]          # 等同于复制 li
>>> first, rest = li[0], li[1:]          # 拿出第 0 个与其他
>>> first, rest (30, [41, 52, 63, 74, 85])
>>> first, *rest = li             # “星号序列指派”拿出第 0 个与其他
```

切片也能使用负数，规则与索引相同。

```
>>> li = [30, 41, 52, 63, 74, 85]    # 长度是 6
>>> li[-4:-2]                     # 等同于 li[len(li)-4:len(li)-2]
[52, 63]                          # 也就是 li[2:4]
>>> li[-2:]                       # 没指定 j，默认为长度 len(li)
[74, 85]
>>> li[:-3]                       # 没指定 i，默认为 0
[30, 41, 52]
>>> rest, last = li[:-1], li[-1]        # 拿出最后一个与其他
>>> rest, last ([30, 41, 52, 63, 74], 85)
>>> *rest, last = li              # “星号序列指派”拿出最后一个与其他
```

以上切片的索引值每次跳 1，例如 li[2 : 5] 会取出 2、3、4，但也能自行指定每次跳几个元素，

语法是 s[i : j : k]，其中 k 可正可负，不可为 0。

```
>>> li = [30, 41, 52, 63, 74, 85]   # 长度是 6
>>> li[1 : 5 : 2]                # 索引值 1、3
[41, 63]
>>> li[-1 : 1 : -2]              # k 为负数，从尾部往开头跳，
[85, 63]                         # 索引值 5、3
>>> li[:: -1]                    # 得到逆转后的列表
[85, 74, 63, 52, 41, 30]
>>> li[:: -2]                    # 从尾部往开头跳，一次跳两个
[85, 63, 41]
>>> a, b, c = li[1 : 4]          # 拿出三个元素，指派给名称 a、b、c
>>> a, b, c (41, 52, 63)
>>> a, *b = li[1 :: 2]           # 星号序列指派，3.x 版才有
>>> a                            # 第一个指派给 a
41
>>> b                            # 其余的放进列表指派给 b
[63, 85]
```

如果是可变序列类型，例如 list，就能以指派语句（assignment）修改内容，就是把切片指定的地方置换成赋值语句右边的内容。

```
>>> li = [30, 41, 52, 63, 74, 85]
>>> li[0 : 2] =  'a' ,  'b'  # 赋值语句左边是列表切片，
>>> li                       # 右边可以是任何序列类型
['a', 'b', 52, 63, 74, 85]
>>> li[1 : 3] = 'x', 'y', 'z'        # 右边数量比左边多，
>>> li                       # 会把切片指定的地方置换成右边的内容
['a', 'x', 'y', 'z', 63, 74, 85]
>>> li[0 : 2] = 9999         # 右边必须是个可迭代项
Traceback (most recent call last):
  File "<stdin>", line 1, in <module>
TypeError: can only assign an iterable
>>> li[0 : 2] = []           # 若右边是空的，
>>> li                       # 等同于删除左边切片指定的元素
['y', 'z', 63, 74, 85]
>>> li[1 : -1] = []          # 留下前后两个，中间的全部删除
>>> li ['y', 85]
```

如果是可变序列类型，例如 list，那么可以用 del 语句删除元素。

```
>>> li = [30, 41, 52, 63, 74, 85]
>>> del li[0 : 3]            # 删除索引值 0、1、2 的元素
>>> li [63, 74, 85]
>>> li = [30, 41, 52, 63, 74, 85]
>>> del li[-1 : -3]          # 想要删除最后两个元素
>>> li                       # 错了，[-1:-3] 会是 []
[30, 41, 52, 63, 74, 85]
>>> del li[-3 : -1]          # [-3:-1] 才是最后两个元素
>>> li [30, 41, 52, 85]
>>> del li[:: 2]             # 删除奇数位置的元素
```

```
>>> li [41, 85]
>>> del li[:]                  # 删除所有元素
>>> li                         # 变成空列表了
[]
>>> del li                     # 删除名称 li、连带移除与指向对象的绑定关系
>>> li
Traceback (most recent call last):
  File "<stdin>", line 1, in <module>
NameError: name 'li' is not defined
```

5.3.3 比较

以运算符 is、is not 来判断是否为同一个对象，以运算符 ==、!= 来比较两个对象内容是否相同。

```
>>> li = [3, 4, 5, 6]
>>> li2 = li[:]                    # 复制 t，新的对象指派给名称 t2
>>> li == li2, li is li2           # t 与 t2 内容相同，但非同一对象
(True, False)
```

运算符“x in s”可检查序列 s 里是否有个元素与 x 相等，“not in”则反过来。

```
>>> li = [['a', 'b'], ('x', 9, (3, 4)), 5, 6]
>>> 5 in li                        # 有
True
>>> 3 not in li                    # 没有
True
>>> not 3 in li                    # 等同于“not (3 in li)”
True                               # 因为运算符 in 优先顺序较高
>>> ['a', 'b'] in li               # ['a', 'b'] 是个 list
True
>>> ('a', 'b') in li               # 内容看似雷同，但这是个 tuple
False
>>> ['a', 'b'] == ('a', 'b')       # 判断规则就是“==”
False
>>> (3, 4) in li                   # li 并没有 (3, 4)
False
>>> ('x', 9, (3, 4)) in li
True
```

5.3.4 运算符“+”与“*”

在序列类型中，“+”代表连接，把两个序列对象连接在一起，建立新的序列。

```
>>> li = [0, 1, 2]; t = (3, 4, 5, 6); s = 'Hello'
>>> li + [30, 41, 52]           # 连接两个列表
[0, 1, 2, 30, 41, 52]
>>> t + ('a', 'b', 'c') # 连接两个 tuple
(3, 4, 5, 6, 'a', 'b', 'c')
>>> s + ' Python, ' + 'how are you?'        # 连接好几个字符串
'hello Python, how are you?'
>>> li + t                      # 连接不同类型，出错
```

```
Traceback (most recent call last):
  File "<stdin>", line 1, in <module>
TypeError: can only concatenate list (not "tuple") to list
>>> li + list(t)                # 内置函数 list 转换类型
[0, 1, 2, 3, 4, 5, 6]
>>> tuple(li) + t               # 内置函数 tuple 转换类型
(0, 1, 2, 3, 4, 5, 6)
```

由于会产生新的对象，若需要频繁使用“+”，或许会有效能低下的问题，可考虑改用可变对象与别的方法来达成同样的功能。

“*”代表复制（或称拷贝），须注意别名现象。

对于增强型赋值语句 +=、*=，若是不可变对象，那就一定是由右边表达式建立新对象，再指派给左边名称，若是可变对象，则会是原地修改。

```
>>> li = li2 = [0, 1, 2]        # 可变
>>> li += [98, 99]              # 原地修改
>>> li == li2, li is li2        # li 与 li2 是同一个列表对象
(True, True)
>>> t = t2 = (3, 4, 5)          # 不可变
>>> t += ('a', 'b')             # t 指向新的 tuple 对象
>>> t == t2, t is t2
(False, False)
```

5.3.5 方法

除了运算符与内置函数，序列类型也拥有许多方法。

先介绍不可变的方法 index 与 count。给定参数后，s.index(x) 可找出 x 在 s 里第一次出现的索引值，而 s.count(x) 则返回在 s 里 x 出现的次数。

```
>>> li = [3, 'a', 3, 'hi', 7, (10, 7), 3]
>>> li.index(3)                 # 找出 'a' 的索引值
0
>>> li.index(3, 1)              # 也可以指定从哪个索引值开始找
2
>>> li.index(3, 3, len(li))     # 也可以再指定找到哪个索引值（不含）为止
6
>>> li.count(3)                 # 计算 3 出现的次数
3
>>> li.count(4)                 # 4 在 li 里出现 0 次
0
>>> li.index(4)                 # 没这个东西，会发生错误
Traceback (most recent call last):
  File "<stdin>", line 1, in <module>
ValueError: 4 is not in list  # 值错误：4 不在列表里
```

若是可变的序列类型，例如 list，还有许多更简便的方法可用，这些方法会直接操作修改 list 对象，不会建立新的 list 对象。

```
>>> li = []
```

```
>>> li.append(3)                 # append 会把参数当作元素加入
>>> li.append(('a', 'b'))        # 参数是个 tuple
>>> li
[3, ('a', 'b')]
>>> li.extend(('a', 'b'))        # extend 是把参数的内容当作元素加入
>>> li
[3, ('a', 'b'), 'a', 'b']
>>> li.insert(2, 'XXX')          # 在索引值 2 的地方插入 'XXX'
>>> li
[3, ('a', 'b'), 'XXX', 'a', 'b']
>>> li.remove('XXX')             # 删除等于 'XXX' 的元素，只会删除靠前的一个
>>> li
[3, ('a', 'b'), 'a', 'b']
>>> li.pop(2)                    # 拿出索引值 2 的元素，并移除
'a'
>>> li.pop()                     # 拿出最后一个元素，并移除
'b'
>>> li.reverse()                 # 原地逆转 li 里的元素
[('a', 'b'), 3]
>>> li = [9, 1, 4, 6, 2]
>>> li.sort()                    # 原地排序
>>> li
[1, 2, 4, 6, 9]
>>> li2 = li.copy()              # 浅复制
>>> li.clear()                   # 清空，等同于 del li[:]
>>> li
[]
```

5.3.6 浅复制与深复制

深复制(拷贝)和浅复制(拷贝)只针对Object和Array这样的引用数据类型,大致如图5-3所示。

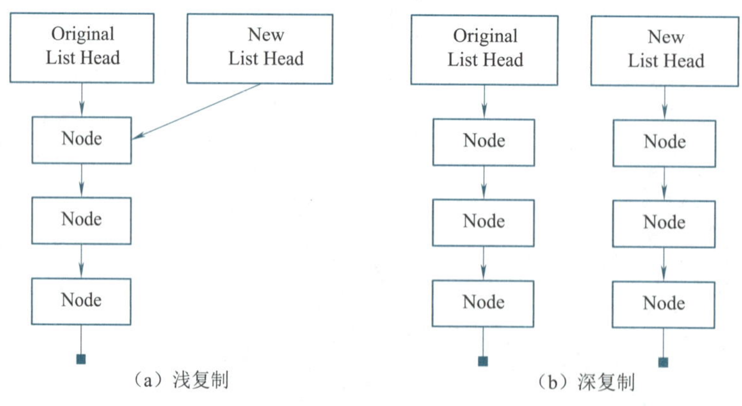

图 5-3　深复制与浅复制

浅复制只赋值指向某个对象的指针，而不赋值对象本身，新旧对象还是共享同一块内存。深复制会另外创造一个一模一样的对象，新对象跟原对象不共享内存，修改新对象不会改到原对象。

5.4　迭代

迭代是一种抽象概念，意思就是“一个接着一个处理”或“从容器中一个接着一个拿出元素”，当使用循环来处理一组项目时，使用的就是迭代。

所谓协议指的是一套沟通标准，交流双方都必须遵循这套标准，才能正常对话，迭代协议也是这个意思，一方提供东西，另一方则接收东西，双方采用同一套标准作法。以下面程序代码为例，会逐一输出 list 里的元素。

```
li = [30, 41, 52]
for x in li:                          # 以 for 循环迭代列表
   print(x)
```

此例中的 list 对象与 for 循环分别代表迭代协议中的两方，list 对象以符合迭代协议的方式提供东西，而 for 循环也透过符合迭代协议的接口接收并处理。

与迭代协定相关的接口有两个：Iterable 与 Iterator，Iterable（可迭代项）的 __iter__ 方法（对应到内置函数 iter）会返回迭代器，而 Iterator（迭代器）的 __next__ 方法（对应到内置函数 next），每次调用会返回下一个元素，直到尽头，到时会发出错误告知调用方。

例如，list 类型继承自 Sequence 抽象类型，而 Sequence 也继承了 Iteratable 抽象类型，所以 list 对象也是可迭代项，调用方法 iter 便可得到能够迭代 list 内容元素的迭代器。

```
>>> li = [30, 41, 52]                # list 对象，也是可迭代项
>>> itb = iter(li)                   # 得到迭代器
>>> itb                              # 没错，是个能迭代 list 的迭代器
<list_iterator object at 0x00BED810>
>>> type(itb)                        # 它的类型是 list_iterator
<class 'list_iterator'>
>>> import collections.abc
>>> issubclass(type(itb), collections.abc.Iterator)
True                                 # list_iterator 符合 Iterator 接口
>>> issubclass(list, collections.abc.Iterable)
True                                 # list 符合 Iterable 接口
>>> next(itb)                        # 调用 next 可拿到下一个元素
30
>>> next(itb)
41
>>> next(itb)
52
>>> next(itb)                        # 没有了，发生错误
Traceback (most recent call last):
  File "<stdin>", line 1, in <module>
StopIteration                        # 异常 StopIteration（停止迭代）
```

当迭代器耗尽时，若再调用 next 则会引发异常 StopIteration，而调用方 / 接收方看到异常 StopIteration，便会停止迭代。

【程序实例 5-1】以 while 循环模拟出 for 循环迭代列表。

```
li = [30, 41, 52]
itb = iter(li)
while True:
    try:                        # 把会引发异常的程序代码放在 try 里面
        x = next(itb)           # 拿出下一个元素
        print(x)                # 输出
    except StopIteration:       # 若有此异常
        break                   # 跳出 while 循环
```

上面程序代码进入循环后，首次调用 next(itb) 会拿到 30，然后输出，接着输出 41 与 52，之后再调用 next(itb) 时会引发异常 StopIteration，因为该段程序代码被包在 try 语句之内，所以程序流程会直接到后面的 except 子句，比对有无列出相同的异常，若有就进入该 except 子句内继续执行。此例会以 break 中断循环；若无就继续跳到外层的调用方，更外一层的调用方是 Python 解释器，而它的处理方式是终止程序。

内置函数 sum 可以算出序列对象的元素总和，但其实它能接收的参数不只是序列类型，也可以是可迭代项，不过 sum 的参数内容不能是字符串。下面使用循环与迭代协议，编写与序列类型相关的实例程序。

【程序实例 5-2】能对数字求和、连接字符串的 sum。

```
# my_sum.py
def my_sum(iterable, start=0):
    result = start
    for x in iterable:                  # iterable 应是个可迭代项
        result += x
    return result
```

有了这个函数，想连接字符串时，可传入含字符串的序列，例如“('a', 'b', 'def', 'g')”，作为参数 iterable，至于参数 start 则可传入空字符串“''”作为起始值。虽然内置函数 sum 有“+”的功能，但并没有“*”的功能。下面函数 product 可算出乘积，写法大致相同。

【程序实例 5-3】计算乘积。

```
# product.py
def product(iterable, start=1):
    result = start
    for x in iterable:                  # 程序代码跟之前几乎一样
        result *= x                     # 只有 start 默认值与此处不同
    return result
```

有了 product，就可改写阶乘函数，使之变得更简单。

【程序实例 5-4】阶乘。

```
# my_factorial.py
def my_factorial(n):
    return product(range(2, n+1))    # 2 * 3 * 4 * ... * n
```

sum 的功能是算求和，但有时需要的是“累加”，若有个列表 [a, b, c, ...]，那么它的累加和是

[a, a+b, a+b+c, ...]。调用下面的函数 cumulative_sum(range(10+1))，可得到 [0, 1, 3, 6, 10, 15, 21, 28, 36, 45, 55]。

【程序实例 5-5】累加。

```
# cumulative_sum.py
def cumulative_sum(iterable, start=0):
    result = []
    acc = start                          # 记录上次的和
    for x in iterable:
        acc += x                         # 加上这次的数值
        result.append(acc)               # 放进去
    return result
```

函数 unique 可挑出至少出现过一次的元素，等同于拿掉重复的元素，例如 unique([1, 2, 1, 3, 2, 5, 5, 6, 1]) 会得到 [1, 2, 3, 5, 6]。

5.5 列表生成式

列表是一种用途非常广泛的数据结构。列表可以放入任何类型的对象，例如能以列表表达班级成绩、个人资料、温度变化历程等一连串的数据，就算不是线性，列表也可以稍作变化，在列表内放入列表，进而可表达树状或其他形式的数据。元组（tuple）也具备上述特性，但 list 支持“可变”操作动作，更有弹性。

因为列表如此重要，Python 提供了称为列表生成式的语法，其作用等同于结合 for 与 if 来建立新串列，在短短一行内塞进一大堆想做的事，可以让程序代码更简洁有力。其语法如下：

```
[ 表达式 for 名称 in 可迭代项 ]
[ 表达式 for 名称 in 可迭代项 if 表达式 ]
```

例如，有个列表含有华氏温度，想要转换成摄氏温度。32 华氏度等于 0 摄氏度（冰点），212 华氏度等于 100 摄氏度（沸点）。如果使用 for 循环，程序代码如下：

```
def ftoc(ft):                            # 参数是含有华氏温度的列表（或可迭代项）
    ct = []                                        # 存储转换后的摄氏温度
    for x in ft:
        ct.append((x - 32) * 5 / 9)                # 转换
    return ct
```

但同样的功能，只需要一行的列表生成式便可实现，程序如下：

【程序实例 5-6】华氏温度转摄氏温度。

```
# ft_to_ct.py
ft = [32, 212, 10, 55, 78, 110, 178]           # ft 含有华氏温度
ct = [(x - 32) * 5 / 9 for x in ft]            # 转成摄氏温度，并且建立新列表，指派给 ct
```

首先，列表生成式是个表达式，以方括号“[ ]”包起来，其结果会是个新列表；里面可分为前后两部分，后面部分“for x in ft”的意思其实就跟 for 循环的头一样，不断地迭代 ft 列表（或可迭代项）、把元素指派给名称 x，此例中 x 会指向代表华氏温度的整数对象，然后由前面部分的

表达式“(x - 32) * 5 / 9”转换算出摄氏温度，变成新列表的元素。

如此，冗长的程序代码缩减为一行。以前使用 for 循环写的程序，几乎都可以换成列表生成式。再举几个简单例子：

```
>>> li = [32, 55, -68, 10, -3, 44, 12, 0]  # 含有整数的列表
>>> [x*2 for x in range(10)]               # 两倍
[0, 2, 4, 6, 8, 10, 12, 14, 16, 18]
>>> li2 = [abs(x) for x in li]             # 绝对值
>>> li2 [32, 55, 68, 10, 3, 44, 12, 0]
>>> from math import sqrt
>>> scores = [11, 23, 64, 100, 91, 60, 55, 44] # 成绩
>>> [int(sqrt(x) * 10) for x in scores]    # 调整成绩，开根号再乘 10
[33, 47, 80, 100, 95, 77, 74, 66]
```

列表里也不一定是数字，可以是任何类型的对象。列表生成式的作用就是逐一处理元素后、再放进新的列表。在下面的例子中，若已知原列表的内容结构，便可运用“序列指派”，把列表元素（是个 tuple）的内容一次指派给多个名称。

```
>>> li = [(30, 41, 65), (60, 70, 80), (95, 78, 65)]     # 某班级每人的成绩
>>> [sum(x) / len(x) for x in li]          # 算出每人的平均分数
[45.333333333333336, 70.0, 79.33333333333333]
>>> [(x+y+z) / 3 for x, y, z in li]        # 使用序列指派
[45.333333333333336, 70.0, 79.33333333333333]
```

列表生成式新建立的列表，其元素可以是任何类型的对象。

```
>>> li = ['apple', 'cake', 'candy', 'lollipop']         # 元素是 str
>>> [(x, len(x)) for x in li]                # 新的元素是 tuple
[('apple', 5), ('cake', 4), ('candy', 5), ('lollipop', 8)]
>>> [[x, len(x)] for x in li]                # 新的元素是 list
[['apple', 5], ['cake', 4], ['candy', 5], ['lollipop', 8]]
```

原列表里可能有些不需要处理的元素，在下面的实例中，原列表的每个元素是个 tuple，内含三项成绩，还含有学生姓名与学号，但这些并不需要处理，不过仍要放进新建立的列表里，新列表的元素类型仍是 tuple，含有学生姓名、学号、平均分数。

```
>>> li = [('Amy', 684001, 30, 41, 65),     # 把 list 拆解成多行，
... ('John', 684002, 60, 70, 80),          # 此处可不缩排，因为
... ('Zoe', 684003, 95, 78, 65)]           # 解释器知道还在输入 list 中
>>> [(x, y, int((z0+z1+z2)/3)) for x,y,z0,z1,z2 in li]
[('Amy', 684001, 45), ('John', 684002, 70), ('Zoe', 684003, 79)]
```

循环内可以再有一个循环，而列表生成式里也可以有两个 for / in。例如，先使用双重循环输出九九乘法表，然后再改写成列表生成式。

【程序实例 5-7】九九乘法表。

```
# 9x9m.py
# 九九乘法表
result = []
```

```
for x in range(2, 9+1):
    for y in range(1, 9+1):
        result.append(str(x) + '*' + str(y) + '=' + str(x*y))
####
result = [str(x)+'*'+str(y)+'='+str(x*y) for x in range(2, 9+1)
    for y in range(1, 9+1)]
```

下面的双重循环可得到有序组合，结果会是 ['b.png', 'b.bmp', 'c.png', 'c.bmp']，也能以列表生成式改写，迭代两个列表，而且再加上 if 进行过滤：

【程序实例 5–8】有序组合。

```
# comb.py
li0 = ['a', 'b', 'c']
li1 = ['.jpg', '.png', '.bmp']
result = []
for x in li0:
    if x != 'a':                    # 除了 'a' 以外的
        for y in li1:
            if y != '.jpg':         # 除了 '.jpg' 以外的
                result.append(x + y)
####
result = [x+y for x in li0 if x != 'a' for y in li1 if y != '.jpg']
```

循环不但可以双重，也可以形成更多重的嵌套结构，列表生成式内也可以有多个 for / in，只不过很少出现需要多于双重循环的情况。

因为列表生成式是“表达式”，其运算结果是个列表，所以可放在任何需要列表的地方，例如放在列表里、放在 for 循环头里，只不过这么写是否适当要视情况而定。

```
li = [[x * 2 for x in range(6)], [x * 2 + 1 for x in range(6)]]
for x in [y for x in li for y in x if y < 10]:
    print(x)
```

习　题

1. 判断题（在题目右侧的括号内填写“√”或“×”）

（1）Python 为序列提供了充分的支持，存取包括列表、元组、字符串、文件这样的序列类型时，核心的概念就是迭代。（　　）

（2）所谓的深复制和浅复制可以针对 Python 的各种数据类型。（　　）

（3）浅复制只赋值指向某个对象的指针，而不赋值对象本身。（　　）

（4）深复制会创造一个镜像对象，新对象和原对象各项指标相反。（　　）

（5）循序、条件判断再加上迭代（重复）的执行形式，组成了基本的程序流程。（　　）

（6）在序列类型中，“+”代表复制，“*”代表连接。（　　）

（7）与 list、tuple、str 一样，序列也是实际类型，可产生出对象。（　　）

（8）抽象类型可迭代项（Iterable）定义了“建立迭代器（Iterator）”的接口，而 Iterator 定义了“逐

步取出下一个元素”的接口。 （ ）

（9）Python 运用各种类型（不包括抽象类型）来规范对象的接口，根据类型定义出一套存取方式。 （ ）

（10）“删除元素”的意思是移除掉该列表的某索引值以及指向对象的绑定关系。 （ ）

（11）除了索引，Python 还提供切片方式来存取序列类型，其结果是新的序列对象。 （ ）

2. **选择题**（在题目的括号内填写正确选项）

（1）迭代是一种抽象概念，意思就是（ ）。

A. 一个接着一个处理　　B. 一个加上另一个

C. 一个排除另一个　　D. 元素之间没有关系

（2）列表是一种用途非常广泛的数据结构，Python 提供了称为列表生成式的语法，其作用等同于（ ）。

A. 通过序列来建立新的数据结构　　B. 运用切片来建立新的数据结构

C. 结合 for 与 if 来建立新串列　　D. 结合 case 与 if 来建立新串列

（3）对象必定属于某种类型，可以使用内置函数（ ）查出某对象的类型。

A. dir　　B. type　　C. dir　　D. list

（4）从命名空间思考，当在程序里取用某名称时，可寻找的位置如下所示。所以，寻找的顺序是（ ）。

① 局部（函数）范围命名空间

② 全局范围命名空间

③ 存放内置名称命名空间（由模块 __builtins__ 提供）

④ 在局部与全局之间的“外围函数”范围

A. ①②③④　　B. ①②④③　　C. ④③②①　　D. ①④②③

（5）序列类型是一种容器（数据结构），里面的内容称为（ ）。

A. 元素　　B. 成员　　C. 单元　　D. 数据

（6）索引存取方式中，以（ ）的索引方式来指定想存取的元素。

A. 花括号“{ }”　　B. 圆括号“()”　　C. 方括号“[ ]”　　D. 双引号“" "”

（7）有一些运算符可以用来判断是否为同一个对象，但下列（ ）不是这样的运算符。

A. is　　B. not is　　C. is not　　D. not in

3. **讨论**

（1）给定初始化语句：

```
>>> a = 22; b = 4+5j; c = 'hi'; d = (169, 44)
>>> e = ['Amy', a, d]
>>> def sq(x): return x * x
...
>>> import math
```

这里的 a、b、c、d、e、sq、math 都是名称，分别指向某种对象。请写出以下每个内置函数 type 查出的对象类型：

A. type(a) ____________________

B. type(c) ____________________

C. type(e) ____________________

D. type(sq) ____________________

E. type(math) ____________________

（2）以方括号“[ ]”的索引方式来指定想存取的元素。

给定初始化语句：

```
>>> li = [30, 41, 52, 63, 74, 85]
```

请写出表达式执行结果：

A. li[0] ____________________

B. li[5], li[len(li)-1] ____________________

C. li[99] ____________________

（3）字符串也能使用索引：

给定初始化语句：

```
>>> s = 'hello python'
```

写出表达式执行结果：

A. s[0], s[6] ____________________

B. s[0], s[6], s[len(s)-1] ____________________

（4）除了索引，Python 还提供切片方式来存取序列类型，切片的结果是新的序列对象。

给定初始化语句：

```
>>> li = [30, 41, 52, 63, 74, 85]
```

写出表达式执行结果：

A. li[0:3] ____________________

B. li[2:] ____________________

C. li[:4] ____________________

D. li[5:3] ____________________

E. li[99:3] ____________________

F. li[3:99] ____________________

G. li[:] ____________________

编程训练

1. 实训目的

（1）了解类型与对象的基本概念，理解“类型也是对象”。

（2）了解什么是抽象类型。

（3）了解元素存取中索引和切片的概念，掌握切片的运用。

（4）了解序列类型的方法。

2. 实训内容与步骤

（1）仔细阅读本章内容，对其中的各个实例进行具体操作实现，从中体会 Python 程序设计，提高 Python 编程能力。如果不能顺利完成，请分析可能的原因是什么。

答：____

____

（2）编写程序。

① 首字母缩略词是一个单词，是从短语中的单词取第一个字母形成的。例如，RAM 是“random access memory”的缩写。编写一个程序，允许用户输入一个短语，然后输出该短语的首字母缩略词。

注意：首字母缩略词应该全部为大写，即使短语中的单词没大写。

② 编写程序，计算用户输入的句子中的单词数。

③ 编写程序，计算用户输入的句子中的平均单词长度。

④ 编写本书程序实例 1-1（chaos.py）程序的改进版本，允许用户输入两个初始值和迭代次数，然后打印一个格式很好的表格，显示这些值随时间的变化情况。例如，如果初始值为 0.25 和 0.26(10 次迭代)，表格可能如下所示：

```
index       0.25            0.26
----------------------------------------------------
1           0.731250        0.750360
2           0.766441        0.730547
3           0.698135        0.767707
4           0.821896        0.695499
5           0.570894        0.825942
6           0.955399        0.560671
7           0.166187        0.960644
8           0.540418        0.147447
9           0.968629        0.490255
10          0.118509        0.974630
```

记录：将你编写的上述程序的源代码另外用纸记录下来，并粘贴在下方：

---------------------------------- 程序设计源代码粘贴于此 ------------------------------------

3. 实训总结

____

____

____

____

4. 教师对实训的评价

____

____

第 6 章 字符串与文件处理

程序的输入和输出通常都涉及字符串处理，Python 提供了一些在数字和字符串间执行转换的运算符。字符串是字符序列，而列表可以包含任何类型的值，可以用内置的序列操作来处理字符串和列表。字符串格式化方法（format）可用于生成格式良好的输出。

本章中还介绍了文本、字节、文件，这些都是数据处理的基础知识。文件接口不只是针对硬盘里的文件，也包括各种计算机外围设备的存取以及网络传输。几乎任何内容都以文件的形式存放在文件系统里，包括硬盘、键盘、USB、I/O 接口等。

6.1 定义字符串

除了 list（列表）与 tuple（元组）以外，基本的序列类型还有 str（字符串）。str 也是容器，是不可变类型，含有一个个字节，如同把字节串接起来，所以称为字符串（string）。Python 中并没有“字符（character）”类型，需要时可使用含有一个字节的字符串。

str 是以抽象的字节为元素的 Unicode 字符串，而不是以固定数目的二进制位为单位，字节数据则由新类型 bytes 负责。

6.1.1 字符串数据类型

在程序中，文本由字符串数据类型表示，视为一个字符序列。可以用引号将一些字符括起来形成字符串字面量。Python 还允许字符串由单引号（'）分隔，在使用时一定要配对。字符串也可以保存在变量中。下面的例子说明了字符串字面量的两种形式：

```
>>> str1 = "Hello"
>>> str2 = 'spam'
>>> print(str1,str2)
Hello spam
>>> type(str1)
<class 'str' >
>>> type(str2)
<class 'str' >
```

我们已经知道 input 函数返回用户输入的任何字符串对象。这意味着如果希望得到的是一个字符串，就可以使用其“原始”（未转换）形式的输入。例如：

```
>>> firstName = input("请输入你的名字：")
请输入你的名字：xiaoming
>>> print("Hello",firstName)
Hello xiaoming
```

这里用变量保存用户名字，然后用该变量将名字打印出来。

字符串是一个字符序列。为访问组成字符串的单个字符，在 Python 中可以通过“索引”操作来完成。我们可以认为字符串中的位置是左起编号的，开始为 0。图 6-1 用字符串 "Hello Bob" 加以说明。

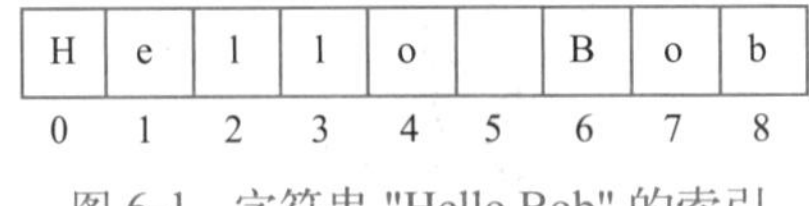

图 6-1　字符串 "Hello Bob" 的索引

在字符串表达式中，索引用于访问字符串中特定字符的位置，一般形式是 <string> [<expr>]，其中表达式的值确定了从字符串中选择哪个字符。例如：

```
>>> greet = "Hello Bob"
>>> greet[0]
'H'
>>> print(greet[0],greet[2],greet[4])
H l o
>>> x = 8
>>> print(greet[x-2])
B
```

在 n 个字符的字符串中，因为索引从 0 开始，所以最后一个字符的位置是 n-1，注意到字符串对象与实际打印输出之间的差异。在交互中，Python shell 通过将字符串的值放在单引号中来显示值，由此告诉我们当前是一个字符串对象。实际打印字符串时，不会在字符序列周围添加引号，只是得到包含在字符串中的文本。

可以使用负索引，从字符串的右端索引，这对于获取字符串的最后一个字符特别有用。

```
>>> greet[-1]
'b'
>>> greet[-3]
'B'
```

索引返回包含较大字符串中单个字符的字符串，也可以从字符串中访问连续的字符序列或“子字符串”，这是通过“切片”操作来实现的。

下面是一些切片：

```
>>> greet[0:3]
'Hel'
```

```
>>> greet[5:9]
'Bob'
>>> greet[:5]
'Hello'
>>> greet[5:]
' Bob'
>>> greet[:]
'Hello Bob'
```

最后三个示例表明，如果切片中的任何一个表达式缺失，字符串的开始和结束都是假定的默认值，最后的表达式实际上给出了整个字符串。

基本的 Python 字符串操作总结如表 6-1 所示。

表 6-1　Python 字符串操作

操　作　符	含　　义
+	连接
*	重复
<string>[]	索引
<string>[:]	切片
len(<string>)	长度
for <var> in <string>	迭代遍历字符串

若字符串内含有特殊字节，例如新行、Tab 以及难以打出来的字节，可使用反斜线“\”作为转义符号（又称跳脱字节，跳脱码），后面跟一串以一定格式标示的字节，形成转义字符串，分别代表不同的特殊字节（见表 6-2）。

表 6-2　转义字符串

转义字符串	意　　义
\'	单引号“'”
\"	双引号“"”
\\	反斜线“\”
\n	ASCII 的 LF，插入一行（换行）
\r	ASCII 的 CR，鼠标指针返回
\t	ASCII 的 HT（TAB），水平定位
\v	ASCII 的 VT，垂直定位
\a	ASCII 的 BEL，响铃
\b	ASCII 的 BS，退后一格
\f	ASCII 的 FF，插入一页
\xff	以十六进制表示字节
\ooo	以八进制表示字节

```
>>> 'How\'s going?'                    # 单引号内以"\"转义单引号
```

```
"How's going?"
>>> s = 'abc\'def\"ghi'                       # 转义单引号与双引号
>>> print(s)
abc'def"ghi
>>> s = 'abc\tdef\n'                          # 转义 TAB 与换行
>>> s
'abc\tdef\n'
>>> print(s)
abc     def                                   # 有个 TAB
                                              # 有个换行
>>> print('abc\newlinedef')                   # 注意,"\n" 会变成换行
Abc
Ewlinedef
>>> '\x61\x62\x63\x09\x64'                    # 以十六进制数值表示 'abc\td'
'abc\td'
>>> '\141\142\143\011\144'                    # 以八进制数值表示 'abc\td'
>>> 'abc\qdef'                                # 不正确的转义字符串
'abc\\qdef'                                   # 反斜线 "\" 会被保留
```

如果字符串跨越多行，使用三重引号较为方便，三重引号之间的换行与引号都无须转义；但若需要输出三个连续引号，还是需要转义。当想要在程序代码里置入大量 HTML、XML、JSON 这样的标识语言内容时，就适合使用三重引号。

```
>>> s = '''abc def
... ghi jkl     mno                           # 之间各夹一个 TAB
... pqr\t\nstu                                # 也可转义 TAB 与换行
... vw'''
>>> s
'abc def\nghi\tjkl\tmno\npqr\t\nstu\nvw'
>>> print(s)                                  # 输出的样子
abc def
ghi     jkl     mno
pqr
stu
vw
>>> '''abc\'\'\'def'''                        # 每个引号都转义
"abc'''def"
>>> '''abc''\'def'''                          # 只转义一个引号,
"abc'''def"                                   # 只要没有连续三个引号即可
```

因为反斜线“\”被当作转义字节，有时候字符串中须含有大量反斜线时，就不太方便，此时可在开头引号前加上“r”或“R”，代表 raw（原始）之意，其作用是取消大部分的转义字符串，但仍可转义引号。当需要表达 Windows 的路径时，可使用此种表达方式。

```
>>> '\n'                                      # 一个字节,换行
'\n'
>>> r'\n'                                     # 两个字节,反斜线与换行
```

```
'\\n'
>>> "\""                                          # 一个字节，双引号
'"'
>>> r'\\'                                         # 两个字节，都是反斜线
'\\\\'
>>> r"\""                                         # 仍可转义引号，但反斜线也会被留下
'\\"'
>>> print('C:\newfolder\today')                   # \n 与 \t 都是转义字符串
C:
ewfolder        oday
>>> print(r'C:\newfolder\today')                  # 加上 r
C:\newfolder\today
>>> r'C:\'                                        # 不能以 "\'" 结尾，意义不清楚，
  File "<stdin>",line 1                           # 结尾引号被反斜线转义掉了
    r'C:\'
          ^
SyntaxError: EOL while scanning string literal
>>> s = r'abc \                           # 加上 r 后，"反斜线"与"换行"代表原来的字节
... def ghi'                                      # 不代表延续到下一行
>>> s                                             # s 中有反斜线与换行
'abc \\\ndef ghi'
```

以字面值的方式建立字符串对象，之后便可运用内置函数、序列类型共同的操作动作、字串特有的方法、各种模块来操作字符串，因为字符串是不可变对象，所以在操作运算之后，都会得到新的字符串对象。

6.1.2　字符串转换函数

Python 中，为了方便对字符串中的字母进行大小写转换，提供了几个方法，分别是 title()、lower() 、upper()、capitalize() 和 swapcase() 。

（1）upper() 全转换成大写。

（2）lower() 全转换成小写。

（3）title() 标题首字母大写。

（4）swapcase() 大小写字母互换。

（5）capitalize() 首字母大写，其余全部小写。

例如，下面是几个简单的代码：

```
str = "cheng xu it quan"
print(str.upper())              # 把所有字符中的小写字母转换成大写字母
print(str.lower())              # 把所有字符中的大写字母转换成小写字母
print(str.title())              # 把每个单词的第一个字母转化为大写，其余小写
print(str.capitalize())         # 把第一个字母转化为大写字母，其余小写
print(str.swapcase())           # 把大小写字母互换
```

运行结果：

```
CHENG XU IT QUAN
cheng xu it quan
Cheng Xu It Quan
Cheng xu it quan
CHENG XU IT QUAN
```

6.1.3 简单字符串处理

许多计算机系统使用用户名和密码组合来认证系统用户。系统管理员必须为每个用户分配唯一的用户名，用户名通常来自用户的实际姓名。以英文用户名为例，一种生成用户名的方案是使用用户的第一个首字母，然后是用户姓氏的最多七个字母。利用这种方法，Zaphod Beeblebrox 的用户名将是 “zbeebleb”，而 John Smith 就是 “jsmith”。下面按照基本的输入、处理、输出模式编写一个程序，读取一个人的名字并计算相应的用户名。为简洁起见，在程序中包含算法的概要作为注释。

【程序实例 6-1】生成用户名的简单字符串处理程序。

```
# username.py
def main():
    print("这个程序生成计算机用户名。\n")

    # 获取用户的名字和姓氏
    first = input("请输入您的名字(全字母小写): ")
    last = input("请输入您的姓氏(全字母小写): ")

    # 将第一个首字母连接到姓氏的 7 个字符
    uname = first[0] + last[ : 7]

    # 输出用户名
    print("您的用户名是: ",uname)

main()
```

这个程序首先利用 input 从用户处获取字符串，然后组合使用索引、切片和连接等方法来生成用户名。

在第一个 print 语句中将换行符（\n）放在字符串的末尾，用以输出一个空行。这是一个简单的技巧，输出一些额外的空白可以更好看一些。

再来看一个例子。假设要打印给定月份数对应的月份缩写。程序的输入是一个代表一个月份（1~12）的 int 数值，输出的是相应月份的缩写。例如输入 3，则输出应为 Mar，即 3 月。为此，必须根据用户给出的数字，确定一种合适的月份输出。这里可以通过一些巧妙的字符串切片来编写程序，基本思想是将所有月份名称存储在一个大字符串中：

```
months = "JanFebMarAprMayJunJulAugSepOctMovDec"
```

通过切出适当的子字符串来查找特定的月份，关键是计算在哪里切片。由于每个月由三个字母表示，如果知道一个给定的月份在字符串中的开始位置，就可以很容易地提取缩写：

```
MonthAbbrev = months[pos : pos + 3]
```

这将获得从 pos 指示位置开始的长度为 3 的子串。

每个月份的位置都是 3 的倍数，而字符串索引从 0 开始。这样，为了得到正确的倍数，从月数中减去 1，然后乘以 3。所以对于 1，得到 (1 – 1) * 3 = 0 * 3 = 0，对于 12，我们有 (12 – 1) * 3 = 11 * 3 = 33。

【程序实例 6–2】打印给定月份数字对应的月份缩写，其中注释记录了程序的算法。

```
# month.py
def main():
    # months 用作查找表
    months = "JanFebMarAprMayJunJulAugSepOctNovDec"

    n = int(input(" 输入月份编号 (1-12): "))

    # 以月为单位计算月份 n 的起始位置
    pos = (n - 1) * 3

    # 从几个月抓取适当的切片
    monthAbbrev = months[pos: pos + 3]

    # 打印结果
    print(" 月份缩写是 ",monthAbbrev + "." )

main()
```

该程序的最后一行利用字符串连接，将句点放在月份缩写的末尾。下面是程序输出的示例：

```
输入月份编号 (1-12): 4
月份缩写是 Apr.
```

想一想：这个例子使用“字符串作为查找表”方法，它有一个弱点，即仅当子串都有相同的长度（在本例中是 3）时才有效。假设我们希望编写一个程序，输出给定数字的完整月份名称，该如何实现呢？

6.1.4　字符串表示

在计算机内部，数字以二进制符号（0 和 1 组成的序列）存储，CPU 中包含有用这种表示方法进行运算的电路，文本信息也以完全相同的方式表示。在底层，计算机操作文本和进行数字运算是完全一样的。

如今的计算机系统主要使用 ASCII（美国信息交换标准代码）的工业标准编码。ASCII 通常用数字 0~127 来表示计算机键盘上的字符以及被称为控制代码的某些特殊值，用于协调信息的发送和接收。例如，大写字母 A~Z 由值 65 ～ 90 表示，小写字母的代码值为 97 ～ 122。

ASCII 编码中缺少一些其他语言所需要的符号，为此，国际标准组织（ISO）开发了扩展 ASCII 编码。大多数现代系统正在向 Unicode 转移，这是一个更大的标准，旨在包括几乎所有书面语言的字符。Python 字符串支持 Unicode 标准，因此，只要操作系统有适当的字体来显示字符，就可以处理来自任何语言的字符。

Python 提供了几个内置函数，允许在字符和字符串中表示它们的数字值之间切换。例如，ord 函数返回单字符串的数字（“ordinal”）编码，而 chr 相反。下面是一些交互的例子：

```
>>> ord("a")
97
>>> ord("A")
65
>>> chr(97)
'a'
>>> chr(90)
'z'
```

你会注意到这些结果与字符的 ASCII 编码一致。按照设计，Unicode 使用的相应代码与 ASCII 最初定义的 127 个字符相同。但 Unicode 还包括更多其他字符。例如，希腊字母 pi 是字符 960，欧元的符号是字符 8364。

在计算机中，底层 CPU 处理固定大小的内存。最小可寻址段通常为 8 位，称为存储器字节。单个字节可以存储 2^8 = 256 个不同的值。这足以代表每个可能的 ASCII 字符。但是，单个字节远远不足以存储所有 10 万个可能的 Unicode 字符。为了解决这个问题，Unicode 标准定义了将 Unicode 字符打包成字节序列的各种编码方案。最常见的编码称为 UTF-8。UTF-8 是一种可变长度编码方案，用单个字节存储 ASCII 子集中的字符，但可能最多需要四个字节来表示一些更为深奥的字符。

6.1.5 输入 / 输出操作

有些程序，即使主要不是进行文本操作，也经常需要用到字符串。例如，考虑一个财务分析程序，其中的某些信息（如日期）必须以字符串形式输入。在进行一些数字处理之后，分析的结果通常是一个格式良好的报告，包括用于标记和解释数字、图表、表格和图形的文本信息，需要字符串操作来处理这些基本的输入和输出任务。

作为一个具体的例子，我们将月份缩写程序扩展成日期转换。用户输入一个日期，例如“05/24/2020”，程序将显示日期为“May 24, 2020”。下面是该程序的算法：

```
以 mm/dd/yyyy 格式输入日期 (dateStr)
将 dateStr 拆分为月、日和年字符串
将 dateStr 转换为月份数字
使用月份编号查找月份名称
在 Month Day,Year 中创建一个新的日期字符串
输出新的日期字符串
```

可以用字符串操作在代码中直接实现算法的前两行：

```
dateStr = input("输入日期 (mm/dd/yyyy): ")
monthStr,dayStr,yearStr = datestr.split("/")
```

这里得到一个字符串的日期，并以斜杠分隔。然后利用同时赋值，将三个字符串的列表“分拆”到变量 monthStr、dayStr 和 yearStr 中。

接下来是将 monthStr 转换为适当的数字（使用 int），然后用该值查找正确的月份名称。下面是代码：

```
months = ["January","February","March","April",
    "May","June","July","August",
    "September","October","November","December"]
monthStr = months[int(monthStr) -1]
```

使用索引表达式 int(monthStr) -1 是因为列表索引从 0 开始。程序的最后一步是以新格式拼出日期。注意程序中如何使用连接实现紧跟日期的逗号。

```
print("转换的日期是：",monthStr,dayStr + ",",yearStr)
```

【程序实例 6-3】将日期格式“mm/dd/yyyy”转换为“月，日，年”。

```
# dateconvert.py
def main():
    # 得到日期
    dateStr = input("输入日期 (mm/dd/yyyy): ")

    # 分成组件
    monthStr,dayStr,yearStr = dateStr.split("/")

    # 将monthStr转换为月份名称
    months = ["January","February","March","April",
        "May","June","July","August",
        "September","October","November","December"]
    monthStr = months[int(monthStr) -1]

    # 输出结果以月日年格式显示
    print("转换的日期是：",monthStr,dayStr + ",",yearStr)

main()
```

运行时，输出如下所示：

```
输入日期 (mm/dd/yyyy): 05/24/2020
转换的日期是：May 24,2020
```

我们常常也需要将数字转成字符串。在 Python 中，大多数据类型可以用 str 函数转换为字符串，例如：

```
>>> str(500)
'500'
>>> value = 3.14
>>> str(Value)
'3.14'
>>> print("The value is ",str(value) + ".")
The value is 3.14.
```

注意最后一个例子。通过将值转换为字符串，可以用字符串连接在句子的尾处放置句点。如果不先将值转换为字符串，Python 会将“+”解释为数字运算产生错误，因为“.”不是数字。

现在有了一套完整的操作，用于在各种 Python 数据类型之间转换值（见表 6-3）。

表 6-3　类型转换函数

函　　数	含　　义
float(<expr>)	将 expt 转换为浮点值
int(<expt>)	将 expt 转换为整数值
str(<expt>)	返回 expt 的字符串表示形式
eval(<expt>)	将字符串作为表达式求值

将数字转换为字符串的一个常见原因，是字符串操作可用于控制值的打印方式。例如，执行日期计算的程序必须将月、日和年作为数字操作，而格式化输出时这些数字将被转换回字符串。

6.2　字符串格式化

基本的字符串操作对于简单格式的格式化输出是有用的，但是构建复杂输出时就可能很麻烦，为此，Python 提供了一个强大的字符串格式化操作。

【程序实例 6-4】以外币（美元）为例，一个计算美元零钱的程序。

```
# change.py
def main():
    print("货币兑换")
    print()
    print("请输入每种硬币类型的数量。")
    quarters = eval(input("25 分： "))
    dimes = eval(input("10 分： "))
    nickels = eval(input("5 分： "))
    pennies = eval(input("1 分： "))
    total = quarters * .25 + dimes * .10 + nickels * .05 + pennies * .01
    print()
    print("你兑换的总值是 ",total)

main()
```

运行结果：

```
货币兑换
请输入每种硬币类型的数量。
25 分： 6
10 分： 0
5 分： 0
1 分： 0
你兑换的总值是 1.5
```

注意：最终值是以一位小数的形式给出的，这可以通过更改程序的最后一行来解决。例如：

```
print("你的兑换总值是 ${0:0.2f}".format(total))
```

现在程序打印以下消息：

```
你的兑换总值是 $1.50
```

其中，format 方法是 Python 内置的字符串方法，它用字符串作为模板，值作为参数提供，插入到该模板中，从而形成一个新的字符串。字符串格式化的形式为：

```
<template - string>.format(<values>)
```

模板字符串中的花括号（{}）标记出“插槽”，提供的值将插入该位置。花括号中的信息指示插槽中的值以及值应如何格式化。

Python 格式化操作符非常灵活，通常插槽说明总是具有以下形式：

```
{<index>:<format-specifier>}
```

即：

```
{< 索引 > : < 格式说明符 >}
```

< 索引 > 告诉哪个参数被插入插槽中。插槽描述的索引部分是可选的，省略索引时，参数仅以从左到右的方式填充到插槽中。索引从 0 开始。上面的例子中有一个插槽，索引 0 用于表示第一个（也是唯一的）参数插入该插槽。

冒号后的描述部分指定插入插槽时该值的外观。再次回到示例，格式说明符为 0.2f，此说明符的格式为 < 宽度 >.< 精度 >< 类型 >。< 宽度 > 指明值应占用多少“空间”。如果值小于指定的宽度，则用额外的字符填充（默认值是空格）。< 精度 > 为 2，告诉 Python 将值舍入到两个小数位。最后，< 类型 > 字符 f 表示该值应显示为定点数。这意味着，将始终显示指定的小数位数，即使它们为 0。

对格式说明符的完整描述较难理解，最简单的模板字符串只是指定在哪里插入参数。下面通过几个例子来熟悉它。

```
>>> "Hello {0}{1},you may have won ${2}".format("Mr.","Smith",10000)
'Hello Mr.Smith,you may have won $10000.'
(您好史密斯先生，您可能赢得 $10000。)
```

通常，我们想要控制一个数学值的宽度和精度：

```
>>> "This int,{0:5},was placed in a field of width 5".format(7)
'This int,7,was placed in a field of width 5.'
("这个整数 7 放置在宽度为 5 的字段中。")

>>> "This int,{0:10},was placed in a field of width 10".format(7)
'This int,7,was placed in a field of width 10'

>>> "This float,{0:10.5},has width 10 and precision 5".format(3.1415926)
'This float,3.1416,has width 10 and precision 5'
```

```
>>> "This float,{0:10.5f},is fixed at 5 decimal places".format(3.1415926)
'This float,3.14159,is fixed at 5 decimal places'

>>> "This float,{0:0.5},has width 0 and precision 5".format(3.1415926)
'This float,3.1416,has width 0 and precision 5'

>>> "Compare {0} and {0:0.20}".format(3.14)
'Compare 3.14 and 3.14000000000001243'
```

对于正常（非定点）浮点数，精度指明要打印的有效数字的个数。对于定点（由指定符末尾的 f 表示），精度表示小数位数。在最后一个示例中，相同的数字以两种不同的格式打印出来。一般来说，Python 只显示一个接近的、舍入的浮点型。使用显式格式化可以查看到完整结果，直到最后一位。

默认情况下数值是右对齐的，而字符串在其字段中是左对齐的。通过在格式说明符的开头包含显式调整字符，可以更改默认行为。对于左、右和中心对齐，所需的字符分别为 <、> 和 ^。

```
>>> "左对齐：{0:<5}".format("嗨！")
'左对齐：嗨！   '

>>> "右对齐：{0:>5}".format("嗨！")
'右对齐：   嗨！'

>>> "居中：{0:^5}".format("嗨！")
'居中： 嗨！  '
```

假设我们为一家银行编写一个计算机系统。你的客户得知收费“非常接近 107.56 美元”，恐怕不会太高兴。显然人们希望银行的记录是精确的。即使给定值中的误差量非常小，因为如果进行大量计算，小误差也可能导致误差累积成真实的金额。

较好的方法是确保程序用准确的值来表示钱。我们可以用美分来记录货币，并用 int 来存储它。然后，我们可以在输出步骤中将它转换为美元和美分。假设我们处理正数，如果 total 代表以分为单位的值，那么我们可以通过整数除法 total // 100 得到美元数，通过 total % 100 得到美分数。这两个都是整数计算，因此会给出确切的结果。下面是更新后的程序：

【程序实例 6-5】以外币（美元）为例，一个计算以美分计算的总现金。

```
# change2.py
def main():
    print("货币兑换\n")
    print("P请输入每种硬币类型的数量。")
    quarters = int(input("25分："))
    dimes = int(input("10分："))
    nickels = int(input("5分："))
    pennies = int(input("1分："))

    total = quarters * 25 + dimes * 10 + nickels * 5 + pennies

    print("你兑换的总值是 ${0}.{1:0>2}"
```

```
            .format(total//100,total%100))

main()
```

最后，打印语句被分成了两行。通常一个语句应该在行末结束，但有时将较长的语句分成较小的部分可能更好。

print 语句中的字符串格式化包含两个插槽，一个用于美元，是 int；另一个用于美分。美分插槽说明了格式说明符的另一种变化，其值用格式说明符“0>2”打印。前面的 0 告诉 Python 用 0 来填充字段（如果必要），确保 10 美元 5 美分这样的值打印为 10.05 美元，而不是 10.5 美元。

6.3　文件处理

字处理是字符串数据的应用程序。所有字处理程序都有一个关键特征，即能够保存和读取文档用作磁盘文件。文件输入和输出实际上是另一种形式的字符串处理。

6.3.1　文件初探

首先在文字编辑器软件中输入如下内容，将文件取名为 test.txt，然后与下面的程序文件放在同一个目录里。

【程序实例 6-6】测试用文档（test.txt）。

```
Hello Python!
How are you?
abc 123
```

【程序实例 6-7】打开文件。

```
# test.py
fin = open('test.txt')              # 打开文件
print(fin.readline())               # 读取一行文字并输出
for line in fin:                    # 迭代每一行
    print(line)                     # 输出
fin.close()                         # 关闭
```

程序将读取并输出文档内容。

在存取文件时必须先“打开”，得到代表该文件的对象 fin，通过它所提供的接口来存取文件内容，例如方法 readline 可读取一行文字，且此对象符合可迭代项抽象类型，所以可交给迭代协定的接收方（例如此例中的 for 循环），不断地拿出文件内容的“下一行”，直到文件结束。最后应调用文件对象的方法 close 做“关闭”的动作，因为打开文件会占用系统资源，应做好清理收尾的工作。

使用 print(line) 输出一行时，除了输出文件每一行结尾的“新行”字节，print 默认还会再输出一个新行字节，所以输出时多了一行空白行，可以用“print(line, end='')”改为输出空字符串。

6.3.2 模式

调用 open 时，第一个参数以字符串指定欲打开文件的路径与文件名，第二个参数以字符串指定“模式”，默认为读取模式与文本模式，所以 open('test.txt') 等同于 open('test.txt', 'r')，也等同于 open('test.txt', 'rt')，其中 r 代表读取模式，t 代表文字模式（见表 6-4）。

表 6-4　文件打开模式

模式	说　明
r	读取模式（默认）
w	写入模式，创建新文件或覆盖旧文件（原旧文件内容消失）
a	附加（写入）模式，创建新文件或附加在旧文件尾端
x	写入模式，若文件不存在就创建新文件，若已存在则发生错误
t	文本模式（默认）
b	二进制模式
r+	更新模式，可读可写，文件须已存在，从文件开头开始读写
w+	更新模式，可读可写，创建新文件或覆盖旧文件（原旧文件内容消失），从文件开头开始读写
a+	更新模式，可读可写，创建新文件或从旧文件尾端开始读写

下面程序段可复制文件 test.txt 的内容到新文件（testw.txt），以 w 模式建立新文件，调用方法 write 写入。

```
fin = open('test.txt')
fw = open('testw.txt','w')              # w，写入模式
for line in fin:
    print(line)
    fout.write(line)                    # 调用 write 方法写入数据
fin.close()
fout.close()
```

文件对象的方法 readline 可读出一行，readlines 则读出每一行并放在列表里返回，所以也可使用“for line in fin.readlines()”，但这么做会一次载入文件的全部内容，再进行迭代，效率较低。

6.3.3 多行字符串

文件是存储在辅助存储器（通常是磁盘驱动器）上的数据序列。文件可以包含任何数据类型，但最简单的文件是文本文件。文本文件可以被人阅读和理解，可以使用通用文本编辑器（诸如 IDLE）和字处理程序来创建和编辑。Python 中的文本文件可以非常灵活，因为它很容易在字符串和其他类型之间转换。

可以将文本文件看成一个（可能很长的）字符串，恰好存储在磁盘上。当然，典型的文件通常包含多于一行的文本。特殊字符或字符序列用于标记每行的结尾。Python 为我们处理不同的行结束标记约定，只要求使用“\n”来表示换行符即可。

我们来看一个具体的例子，假设在文本编辑器中输入以下行：

```
Hello
World

Goodbye 32
```

如果存储到文件，会得到以下字符序列：

```
Hello\nWorld\n\nGoodbye 32\n
```

在得到的文件 / 字符串中，空行变成一个换行符，这就像将换行字符嵌入输出字符串，用一个打印语句生成多行输出一样。上面例子的交互式打印结果如下：

```
>>> print("Hello\nWorld\n\nGoodbye 32\n")
Hello
World
Goodbye 32
>>>
```

如果只是在 shell 中对一个包含换行符的字符串求值，将再次得到嵌入换行符的表示形式：

```
>>> "Hello\nWorld\n\nGoodbye 32\n"
'Hello\nWorld\n\nGoodbye 32\n'
```

只有当打印字符串时，特殊字符才会影响字符串的显示方式。

6.3.4 处理文件

1. 一次性读取

例如，想要读取 txt 小说（为简化，txt 文件中只包含一段文字）：

```
file = 'novel.txt'
with open(file) as file_object:
    contents = file_object.read()
    print(contents)
```

运行结果：

```
It is a truth universally acknowledged,that a single man in possession of a
good fortune,must be in want of a wife.
```

要使用文件，就必须先打开它，所以这里使用了函数 open。函数 open 接收一个参数：即要打开的文件路径。如果只有文件名，那么 Python 会在当前执行文件的所在目录来查找指定的文件。

关键字 with 会在程序不再需要访问文件或出现异常的情况下关闭文件，通常只管打开文件使用它即可。

2. 文件路径

函数 open 接收的参数如果只有文件名，那么 Python 会在当前执行的 .py 文件所在的目录中查找文件。也可以提供文件路径，让 Python 到指定的文件目录中去查找所需要的文件。

相对路径语法形如：

```
with open('xxx\novel.txt') as file_object:
```

一般来说，在 Windows 系统中，在文件路径中使用反斜杠（“\”），Linux 与 OS 使用的是斜杠（“/”）。实际测试，在 Windows 系统中，斜杠与反斜杠都支持。

当然，也可以使用绝对路径。如果使用的是绝对路径，那么在 Windows 系统中，文件路径必须使用反斜杠。形如：

```
with open('F:/python_projects/xxx/novel.txt') as file_object:
```

因为绝对路径一般较长，所以将其存储在变量中，然后再传入 open() 函数。

3. 逐行读取

可以对文件对象使用 for 循环，逐行读取文件内容。

```
with open(file) as file_object:
    for line_content in file_object:
        print(line_content.rstrip())
```

运行结果与之前的“一次性读取”示例结果相同。在 txt 文件中，每行的末尾都存在一个看不见的换行符。为了去除这些多余的空白行，可以使用了 rstrip 函数，这会删除 string 字符串末尾的空格。

4. 在 with 外访问

使用关键字 with 时，open 函数所返回的文件对象，只能在 with 代码块中使用。如果需要在 with 代码块之外访问文件的内容，那么可以在 with 代码块之内，将文件中的各行内容存储在列表变量中，然后就可以在 with 代码块之外，通过该列表变量访问文件内容。

```
with open(file) as file_object:
    contents = file_object.readlines()
content_str = ''
for content in contents:
    content_str+=content
print('content_str='+content_str)
print('len='+str(len(content_str)))
```

运行结果：

```
content_str=It is a truth universally acknowledged,that a single man in
possession of a good fortune,must be in want of a wife.  len=117
```

注意：读取文本文件时，Python 会将文件中的所有文本都解释为字符串。如果需要将其中的文本解释为数字，那么就必须使用函数 int 或者 float 将其转换为整数或者浮点数。

Python 对数据量没有大小限制，只要系统内存足够多。

文件处理的具体细节在编程语言之间有很大不同，但实际上所有语言都共享某些底层的文件操作概念。首先，需要一些方法将磁盘上的文件与程序中的对象相关联，这个过程称为“打开”文件。一旦文件被打开，其内容即可通过相关联的文件对象来访问。

其次，需要一组可以操作文件对象的操作，这至少包括允许从文件中读取信息并将新信息写入文件的操作。

最后，当完成文件操作，它会被“关闭”，这将确保所有记录工作都已完成，从而保持磁盘上的文件和文件对象之间的一致。

这种打开和关闭文件的思想，与字处理程序处理文件的方式密切相关，但不完全相同。例如在 Microsoft Word 中打开文件时，该文件实际上是从磁盘读取并存储到 RAM 中。此时，在编程意义上文件被关闭，“编辑文件”时改变的是内存中的数据，而不是文件本身。这些更改不会显示在磁盘上的文件中，除非通知应用程序“保存”。

在 Python 中使用文本文件很容易。第一步是用 open 函数创建一个与磁盘上的文件相对应的文件对象。通常文件对象立即分配给变量，如下所示：

```
<variable> = open(<name>,<mode>)
```

这里的 name 是一个字符串，它提供了磁盘上文件的名称；mode 参数是字符串“r”或“w”，这取决于是打算从文件中读取还是写入文件。

例如，要打开一个名为“numbers.dat”的文件进行读取，可以使用如下语句：

```
infile = open("numbers.dat","r")
```

接着可以利用文件对象 infile 从磁盘读取 mumbers.dat 的内容。

Python 提供了三个相关操作从文件中读取信息：

<file>.read()：将文件的全部剩余内容作为单个（可能是大的、多行的）字符串返回。

<file>.readline()：返回文件的下一行。即所有文本，直到并包括下一个换行符。

<file>.readlines()：返回文件中剩余行的列表。每个列表项都是一行，包括结尾处的换行符。

【程序实例 6-8】用 read 操作将文件内容打印到屏幕上。

```
# printfile.py
def main():
    fname = input("输入文件名：")
    infile = open(fname,"r")
    data = infile.read()
    print(data)

main()
```

程序首先提示用户输入文件名，然后打开文件以便读取变量 infile。虽然可以使用任意名称作为变量，但这里使用 infile 强调该文件正在用于输入。然后将文件的全部内容读取为一个大字符串并存储在变量 data 中，打印 data 从而显示内容。

readline 操作可用于从文件读取下一行。对 readline 的连续调用从文件中获取连续的行，这类似于输入，它以交互方式读取字符，直到用户按下 Enter 键。每个对输入的调用从用户获取另一行。但要记住一件事，readline 返回的字符串总是以换行符结束，而 input 会丢弃换行符。

作为一个快速示例，这段代码打印出文件的前五行：

```
Infile = open(someFile,"r")
for i in range(5):
```

```
        line = infile.readline()

    print(line[:-1])
```

请注意，利用切片去掉行尾的换行符。由于 print 自动跳转到下一行（即它输出一个行符），打印在末尾带有显式换行符时，将在文件行之间多加一个空行输出。或者，可以打印整行，但告诉 print 不添加自己的换行符。

```
    print(line,end = "")
```

循环遍历文件全部内容的一种方法，是使用 readlines 读取所有文件，然后循环遍历结果列表：

```
infile = open(someFile,"r")
for line in infile.readlines():
    # 在这里处理一行
infile.close()
```

当然，这种方法的潜在缺点是文件可能非常大，并且一次将其读入列表可能占用太多的 RAM。有一种简单的替代方法，Python 将文件本身视为一系列行。所以循环遍历文件的行可以直接如下进行，每次处理文件的一行：

```
infile = open(someFile,"r")
for line in infile:
    # 在这里处理一行
infile.close()
```

打开用于写入的文件，让该文件准备好接收数据。如果给定名称的文件不存在，就会创建一个新文件。注意：如果存在给定名称的文件，Python 将删除它并创建一个新的空文件。写入文件时，应确保不要破坏以后需要的任何文件。下面是打开文件用作输出的示例：

```
Outfile = open("mydate.out","w")
```

将信息写入文本文件最简单的方法是用已经熟悉的 print 函数。要打印到文件，只需要添加一个指定文件的关键字参数，这个行为与正常打印完全相同，只是结果被发送到输出文件而不是显示在屏幕上：

```
print(…,file = <outputFile>)
```

6.3.5　示例程序：批处理用户名

如果为大量用户设置账户，则该过程一般是以“批处理”方式进行。在批处理时，程序输入和输出通过文件完成。下面设计程序用于处理一个包含名称的文件。输入文件的每一行将包含一个新用户的姓和名，用一个或多个空格分隔。该程序产生一个输出文件，其中包含每个生成的用户名的行。

【程序实例 6-9】以批处理模式创建用户名文件。

```
# userfile.py
def main():
```

```
    print("该程序从名称文件创建用户名文件。")

    # 获取文件名
    infileName = input("这些名称在哪个文件里？ ")
    outfileName = input("用户名应该放在哪个文件中？ ")

    # 打开该文件
    infile = open(infileName,"r")
    outfile = open(outfileName,"w")

    # 处理输入文件中的每一行
    for line in infile:
        # 从行中获取名字和姓氏
        first,last = line.split()
        # 建立用户名
        uname = (first[0] + last[:7]).lower()
        # 将其写入输出文件
        print(uname,file = outfile)

    # 关闭两个文件
    infile.close()
    outfile.close()

    print("用户名已经写入 ",outfileName)

main()
```

这个程序中同时打开两个文件，一个用于输入（infile），一个用于输出（outfile）。另外，当创建用户名时，使用了字符串方法 lower。请注意，该方法应用于连接产生的字符串，确保用户名全部是小写，即使输入名称是大小写混合的。

【程序实例 6-10】源代码文档也是文件，这个程序可输出自己。

```
# print_self.py
with open('print_self.py','r') as fin:
    for line in fin:
        print(line)
```

虽然没有指定这个程序文件本身的编码，但因为大部分文字编码系统都兼容于 ASCII，若文件内容只有 ASCII 字节，存储后的字节数据应相同，所以这个例子可正常无误地执行。

6.4　文件对话框

使用文件操作程序经常出现一个问题，即如何指定要使用的文件。如果数据文件与程序位于同一目录（文件夹），那么只需输入正确的文件名称。当没有其他信息时，Python 将在“当前”目录中查找文件。然而，有时很难知道文件的完整名称是什么。大多数操作系统使用具有类似 <name>.<type> 形式的文件名，其中 type 部分是描述文件包含什么类型数据的短扩展名（三个或四个字母)。例如“users.txt”文件,其中的 .txt 扩展名表示是文本文件。但一些操作系统(如 Windows)在默认情况下只显示在点之前的部分名称,所以很难找出完整的文件名。

当文件存在于当前目录之外的某处时,情况更加困难。文件处理程序可能用于辅助存储器中任何位置存储的文件。为了找到这些文件,必须指定完整路径。在 Windows 系统上,带有路径的完整文件名可能如下所示:

```
c:\users\Documents\Python Programs\users.txt
```

大多数用户甚至可能不知道如何找出其系统上任何给定文件的“完整路径 + 文件名”。这个问题的解决方案是允许用户可视地浏览文件系统,并导航到特定的目录 / 文件。向用户请求打开或保存文件名是许多应用程序的常见任务,底层操作系统通常提供一种标准的、熟悉的方式来执行此操作。通常的技术包括对话框,它允许用户使用鼠标在文件系统中点击并且选择或输入文件的名称。标准 Python 中的 tkinter GUI 库提供了一些简单易用的函数,可创建用于获取文件名的对话框。

要询问用户打开文件的名称,可以使用 askopenfilename 函数,它在 tkinter.filedialog 模块中。在程序的顶部,需要导入该函数:

```
from tkinter.filedialog import askopenfilename
```

在导入中使用点符号,是因为 tkinter 是由多个模块组成的包。在这个例子中,从 tkinter 中指定仅导入 filedialog 模块(函数),调用 askopenfilename 将弹出一个系统对应的文件对话框。

例如,要获取用户名文件的名称,可以使用一行代码,如下所示:

```
infileName = askopenfilename()
```

在 Windows 中执行此行的结果如图 6-2 所示。该对话框允许用户输入文件的名称或用鼠标选择它。当用户单击“打开”按钮时,文件的完整路径名称将作为字符串返回并保存到变量 infileName 中。如果用户单击“取消”按钮,该函数将简单地返回一个空字符串。

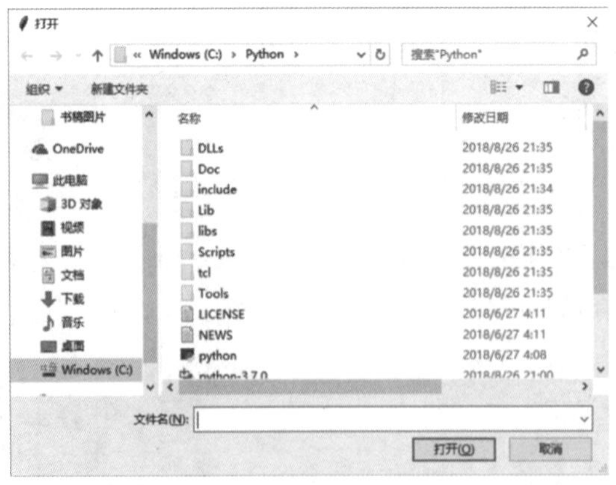

图 6-2 来自 askopenfilename 的文件对话框

Python 的 tkinter 提供了一个类似的函数 asksaveasfilename 用于保存文件,其用法非常相似。

```
from tkinter.filedialog import asksaveasfilename
```

```
...
outfileName = asksaveasfilename()
```

asksaveasfilename 的示例对话框如图 6-3 所示。

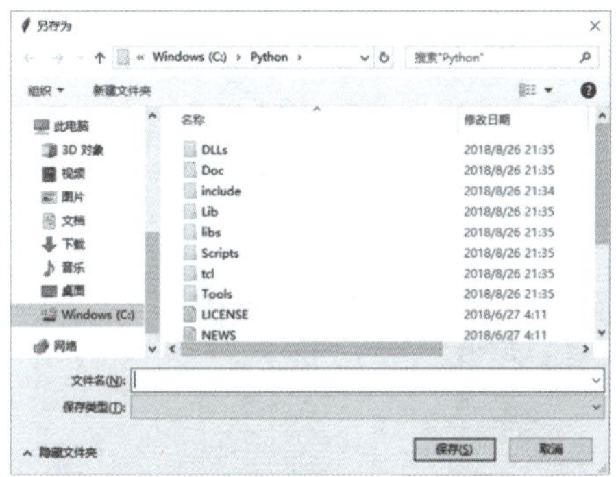

图 6-3　来自 asksaveasfilename 的文件对话框

也可以同时导入这两个函数，例如：

```
from tkinter.filedialog import askopenfilename,asksaveasfilename
```

这两个函数还有许多可选参数，可以定制得到的对话框，例如改变标题或建议默认文件名。

习　题

1. 判断题（在题目右侧的括号内填写“√”或“×”）

（1）Python 字符串字面量总是用双引号括起来。（　　）

（2）字符串 s 的最后一个字符在位置 len(s) - 1。（　　）

（3）一个字符串总是包含一行文本。（　　）

（4）在 Python 中，“4” + “5” 是 “45”。（　　）

（5）ASCII 是使用数字代码表示字符的标准。（　　）

（6）将文件与程序中的对象相关联的过程称为“打开”该文件。（　　）

2. 选择题（在题目的括号内填写正确选项）

（1）如果包含在（　　）之中，Python 字符串字面量可以跨越多行。

A." 　　B.' 　　C.''' 　　D.\

（2）访问字符串中的单个字符称为（　　）。

A. 切片 　　B. 连接 　　C. 赋值 　　D. 索引

（3）（　　）函数给出了字符的 Unicode 值。

A. ord 　　B. fload 　　C. chr 　　D. eval

（4）以下（　　）项不能用于将数字字符串转换为数字。

A. int 　　B. float 　　C. str 　　D. eval

（5）包括（几乎）所有书面语言的字符，ASCII 的后继标准是（　　）。

A. TELLI 　　B. ASCII+ 　　C. Unicode 　　D. ISO

（6）（　　）字符串方法将字符串的所有字符转换为大写。

A. capitalize　　B. capwords　　C. uppercase　　D. upper

（7）format 方法中填充的字符串“插槽”标记为（　　）。

A. %　　B. $　　C. []　　D. {}

（8）下列（　　）不是 Python 中的文件读取方法。

A. read　　B. readline　　C. readall　　D. readlines

（9）使用文件进行输入和输出的程序的术语是（　　）。

A. 面向文件的　　B. 多行　　C. 批处理　　D. lame

（10）在读取或写入文件之前，必须创建文件对象（　　）。

A. open　　B. create　　C. File　　D. Folder

3. 讨论

（1）给定初始化语句：

```
s1 = "spam"
s2 = "ni!"
```

写出以下每个字符串表达式求值的结果。

A. `"The Knights who say," + s2` ____________________

B. `3 * s1 + 2 * s2` ____________________

C. `s1[1]` ____________________

D. `s1[1:3]` ____________________

E. `s1[2] + s2[:2]` ____________________

F. `s1 + s2[-1]` ____________________

G. `s1.upper()` ____________________

H. `s2.upper().ljust(4) * 3` ____________________

（2）给定与上一个问题相同的初始化语句，写出一个 Python 表达式，可以通过对 s1 和 s2 执行字符串操作构造以下每个结果。

A. `"NI"` ____________________

B. `"ni! Spamni! "` ____________________

C. `"Spam Ni! Spam Ni! Spam Ni! "` ____________________

D. `"spam"` ____________________

E. `["sp","m"]` ____________________

F. `"spm"` ____________________

（3）显示以下每个程序片段产生的输出：

A.
```
for ch in "aardvark" :
        print(ch)
```
____

B.
```
for w in "Now is the winter of our discontent... ".split():
        print(w)
```
____

C.
```
for w in "Mississippi".split("I"):
    print(w,end = "")
```
____

D.
```
msg = ""
for s in "secret".split("e"):
    msg = msg + s
print(msg)
```
____

E.
```
msg = ""
for ch in "secret" :
msg = msg + chr(ord(ch) + 1)
print(msg)
```
____

(4) 写出以下每个字符串格式化操作产生的字符串。如果操作不合法，请解释原因。

A. `"Looks like (1) and {0} for breakfast".format("eggs","spam")`

____

B. `"There is (0) (1) {2} {3}".format(1,"spam",4,"you")`

____

C. `"Hello (0)".format("Susan","computewell")`

____

D. `"{0:0.2f} {0:0.2f}".format(2.3,2.3468)`

____

E. `"{7.5f} {7.5f}".format(2.3,2.3468)`

____

F. `"Time left {0:02} : {1: 05.2f}".format(1,37.374)`

____

G. `"(1:3)".format("14")`

____

编程训练

1. 实训目的

(1) 了解字符串数据类型以及如何在计算机中表示字符串。

(2) 理解序列和索引的基本概念，熟悉字符串和列表。

(3) 能够用字符串格式化来产生有吸引力的程序输出。

(4) 了解在 Python 中读取和写入文本文件的基本文件处理概念和技术。

(5) 理解和编写处理文本信息的程序。

2. 实训内容与步骤

(1) 请仔细阅读本章内容，对其中的各个实例进行具体操作实现，从中体会 Python 程序设计，提高 Python 编程能力。如果不能顺利完成，请分析可能的原因是什么。

答：________________

（2）编写程序。

① 编写程序读取 Python 程序文件，计算其行数，仅含空白字节的行不算，只有注解的行也不算。

② 编写程序统计某目录下所有文件的扩展名与个数，其输出应类似于下面的样子：

```
py 14
pyc 3
txt 4
csv 2
```

③ 编写程序统计某路径下所有 Python 源程序文件的个数以及总共有几行，忽略空白行与注解行。必须递归处理，不光是一个目录。

④ 编写函数，两个参数：文件的路径与文件名、一行的字节个数上限，输出所有超过上限的那几行的行数。

⑤ 单词计数。编写程序，该程序接收文件名作为输入，分析这个文件以确定其中包含的行数、单词数和字符数，然后打印三个数字，显示文件的行数、单词数和字符数。

记录：请将你编写的上述程序的源代码另外用纸记录下来，并粘贴在下方：

------------------------------------ 程序设计源代码粘贴于此 ------------------------------------

3. 实训总结

____

4. 教师对实训的评价

____

第 7 章 字典与集合

Python 提供了丰富的序列类型、内置函数、方法以及语法支持等，让我们能够轻松运用序列形式的容器（数据结构）对象。但数据并非只有顺序的形式，也有“映射”形式的数据结构，即“字典”，其内含元素都是所谓的“键值配对”，从键映射到值。

此外，集合也是常见的数据类型，具有严谨的数学定义，可用来存放东西（对象），但只能放进去一次，也就是记录某东西“在不在”里面。集合既非序列、也非映射，自有其一套机制，且与字典相关。

有了列表与字典，几乎就可组合出绝大部分所需的数据结构。当谈到某种数据类型时，不外乎学习如何建立、存与取（写与读）、搜寻、排序、分类、过滤等操作动作。

7.1 关于杂凑

杂凑（Hashing）是计算机科学中一种对数据的处理方法，通过某种特定的函数 / 算法（称为杂凑函数 / 算法），将要检索的项与用来检索的索引（称为杂凑，或者杂凑值）关联起来，生成一种便于搜索的数据结构（称为杂凑表，散列）。它也常被用作一种信息安全的实施方法，由一串数据中经过杂凑算法计算出来的数据指纹，经常用来识别文档与数据是否有被篡改。

常见的杂凑演算法有 MD5、SHA-1、SHA-256 等，可用来求得数据的数字指纹，其应用相当广泛，例如网站若提供大型文件，可一并附上该文件的杂凑值，下载后便能以杂凑值检查文件是否完整无缺。P2P（peer-to-peer）对等网络文件分享，诸如 BitTorrent、eMule、BitComet，也会使用杂凑技术，借以检验下载的文件片段是否正确。杂凑因具有不可逆的性质，无法从杂凑值逆向推算原先的数据，所以也用于密码加密，当要存储密码时，并非直接存储，而是存储密码的杂凑值，即便被偷了，也无法破解得知密码。

字典（dict）类型含有键值配对，只要是可杂凑的对象（不可变对象都可杂凑）都能作为键，所以不像列表受限于从 0 起跳的连续整数索引值，字典可使用不连续的大数字作为键，例如学生的学号，也可使用字符串作为键，例如汽车的车牌、日期时间、人物姓名、水果名等；集合类型则是储存某些东西的数据结构，同样的，可杂凑的对象方能成为集合的元素。

字典类型在其他程序语言里可能称为关联式阵列、杂凑表、映射等，概念相同但细节不同。

7.2 字典

与列表（list）是存储一个个的对象，并以索引值（从 0 起跳的整数）存取不同，字典是存储键值配对，通过键来存取相对应的值。建立字典时可使用花括号“{ }”，里面放进以逗号隔开的键值配对，键与值则以冒号“:”隔开，存取时仍使用方括号“[ ]”，在方括号内放入键，便可存取相关联的值。

```
>>> d = {}                                  # 建立空字典对象
>>> d = {'name':'Amy','age':27}             # 以花括号语法建立 dict 对象
>>> d                                       # 字典不具顺序性
{'age': 27,'name': 'Amy'}
>>> d['name']                               # 以方括号存取，类似于 list
'Amy'
>>> d['age'] = 29                           # dict 是可变对象，可指派新值
>>> d['score'] = 77                         # 但若是首次指派不存在的键，
>>> d                                       # 便会建立该键值配对的关系
{'age': 29,'name': 'Amy','score': 77}
>>> d['ape']                       # 但若取用时字典无此键，会发生错误
Traceback (most recent call last):
  File "<stdin>",line 1,in <module>
KeyError: 'ape'                             # 键错误
```

图 7-1 示意了上述程序代码里的字典对象 d，看起来跟列表很像，但字典的键不限定于整数。

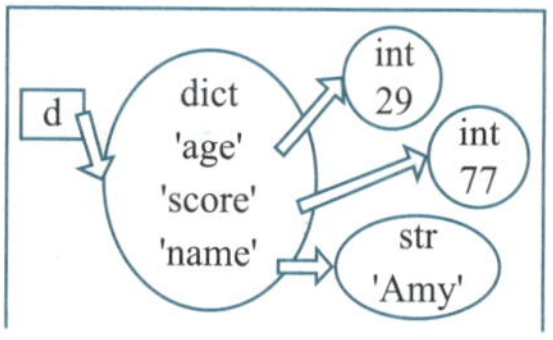

图 7-1　字典示意图

7.2.1　建立字典

字典是一种映射形式的类型，从“键”映射到“值”，值可以是任何类型的对象，例如字符串、整数、列表或另一个字典，键则是不可变对象，例如字符串、整数、元组，最常使用的是字符串与整数。若使用字符串，便能以容易记忆的字符串作为键，若键为整数，则可使用任何范围的整数，不像表的索引值必须从 0 开始计数。

```
>>> d = {'str': [0,1,2],(30,41,52): {'x': 0,'y': 1}}
>>> d[(30,41,52)]                           # 此键是个 tuple，
{'x': 0,'y': 1}                             # 其值是个 dict
>>> d = {1504301: 'Amy',1504305: 'Bob'}
>>> d[1504301]                              # 以学号（很大的整数）作为键
'Amy'
```

除了以花括号包起来的字面值形式，也能通过内置函数 dict(也是类型 dict 的构造函数）来建立字典对象，其参数的形式非常多，非常方便。

```
>>> d = dict(name='Amy',age=40,job='writer') # 以关键字参数指定键值配对
>>> d                                        # 你看到的顺序，不一定会和此处相同
{'age': 40,'job': 'writer','name': 'Amy'}
```

```
>>> keys = ['name','age','job']                        # 含有键的列表对象
>>> values = ['Amy',40,'writer']                       # 含有值的列表对象
>>> d2 = dict(zip(keys,values))                        # 通过内置函数 zip 组合
>>> d2                                                 # 虽内容与 d 相同，但顺序不同
{'job': 'writer','age': 40,'name': 'Amy'}
>>> d3 = dict(d2,name='Amanda')                        # 以 d2 为基础，并以关键字参数
>>> d3                                                 # 指定键值配对
{'job': 'writer','age': 40,'name': 'Amanda'}
>>> d4 = dict(zip(range(100,100+3),('Amy','Bob','Cathy')))
>>> d4
{100: 'Amy',101: 'Bob',102: 'Cathy'}
```

字典建立后，接下来便是各种支持字典的运算符与方法。

```
>>> d = {'age': 29,'name': 'Amy','score': 77}
>>> len(d)                                             # 长度，含有几个键值配对
3
>>> 'age' in d                                         # 测试字典有无此键
True
>>> del d['name']                                      # 删除此键（以及相对应的键值配对关系）
>>> 'name' in d
False
>>> d['name']                                          # 以 [] 形式取用，若无该键会发生错误
Traceback (most recent call last):
  File "<stdin>",line 1,in <module>
KeyError: 'name'
>>> d.get('name')                                      # 以方法 get 取用，若无该键会返回 None
>>> d.get('name','Amy')                                # 若无该键就返回指定的默认值，
'Amy'                                                  # 注意，字典内仍无该键
>>> d['name'] = 'Amy'                                  # 以 [] 形式指派键值配对
>>> d.setdefault('job')                                # 以方法 setdefault 指派，若无该键，
>>> d                                                  # 默认会指派为 None
{'job': None,'age': 29,'score': 77,'name': 'Amy'}
>>> d.setdefault('city','London')                      # 加入此键值配对
>>> d.setdefault('city')                               # 已有此键，返回相对应的值
'London'
```

虽然字典是一种映射形式的类型，但提供了各种方法，能把键、值，甚至是键值配对以符合序列类型的对象返回，那么，就能用“迭代”方法逐一处理。

```
d = {'a': 1,'b': 2,'c': 3}                             # 类型 dict
for key in d:                                          # 放在 for/in 循环里，会提供键的可迭代项
    print(key)
for key in d.keys():                                   # 方法 keys()，提供键的可迭代项
    print(key)
for value in d.values():                               # 方法 values()，提供值的可迭代项
    print(value)
for k,v in d.items():                                  # 方法 items()，提供键值配对的可迭代项
    print(k,v)
```

再强调一次，字典类型的键值配对并无顺序，就算是同样的程序代码，如果放到不同版本的Python或另一台计算机中执行，其结果所显示的顺序不一定相同，甚至每次执行的结果都不同；换句话说，字典只提供键映射到值这样的关系而已，并不保证顺序性。

字典类型的操作列于表7-1。

表7-1　字典操作

操　　作	说明（d是字典对象，key是键，value是值）
dict()	构造函数
fromkeys(seq[, value])	类型方法
len(d)	长度，键值配对的个数
d[key]	返回键key对应的值，若键不存在会引发异常KeyError
d[key] = value	新增或更新键值配对
del d[key]	删除键（值配对），若键不存在会引发异常KeyError
key in d、key not in d	检查键key在不在字典d里
d.get(key, default)	返回键key对应的值，若无此键就返回default，default默认为None
d.setdefault(key, default)	若键key已存在于字典里，直接返回对应的值，若不存在，就新增键值配对key与default，default默认为None
d.pop(key, default)	若键key已存在于字典里，返回对应的值，并删除该键，若不存在则返回default；若键不存在，也没有指定default，则会引发异常KeyError
d.popitem()	任意取出某键值配对并删除，若字典已经为空，则会引发异常KeyError
d.update(other)	以可提供键值配对的other来更新字典；other可以是个字典对象或可迭代项
d.update(key0=value0, key1=value1, ...)	根据参数更新字典，可与d.update(other)合并使用
d.copy()	浅复制
d.clear()	清除字典所有内容
iter(d)	等同于iter(d.keys())
keys()	返回键的映射浏览对象
values()	返回值的映射浏览对象
items()	返回键值配对的映射浏览对象

7.2.2　字典的键

只要符合抽象类型Hashable（可散列）的对象，就能作为字典的键，最常用的是类型str（字符串）与int（整数）；可变类型如list、set、dict，都无法作为键。注意到整数1与浮点数1.0的杂凑值相同，但因为类型float无法精确地表示大部分的浮点数，并不适合拿来作为字典的键，实际中也很少有人使用。

```
>>> from decimal import Decimal
>>> from fractions import Fraction
>>> d = {1:111,'a':2,Decimal('3.14'):'pi',Fraction(1,3):1.3}
>>> d
{'a':2,1:111,Decimal('3.14'):'pi',Fraction(1,3):1.3}
>>> hash(1.0),hash(1)
(1,1)                              # 杂凑值相同，
>>> d[1.0],d[1]                    # 所以会得到相同的对应值
(111,111)
```

若键是字符串，也能使用构造函数 dict 来建立字典对象，但因为需要以参数的形式传入，所以该键（字符串）必须符合 Python 的识别字规则，例如字符串‘123abc’就无法以此形式建立。

```
>>> dict(foo=1,bar=2,abc123=3)            # 以关键字参数传入键与值
{'foo':1,'bar':2,'abc123':3}
>>> dict(foo=1,bar=2,123abc=3)            # 123abc 不符合识别字规则
  File "<stdin>",line 1
    dict(foo=1,bar=2,123abc=3)
                      ^
SyntaxError: invalid syntax
>>> d = {'foo':1,'bar':2,'123abc':3}      # 以这种形式就没问题了
{'foo':1,'bar':2,'123abc':3}
>>> d2 = dict(d,foo=555,abc=999)          # 以先前的字典 d 为基础，
>>> d2                                    # 再以关键字参数新增或更新键值配对
{'foo':555,'abc':999,'bar':2,'123abc':3}
>>> k = ['foo','bar']; v = [101,102]      # 以 zip 合并两个列表，
>>> d3 = dict(zip(k,v),abc=999)           # 便可作为键值配对的提供者
>>> d3
{'foo':101,'abc':999,'bar':102}
```

另外，也能以字典类型的方法 fromkeys 来建立列表，此方法不属于某一个实体对象，所以称为类型方法。其首个参数可以是序列对象（或可迭代项），提供键，后一个参数（选用性）则是默认值，若不指定则会是 None。

```
>>> dict.fromkeys(['a','b','c'])
{'a':None,'b':None,'c':None}
>>> dict.fromkeys(['a','b','c'],999)
{'a':999,'b':999,'c':999}
>>> dict.fromkeys(range(5),0)
{0:0,1:0,2:0,3:0,4:0}
```

7.2.3 字典生成式

用来建立字典对象的字典生成式与列表生成式非常类似，只是语法稍有不同，它使用花括号“{}”包起来，在 for 的左边必须是“k : v”的形式，提供键值配对；同样地，也能加上 if 进行过滤。

```
{ 表达式 : 表达式 for 名称 in 可迭代项 }
{ 表达式 : 表达式 for 名称 in 可迭代项 if 表达式 }
>>> {k:k**2 for k in range(5)}            # 键从 0 到 4，值是平方
```

```
{0:0,1:1,2:4,3:9,4:16}
>>> dict([(k,k**2) for k in range(5)])     # 使用列表生成式与构造函数 dict,
{0:0,1:1,2:4,3:9,4:16}                     # 达到同样的效果
>>> d = {'Amy':90,'Joe':45,'Kevin':33}
>>> {k:v for k,v in d.items() if v < 60}  # 仅拿出成绩低于 60 的
{'Joe':45,'Kevin':33}
>>> li = ['a','b','c']
>>> {a: i for i,a in enumerate(li,start=101)}
{'a':101,'b':102,'c':103}                  # 为每个元素赋予某列举值
>>> dict(enumerate(li,start=1))            # 呃，不一样 ...
{1:'a',2:'b',3:'c'}
>>> dict(zip(li,range(101,101+len(li))))   # 弄出相同的字典了
{'a':101,'b':102,'c':103}
```

虽然某些字典生成式能以列表生成式与构造函数 dict 改写，但后者必须先建立列表对象，然后再传入构造函数 dict，效能较为缓慢，从语法来看也较不简洁。

7.2.4 取得全局和局部名称

Python 会把“名称”放在命名空间里，也就是把名称与对象的绑定关系存储在字典里。

【程序实例 7–1】全局与局部命名空间。

```
# symbol_table.py
a = 1
b = 2
c = 3

def foo(x,y):
    a = 'aaa'
    b = 'bbb'
    print(locals())

print(globals())
print('*' * 10)
foo(80,91)
```

名称 a、b、c、foo 被放在全局命名空间里。若调用函数 foo，会进入函数局部范围，名称 x、y、a、b 会被放在局部的命名空间里。以 Python 内置函数 globals 取得含有全局名称（与对象绑定关系）的字典，也称全局符号表，以 locals 取得含有局部名称的字典（局部符号表）。上述程序代码执行后，会输出如下信息：

```
{'a':1,'c':3,'b':2,'_builtins_':<module 'builtins' (built-in)>,
'_file_':'symbol_table.py','_package_':None,'_cached_':None,'_name_':
'_main_','foo':<function foo at 0x7fe2d8ec>,'_ doc_':None}
**********
{'a':'aaa','y':91,'b':'bbb','x':80}
```

在全局字典里，可看到名称 a、b、c、foo 以及一些其他名称，例如，_file_ 指向文件名的字符串，_name_ 则是目前所在模块名，而 _builtins_ 则指向内置模块，也因为有它，Python 才知道要去哪

寻找内置的函数、常数、异常。在局部字典里，可看到 x、y、a、b，因字典不具顺序性，所以并不会按照参数的顺序、赋值语句的先后顺序排列名称。

7.2.5　应用实例

若需要根据某对象的内容拿出相对应的数据或执行不同的程序代码，往往会使用 if/elif/elif.../else 来实作，但可能太过冗长；可以把东西先放进字典，然后直接取用即可。

```
x = 'apple'
result = None
if x == 'apple' :                          # 以一连串的 if/elif.../else 来做判断，
    result = 1
elif x == 'banana' :
    result = 2
elif x == 'grape' :                        # 该执行哪部分的程序代码
    result = 3
else :
    result = -1
#### 上述程序代码可改写为:  ####
x = 'apple'
d = {'apple':1,'banana':2,'grape':3}
result = d.get(x,-1)
```

因为函数也是对象，也可作为值放进字典里，这样一来便可根据键来执行相对应的程序码，例如：

```
def f0():pass                     # 准备一些函数
def f1():pass
def f2():pass                     # 作为值放进字典里
d = {'apple':f0,'banana':f1,'grape':f2}
x = 'apple'
if x in d:                        # 若有该键，
    d[x]()                        # 便取出对应的值（函数对象）并调用执行
```

若字典的值可杂凑，便可逆转键值配对。不过若值重复，则逆转后将会只剩一个键值配对。

【程序实例 7-2】逆转字典的键值配对。

```
# dict_invert.py
# 学生姓名与成绩
d = {'Amy':45,'Bob':50,'Cathy':62,'David':45,
     'Eason':63,'Fred':78,'George':72,'Helen':82,
     'Ivan':100,'Jason':98,'Kevin':0,'Laura':100}
# 逆转键值配对
d2 = {v:k for k,v in d.items()}

# 逆转后，键 100、值可能会是 'Laura' 或 'Ivan'，只剩一个

# 试着统计学生成绩区间，0~9 分、10~19 分……90~99 分、100 分
d3 = {}
```

```
    for k,v in d.items():           # 迭代所有键值配对
        r = v // 10                 # 成绩落在哪一区间
        if r not in d3:             # 同一区间可含有多名学生
            d3[r] = []              # 以列表存储
        d3[r].append(k)             # 键为 r(区间),值为列表(含有学生姓名)

    print(d3)
    #### 输出 d3 将会如下:  ####
    {0:['Kevin'],4:['David','Amy'],5:['Bob'],6:['Cathy','Eason'],
    7:['Fred','George'],8:['Helen'],9:['Jason'],10:['Ivan','Laura']}
```

字典不具顺序性，若想要按照某种排序方式输出或操作字典，可运用内置函数 sorted 来排序。可再传入一个名为 key 的参数，由它来指定根据什么来排序。

【程序实例 7-3】排序字典。

```
# dict_sort.py
# 键是学生姓名，值是一个含有三项成绩的 tuple 对象，假设成绩依序是数学、历史、英文
d = {'Amy':(45,60,33),'Bob':(50,62,78),
     'Cathy':(62,98,87),'David':(45,22,12),
     'Eason':(63,55,71),'Fred':(78,79,32)}

for k in sorted(d.keys()):              # 根据键(姓名)排序
    print(k,d[k])

def foo(item):
     return item[1][2]                  # 根据英文成绩来排序
for item in sorted(d.items(),key=foo):
     print(item)

def bar(item):
     return sum(item[1])                # 根据总分来排序
for item in sorted(d.items(),key=bar):
     print(item)
```

字符串格式化，包括运算符“%”与字符串方法 format，都可以运用字典。

7.3 集合

集合是一种不具顺序性的容器类型，同一个对象只能放进去一次。建立集合时，字面值语法是以花括号“{ }”包住想要的一个个元素，或调用内置函数 set，传入可迭代项（提供一个个元素）。元素可以是任何不可变对象，例如 int、tuple、str。

```
>>> x = {1,2,3,4,5}                  # 以花括号包住集合元素
>>> x
{1,2,3,4,5}
>>> x2 = set([1,'a',(3,4),5])        # 内置函数 set，传入含有元素的列表
>>> x2
{1,'a',(3,4),5}
```

```
>>> x3 = set(range(1,5+1))          # 内置函数 set，传入含有元素的可迭代项
>>> x4 = {0,1,[2,3,4]}              # list 是可变对象，发生错误
Traceback (most recent call last):
  File "<stdin>",line 1,in <module>
TypeError: unhashable type: 'list'
```

上述程序中，x2 对象的示意如图 7-2 所示。与字典相同，集合内的元素也不具有顺序性，类型 set 仅代表某东西是否存在于该集合内。

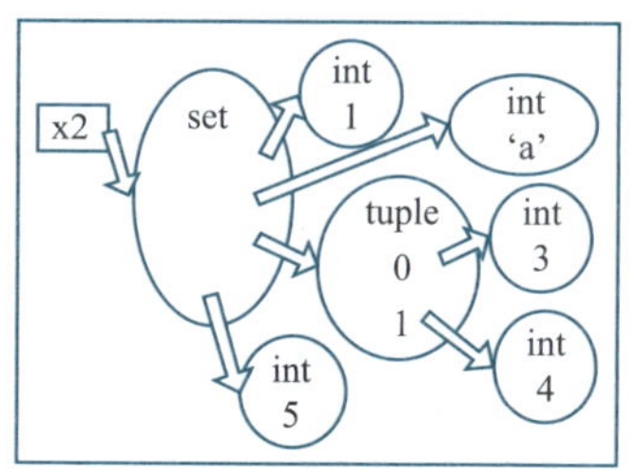

图 7-2　集合示意

```
>>>x = {}; type(x)                         # {}会建立空字典，不是空集合
<class 'dict'>
>>> x = {1,2,3,4,5}
>>> x[0]                                   # 集合不具顺序性，不支持索引存取方式
Traceback (most recent call last):
  File "<stdin>",line 1,in <module>
TypeError: 'set' object does not support indexing
>>> len(x)                                 # 长度，集合内元素的个数
5
>>> 1 in x                                 # 判断某对象存不存在于集合内
True
>>> x.add(6)                               # 加入新元素
>>> x.add(6)                               # 加入已有的元素，无作用
>>> x.remove(1)                       # 移除某元素
>>> x.remove(7)                       # 若该元素不存在于集合内，发生错误
Traceback (most recent call last):
  File "<stdin>",line 1,in <module>
KeyError: 7
>>> x.discard(7)                      # 移除某元素，若不存在并不会发生错误
>>> x
{2,3,4,5,6}
>>> x & {5,6,999}                     # "&"运算符，交集(intersection)
{5,6}
>>> x | {5,6,999}                     # "|"运算符，联集(union)
{2,3,4,5,6,999}
>>> x - {5,6,999}                     # "-"运算符，差集(difference)
{2,3,4}
>>> x ^ {5,6,999}                 # "^"运算符，对称差集(symmetric difference)
{2,3,4,999}
```

当想检查两个列表是否含有相同的元素，但不在乎顺序与是否重复时，便可利用类型 set，非常便利。

```
>>> li0 = [0,1,2]; li1 = [2,2,1,0,2,1]   # 不同的列表
>>> set(li1)                             # 传入内置函数 set，得到不重复元素的集合
{0,1,2}
>>> set(li0) == set(li1)                 # 以集合的眼光来看是相等的
True
```

集合类型是一种不具顺序性的容器类型，其元素必须是可杂凑的对象，记录某对象在不在集合里。因为不具顺序性，所以集合不支持索引与切片的存取方式。

7.3.1 建立集合

建立集合时，可使用被圆括号“( )”包住、以逗号“,”隔开元素的字面值形式，或是使用类型 set 的构造函数。调用构造函数 set 时，参数是个可迭代项，负责提供一个个的元素，元素必须可杂凑。

```
>>> empty_dict = {}                      # 这是空字典
>>> empty_set = set()                    # 这才是空集合
>>> {'a','b','c'}                        # 含有三个元素的集合
{'c','b','a'}                            # 集合不具顺序性
>>> {(0,1,2),3,3.14}                     # 元素可以是任何不可变对象
{(0,1,2),3.14,3}
>>> set('abc')                           # 使用构造函数 set，传入序列对象
{'c','b','a'}
>>> set([30,41,52])                      # 传入列表
{41,52,30}
>>> set(range(5))                        # 传入可迭代项
{0,1,2,3,4}
>>> s0 = set(range(5))
>>> set(s0)                              # 传入另一个集合对象
{0,1,2,3,4}
>>> len(s0)                              # 长度
5
>>> 1 in s0                              # 判断里面是否含有某元素
True
```

7.3.2 集合的元素

集合建立后，因为是可变对象，可使用集合专属的方法原地修改其元素。

```
>>> s = {0,1,2,3,4,5}
>>> s.add(6)                             # 加入 int 对象 6
>>> s.add(3)                             # 加入已有的元素，无作用
>>> s.remove(0)                          # 移除 0
>>> s
{1,2,3,4,5,6}
>>> s.remove(999)                        # 若想移除的元素不存在，引发异常
Traceback (most recent call last):
  File "<stdin>",line 1,in <module>
KeyError: 999
>>> s.discard(999)                       # 使用 discard 的话，元素不存在不会引发异常
>>> s.pop()                              # 随机移除某元素、返回该元素
```

```
2
>>> s
{3,4,5,6}
>>> s1 = s.copy()                    # 浅复制
>>> s.clear()                        # 清空集合
>>> s.pop()                          # 若集合为空，pop 会引发异常
Traceback (most recent call last):
  File "<stdin>",line 1,in <module>
KeyError: 'pop from an empty set'
```

7.3.3 集合的数学运算

集合有严谨的数学定义，Python 也以运算符和方法支持集合的数学运算，包括联集、交集、差集、对称差集以及子集合、超集合的判断。

```
>>> s0 = {1,2,3,4}                   # 测试用集合
>>> s1 = {3,4,5,6,7}
>>> s2 = {1,2,3}
>>> s3 = {91,92,93}
>>> s0 == s1,s0 == s0                # 判断是否含有同样的元素
(False,True)
>>> s2 <= s0,s2.issubset(s0)         # 子集合
(True,True)
>>> s2 < s0,s0 < s0                  # 真子集合
(True,False)
>>> s0 >= s2,s0.issuperset(s2)       # 超集合
(True,True)
>>> s0 > s2,s0 > s0                  # 真超集合
(True,False)
>>> s0 | s1                          # 联集，产生新集合对象
{1,2,3,4,5,6,7}
>>> s0 & s1                          # 交集，产生新集合对象
{3,4}
>>> s0 - s1                          # 差集，产生新集合对象
{1,2}
>>> s0 ^ s1                          # 对称差集，产生新集合对象
{1,2,5,6,7}
>>> s0 & s3,s0.isdisjoint(s3)        # 无交集
(set(),True)
```

同一种集合运算，例如联集，有运算符“|”与方法“union”可用，但运算符只能接收集合对象，而方法则可接收可迭代项，例如列表。

```
>>> s0 = {1,2,3,4}
>>> s0 | [3,4,5,6]                   # 运算符只能接收集合对象
Traceback (most recent call last):
  File "<stdin>",line 1,in <module>
TypeError: unsupported operand type(s) for |: 'set' and 'list'
>>> s0.union([3,4,5,6])              # 方法可以接收可迭代项
{1,2,3,4,5,6}
```

```
>>> set('abc') & 'bcd'
Traceback (most recent call last):
  File "<stdin>",line 1,in <module>
TypeError: unsupported operand type(s) for &: 'set' and 'str'
>>> set('abc').intersection('bcd')
{'c','b'}
```

使用增强型赋值语句 |=、&=、-=、^= 时须小心，这是原地修改的动作，不会产生新集合对象，而是更新（修改）语句左边的集合对象。

```
>>> s0 = {1,2,3,4}
>>> s0 |= {3,4,5,6}              # 只示范"|=",其余类似
>>> s0
{1,2,3,4,5,6}
```

7.3.4 集合生成式

集合也有集合生成式可用，其语法和列表生成式、字典生成式类似，一般形式如下：

```
{ 表达式 for 名称 in 可迭代项 }
{ 表达式 for 名称 in 可迭代项 if 表达式 }
```

例如：

```
>>> li = ['a','bar','candy','o','car']
>>> {len(x) for x in li}
{1,3,5}                              # 记录曾出现过的字符串长度
>>> {x for x in li if len(x) == 1}
{'a','o'}                            # 只收录长度为 1 的字符串
>>> li = [0,1,1,2,2,3,3,4,5,5,6]
>>> {x for x in li if li.count(x) == 2}
{1,2,3,5}                            # 挑出在原列表出现 2 次的元素
```

7.4 字典与集合的存取接口

在学习了字典与集合的基本知识后，我们来介绍相关的抽象类型，了解字典与集合提供哪些存取接口。

7.4.1 可杂凑项

之前介绍类型 dict 时，我们说“键”可以是任何不可变对象，这种说法还不够正确，应该说任何“可杂凑项（hashable）”都可作为字典的键。Python 有个抽象类型 Hashable，符合此接口的对象可依照杂凑演算法算出独一无二的杂凑值，只要对象不相同，就会得到不同的杂凑值。Python 内置的不可变类型都符合此抽象类型，而内置的可变类型则都不符合。调用内置函数 hash 可得到某对象的杂凑值，但实际中很少直接使用该值。

```
>>> from collections.abc import *
>>> issubclass(int,Hashable)         # 内置的不可变类型都符合 Hashable 接口
```

```
True
>>> issubclass(tuple,Hashable)
True
>>> issubclass(list,Hashable)          # 内置的可变类型，不符合 Hashable 接口
False                                  # 因为可变对象的内容会改变，其杂凑值不定
>>> issubclass(dict,Hashable)
False
>>> hash(1),hash('abc'),hash((30,41,52))
(1,-39521455,1696699620)               # 不可变对象拥有独一无二的杂凑值
>>> a = 1; b = 'abc'; c = (30,41,52)
>>> hash(a),hash(b),hash(c)            # 既然 a==1 为真，内容相同，
(1,-39521455,1696699620)               # 那么其杂凑值也会相同
>>> hash([0,1,2])                      # 不可变对象没有杂凑值
Traceback (most recent call last):
  File "<stdin>",line 1,in <module>
TypeError: unhashable type: 'list'
>>> hash('name'),hash('age'),hash('score')
(1574142124,537780116,-23663026)
>>> hash(1),hash('a'),hash((3,4)),hash(5)
(1,738615097,1699342716,5)
```

不可变对象在其生存周期内内容绝对不变，所以其杂凑值不仅独一无二，而且不会改变，可作为字典的存储依据，所以，较正确的字典示意图应如图 7-3 所示，字典其实是存储“对象的杂凑值”与“值（任何对象）”的配对关系。下次当给定某键时，字典就会算出该键的杂凑值，然后取出相对应的值。

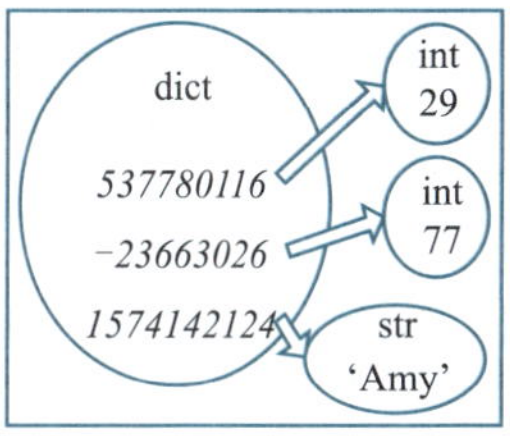

图 7-3　字典示意图

若对象属于容器类型，那么不仅对象本身必须不可变，其内容也必须不可变，方可算是不可变对象。所以，tuple 对象本身虽不可变，但若含有可变对象（例如 list），那么该对象就不算是不可变，无法作为字典的键。

```
>>> li = [0,1,2]                       # list 对象，可变
>>> t = (3,4,li)                       # tuple 对象，含有可变对象
>>> d = {'a': 1,t: 2}                  # 无法作为字典的键
Traceback (most recent call last):
  File "<stdin>",line 1,in <module>
TypeError: unhashable type: 'list'
```

同理，类型 set 也不是直接存储某对象，而是存储杂凑值。当把某对象放进集合时，会先算出杂凑值再放进去；当要测试某对象存不存在集合内时，只要算出对象的杂凑值，然后再检查即可（见图 7-4）。

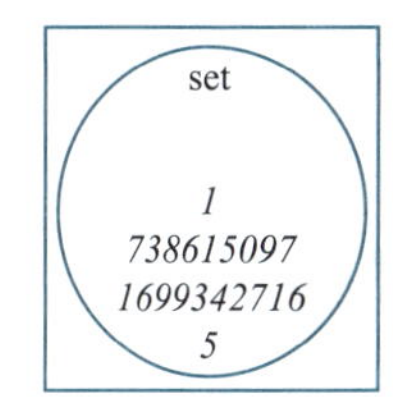

图 7-4　集合示意图

因为杂凑演算法的特性，给定某内容（对象）就算出相对应的杂凑值，若对象不同就必定会得到不一样的杂凑值，如此一来便能轻松得到字典与集合的功能。注意：不同 Python 版本可能会使用不同的杂凑演算法，不同平台的 Python 实现也可能使用不一样的杂凑演算法，所以执行上述程序时，不会得到与实例一样的杂凑值。

7.4.2 映射

图 7-5 显示了与以映射（Mapping）为中心的相关抽象类型，类型 dict 符合抽象类型 MutableMapping（可变映射）定义的接口，而且 dict 也是目前 Python 唯一的内置映射类型；类型 set 符合抽象类型 Set 定义的接口。

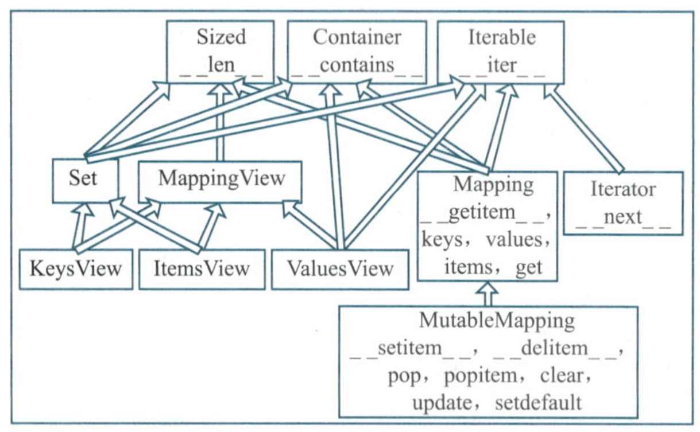

图 7-5 映射相关的抽象类型层级

我们先从类型 set 的抽象类型 Set 着手，因为它是个容器类型，很自然地继承了抽象类型 Sized 与 Container，所以可使用内置函数 len 算出长度（含有元素个数），并以运算符 in 检查某对象是否存在于集合之中。而且也符合可迭代项接口，所以可使用内置函数 iter 得到迭代器，然后调用 next 逐一取出其中的元素，只不过因为类型 set 不具顺序性，所以并不知道迭代器会以何顺序给出元素。

```
>>> x = {2,'a',(3,5),'b',17}                    # 类型 set
>>> len(x)                                      # 长度，元素的个数
5
>>> 'b' in x                                    # 成员关系运算符
True
>>> xit = iter(x)                               # 取得迭代器
>>> next(xit),next(xit)                         # 取出前两个元素，
(17,'a')                                        # 注意，不具顺序性
>>> [e for e in x if type(e) is int]            # 既然符合 Iterable 接口
[17,2]                                          # 所以可用于需要迭代协定的地方
```

然后是类型 dict 符合的接口面，抽象类型 Mapping（映射）与 MutableMapping（可变映射），同样的，因为属于容器类型，所以也都继承了 Sized 与 Container，并拥有许多字典专属的方法。

```
>>> d = {'name': 'Amy','age': 40,'score': 77}
>>> len(d)                                      # 长度，键值配对的个数
3
>>> 'age' in d                                  # "in" 运算符，某键是否存在
True
>>> d['name']                                   # 以键取出值
'Amy'
```

```
>>> d['job'] = 'wrier'                          # 重新指派，新增或更新
>>> d.pop('name')                               # 移除指定键（与其键值配对）
'Amy'
>>> d.pop('abc')                                # 若不存在该键，发生错误
Traceback (most recent call last):
  File "<stdin>",line 1,in <module>
KeyError: 'abc'
>>> d.pop('abc','default')                      # 指定不存在该键时应返回的缺省值
'default'
>>> d.update({'name': 'John','age': 33})        # 传入可提供键值配对的对象，
>>> d                                           # 更新原字典的内容
{'job': 'wrier','age': 33,'name': 'John','score': 77}
>>> d2 = d.copy()                               # 浅复制
>>> d.clear()                                   # 删除字典的全部内容
```

类型 dict 符合的接口抽象类型 Mapping，也继承了 Iterable，所以也能如同类型 list 与 set，通过内置函数 iter 拿到能迭代内容的迭代器，再以 next 逐一取出。但因为字典含有键与值，较为复杂，所以又再提供能动态浏览字典内容的抽象类型 MappingView（映射浏览），从图 7-5 可知，当要迭代字典的键与键值配对时，其接口（KeysView 与 ItemsView）是个符合 Set 与 MappingView 的可迭代项，因为键与键值配对不具顺序性，所以继承自抽象类型 Set，而 MappingView 则提供动态浏览字典内容的功能，当字典内容改变时，符合 MappingView 接口的对象也能随之反映；至于字典的值，因为有可能重复（不同键可映射到同样的值），所以其接口（ValuesView）较为特殊，并不继承自 Set，除了继承自 MappingView 动态反映字典内容，另行继承自 Container 与 Iterable。

换句话说，当想要以迭代方式操作字典时，作法是调用相对应的方法，得到能迭代键、值或键值配对的可迭代项，如此即可。而因为这些可迭代项符合 MappingView（映射浏览）接口，提供动态浏览字典内容的特色，一旦字典内容改变，也会随之反映。

```
>>> d = {'a': 1,'b': 2,'c': 3}
>>> keys = d.keys()                       # 以方法 keys 与 values，取得
>>> values = d.values()                   # 键与值的映射浏览对象，
>>> list(zip(keys,values))                # 其顺序互相对应
[('a',1),('c',3),('b',2)]
>>> del d['a']                            # 动态删除某键（值配对）
>>> list(keys)                            # 也随之反映
['c','b']
>>> keys & {'a','b'}                      # 因为也是个集合，可做集合的运算
{'b'}
```

不过，若在迭代过程中对字典进行修改动作，例如删除、新增、更新，都可能影响字典内键值配对的顺序，连带影响迭代的结果，甚至可能出错；反之，只要不作修改，方法 keys()、values()、items() 返回的映射浏览对象就能一致反映出正确的字典内容与顺序。

```
>>> d = {'a': 1,'b': 2,'c': 3}
>>> list(d.keys())                        # 虽然不知道字典内键值配对的存放顺序，
['a','c','b']
>>> list(d.values())              # 但 keys()、values()、items() 返回的映射浏览对象，
[1,3,2]                                   # 仍会呈现出一致的顺序，
```

```
>>> list(d.items())                      # 只要不去修改原字典
[('a',1),('c',3),('b',2)]
>>> dict(zip(d.keys(),d.values()))       # 因此，这一行程序代码才能产生出
{'a': 1,'c': 3,'b': 2}                   # 与原字典相同内容的新字典对象
>>> pairs = zip(d.values(),d.keys())     # 这么做可颠倒键与值
>>> list(pairs) [(1,'a'),(3,'c'),(2,'b')]
>>> di = dict(zip(d.values(),d.keys()))  # 若字典的值都不相同且有杂凑值
>>> di                                   # 便可得到颠倒键值关系的字典
{1: 'a',2: 'b',3: 'c'}
```

至此，读者应该了解字典与集合的基本用法与概念，明白与列表有何不同，并且知道相关的抽象类型与接口。

习　题

1. 判断题（在题目右侧的括号内填写"√"或"×"）

（1）杂凑，是指通过某种杂凑函数 / 算法把要检索的项与用来检索的索引关联起来。（　　）

（2）通过杂凑函数 / 算法将要检索的项与用来检索的索引（称为杂凑,或者杂凑值）关联起来，生成一种便于搜索的数据结构，就称为散列，即杂凑表。（　　）

（3）网站若提供大型文件，可一并附上该文件的杂凑值，下载后便能以杂凑值检查文件是否完整无缺。（　　）

（4）字典类型含有键值配对，只要是可变的对象都能作为键。（　　）

（5）字典和列表一样，受限于连续整数索引值，不能使用不连续的大数字作为键。（　　）

（6）字典是一种映射形式的类型，从"键"映射到"值"，但其值只能是数值类型的对象。（　　）

（7）集合类型是存储某些东西的数据结构，可杂凑的对象方能成为集合的元素。（　　）

（8）对于字典来说，把"名称"放在命名空间里，就是指"把名称与对象的绑定关系存储在字典里"。（　　）

2. 选择题（在题目的括号内填写正确选项）

（1）数学家使用下标，计算机程序员使用（　　）。

A. 切片　　B. 索引　　C. Python　　D. 咖啡因

（2）以下（　　）项不是 Python 中的内置序列操作。

A. 排序　　B. 连接　　C. 切片　　D. 重复

（3）将单个数据项添加到列表末尾的方法是（　　）。

A. extend　　B. add　　C. plus　　D. append

（4）以下（　　）项不是 Python 列表方法。

A. index　　B. insert　　C. get　　D. pop

（5）以下（　　）项不是 Python 列表的特点。

A. 它是一个对象　　B. 它是一个序列

C. 它可以容纳对象　　D. 它是不可变的

（6）以下（　　）表达式正确地测试 x 是偶数。

A. x % 2 == 0　　B. even(x)　　C. not add(x)　　D. x % 2 == x

（7）(　　) 关键字参数用于将键函数传入 sort 方法。

A. reverse　　B. reversed　　C. cmp　　D. key

（8）用来建立字典的字典生成式使用（　　）将字典对象包起来。

A. 方括号“[ ]”　　B. 花括号“{ }”

C. 双引号“""”　　D. 尖括号“<>”

（9）集合（set）是一种（　　）的容器类型，同一个对象只能放进去一次。

A. 字符型　　B. 倒序性　　C. 不具顺序性　　D. 顺序性

（10）建立集合时，可使用被（　　）圆括号“()”包住、以逗号“,”隔开元素的字面值形式。

A. 圆括号“()”　　B. 花括号“{ }”

C. 双引号“""”　　D. 尖括号“<>”

3. 讨论

（1）给定初始化语句：

```
s1 = [2,1,4,3]
s2 = ['C','a','b']
```

显示以下每个序列表达式求值的结果。

A. `s1 + s2` ____________________

B. `3 * s1+ 2 * s2` ____________________

C. `s1[1]` ____________________

D. `s1[1 :3]` ____________________

E. `s1 + s2[-1]` ____________________

（2）给定上一个问题相同的初始语句，在执行以下每个语句后，显示 s1 和 s2 的值。独立地处理每个部分（即，假定 s1 和 s2 每次从其初始值开始）。

A. `s1.remove(2)` ____________________

B. `s1.sort()` ____________________

C. `s1.append([s2.index('b')])` ____________________

D. `s2.pop(s1.pop(2))` ____________________

E. `s2.insert(s1[0],'d')` ____________________

编程训练

1. 实训目的

（1）了解使用列表（数组）来表示相关数据的集合。

（2）熟悉用于操作 Python 列表的函数和方法。

（3）能够编程用列表管理信息集合。

（4）能够编程利用列表和类来构造复杂数据。

2. 实训内容与步骤

（1）仔细阅读本章内容，对其中的各个实例进行具体操作实现，从中体会 Python 程序设计，提高 Python 编程能力。如果不能顺利完成，请分析可能的原因是什么。

答：____

____

（2）编写程序。

① 建立字典，键是代表月份的整数 1 ~ 12，值是该月的英文（January、February 等）。假设字典名为 d，那么 d[9] 应得到 'September'。

② 字典里含有公司名与股票价值，建立新字典，仅包含价值超过 100 的项目。分别运用 for 循环与字典生成式来实现。

```
stock = {
    'Apple': 655.95,'IBM': 202.13,'HP': 45.51,'Facebook': 12.11,
    'Intel': 40.51,'Atmel': 10.23,'Amazon': 305.35,'Google': 535.81
}
```

③ 大多数语言没有 Python 所具有的灵活的内置列表（数组）操作。为以下每个 Python 操作编写一个算法，并在适当的函数中写出来，测试你的算法。例如，作为一个函数，reverse(myList) 应该和 myList.reverse() 一样。当然，不能使用相应的 Python 方法来实现函数。

A.count(myList,x) （类似 myList.count(x)）

B.isin(myList,x) （类似 x in myList）

C.index(myList,x) （类似 myList.index(x)）

D.reverse(myList) （类似 myList.reverse()）

E.sort(myList) （类似 myList.sort()）

④ 编写并测试一个函数 shuffle(myList)，它随机打乱一个列表的顺序，像扑克牌洗牌那样。

⑤ 编写并测试一个函数 innerProd(x, y)，它计算两个（相同长度）列表的内积。x 和 y 的内积计算如下：

$$\sum_{i=0}^{n-1} x_i y_i$$

⑥ 编写并测试一个函数 removeDuplicates(somelist)，从列表中删除重复值。

记录：将你编写的上述程序的源代码另外用纸记录下来，并粘贴在下方：

------------------------------------ 程序设计源代码粘贴于此 ------------------------------------

3. 实训总结

____

____

4. 教师对实训的评价

____

____

第 8 章 函数

计算机科学家尼克劳斯·沃思是多种程序语言（Pascal、Modula 等）的主设计师，从他早在 1976 年著作《演算法 + 数据结构 = 程序》的书名中就可以清楚地看出，程序的基本要素是数据与操作。Python 提供了各种结构的数据类型，包括序列与映射，而函数正是把演算法包装起来予以抽象化的非常重要的机制，例如内置函数、对象的方法以及用户自定义函数，包含了各项主题，如定义、调用、参数、返回、递归、高阶函数，还包括递归、装饰器、函数式程序设计等。

很多人都较为熟悉迭代而讨厌递归，但若问题本质是递归，却采用迭代形式来思考，就会写出难懂的程序，而且容易有 bug。虽然 Python 提供的工具大都跟迭代相关，但只要加上记忆功能与其他机制，就能轻松运用递归的程序结构。

8.1 定义函数

我们在前面所学习的一些程序都只能执行一次，例如算出列表元素（成绩）的总和，若有好几个列表，想要让同一个程序代码应用于所有这些列表呢？我们需要一种抽象化机制来包装程序代码，在有需要时可以随时调用它，这个机制就是函数（function）。

定义函数的语法如下：

```
def <函数名>(<形参>):
    <函数体 (body)>
```

<函数名>是标识符，<形参>即形式参数，是名称（标识符）的序列（可能为空）。形参与函数中使用的所有变量一样，只能在函数体中访问，它与在程序其他地方的同名变量不同。

def 语句的作用是定义函数，当 Python 解释器执行 def 语句时，会建立类型为 function（函数）的对象，并指定给名称。使用保留字 def 开头，后面接着函数名称，然后以括号包住参数，加上冒号后，便开始缩排并编写函数的主体。从“def”到“:”叫做函数头，而里面的程序代码称为函数体，函数结束时可使用“return 语句”将结果返回给调用方。

【程序实例 8-1】传入含有成绩的列表，算出成绩总分之后返回的函数。

```
def my_sum(numbers):            # 函数头，函数名称与参数
    total = 0                   # 负责存储总分，这是个"局部"名称
    for x in numbers:           # 以 for 循环算总分
        total += x
    return total                # 以 return 语句返回总分
```

函数定义完成后，最基本的使用方式是“调用”，把适当的对象传给它作为参数，然后等待接收函数返回的对象，函数调用属于表达式。调用时，先写出函数名称，后面跟着的括号“( )”代表想调用该函数，在括号内传入适当的参数（实参，即实际参数）来执行那组程序代码。

```
scores0 = [60,73,81,95,34]
scores1 = [10,20,30,40,50,60]
total0 = my_sum(scores0)            # 调用函数，并把返回对象赋值给名称
total0 total1 = my_sum(scores1)     # 把程序代码写成函数后，便可重复使用
```

让我们再写个能计算 list（或是 tuple、str）对象长度的函数：

```
def my_len(seq):                    # seq 可以是列表、数组、字符串
    n = 0
    for x in seq:
        n += 1                      # 有几个元素便加几次 1
    return n                        # 返回长度
```

函数定义与函数调用是两个独立的概念，分别代表不同的动作，如果只执行 def 语句，仅会建立函数对象，并不会执行函数体内的程序代码。

归纳一下 Python 的函数：

（1）函数是一种子程序。使用函数可以减少代码重复，并用于组织或模块化程序。一旦定义了函数，就可以从程序中的不同位置被多次调用。参数允许函数具有可更改的部分，函数定义中出现的参数称为形参，函数调用中出现的表达式称为实参。

（2）Python 对函数的调用是一个四步过程：

第一步：调用程序在调用点暂停执行。

第二步：实参将其值赋给形参。

第三步：执行函数体。

第四步：控制返回到函数被调用之后的点，函数返回的值作为表达式结果。

（3）变量的作用域是程序可以引用它的区域。函数定义中的形参和其他变量是函数的局部变量。

（4）函数可以通过返回值将信息传递回调用者。在 Python 中，函数可以返回多个值。返回值的函数通常应该从表达式内部调用。没有显式返回值的函数会返回特殊对象 None。

（5）Python 按值传递参数。如果传递的值是可变对象，则对象所做的更改对调用者可见。

之前编写的程序只包含一个函数，通常就是 main。我们还使用了预先编写的函数和方法，包括内置的 Python 函数（如 print、abs），以及来自 Python 标准库的函数和方法（如 math.sqrt）。函数是构建复杂程序的重要工具。

可以将函数想象成一个“子程序”，其基本思想是写一个语句序列，并给这个序列取一个名字，然后可以通过引用函数名称，在程序中的任何位置执行这些指令。

创建函数的程序部分称为“函数定义”。当函数随后在程序中使用时，称该定义被“调用”。单个函数定义可以在程序的许多不同位置被调用。

例如，假设希望编写一个程序，打印“Happy Birthday”的歌词，歌词是这样的：

```
Happy birthday to you!
Happy birthday to you!
Happy birthday,dear <insert-name>.
Happy birthday to you!
```

这个问题的一个简单方法是使用四个 print 语句。下面的交互式会话创建了一个程序，对小明（xiaoming）唱“Happy Birthday”。

```
>>> def main():
    print("Happy birthday to you! ")
    print("Happy birthday to you! ")
    print("Happy birthday,dear xiaoming.")
    print("Happy birthday to you! ")
```

可以运行这个程序，得到歌词。下面我们引入一个函数，打印第一、第二和第四行歌词。

```
>>> def happy():
    print("Happy birthday to you! ")
```

这里定义了一个名为 happy 的函数，调用它会使 Python 打印一行歌词。

现在我们用 happy 来为 xiaoming 重写歌词。

```
>>> def singXM():
    happy()
    happy()
    print("Happy birthday,dear xiaoming. ")
    happy()
```

这个版本打的字要少得多。试运行这个程序。

假设今天也是小芳（xiaofang）的生日，我们同样也可以为小芳准备一个程序（singXF()）。现在写一个主程序，送给小明和小芳：

```
>>> def main():
    singXM()
    print()
    singXF()
```

两个函数调用之间的 print 在输出的歌词之间留出空行。运行这个最终程序。

singXM 和 singXF 两个函数几乎相同，唯一区别是第三个 print 语句结束时的姓名。于是，我们可以通过使用“参数”将这两个函数并在一起。让我们写一个名为 sing 的通用函数：

```
>>> def slng(person):
    happy()
    happy()
    print("Happy Birthday,dear",person + ".")
```

```
    happy()
```

此函数用到了名为 person 的参数。参数是在调用函数时初始化的变量。如果需要为浩浩（haohao）打印歌词，这只需要在调用函数时提供名称作为参数：

```
>>> sing("haohao")
```

【程序实例 8-2】作为模块文件的完整程序。

```
# happy.py
def happy():
    print("Happy Birthday to you! ")

def sing(person):
    happy()
    happy()
    print("Happy birthday,dear",person + ".")
    happy()

def main():
    sing("xiaoming")
    print()
    sing("xiaofang")
    print()
    sing("haohao")

main()
```

函数作为减少代码重复的机制，可以缩短和简化程序。在实践中，即使函数实际上让程序更长，人们也会经常使用，这就是使用函数的另一个原因：让程序更模块化。由于设计的算法越来越复杂，因此理解程序也越来越难。处理这种复杂性的一种方法是将算法分解成更小的子程序，每个子程序自身都有意义。

8.2 函数的参数

每个函数本身都是子程序。在一个函数内部使用的变量是该函数的“局部”变量。函数要看到另一个函数中的变量，唯一方法是将该变量作为参数传入。

调用函数时“传入参数”这个动作和“赋值”几乎一模一样，换句话说，所谓传入参数，就是调用方把某个对象赋值给参数的名称罢了。如果参数是个可变对象，那么函数拿到该参数后，也可以改变该对象。

回到 Happy Birthday 的例子，让我们追踪唱两次歌词的过程。下面是 main 函数体的一部分：

```
sing("xiaoming")
print()
sing("xiaofang")
```

Python 遇到 sing("xiaoming") 时，main 暂停执行。在这里，Python 查找 sing 的定义，并且看

到它具有单个形参 person。形参被赋予实参的值，所以这就好像执行了下面的语句：

```
person = "xiaoming"
```

在这里，Python 开始执行 sing 的函数体。第一个语句是 happy 函数调用，Python 暂停执行 sing 并将控制传递给被调用的函数。happy 的函数体包含一个 print。这个语句被执行，然后返回到它离开的地方。

执行以这种方式继续，Python 又绕路去了两次 happy，完成了 sing 的执行。当 Python 到达 sing 的末尾时，控制就返回到 main，并在函数调用之后紧接着继续。函数完成时，会回收局部函数变量占用的内存，不保留局部变量。

下一个要执行的语句是 main 中的不带参数 print 语句，这将在输出中形成空行。然后 Python 调用另一个 sing，控制转移到函数定义，这次形参是"xiaofang"。

最后，针对 xiaofang 执行 sing 的函数体，并且在函数调用的点之后控制返回 main，到达代码片段的底部。

通常，当函数定义具有多个参数时，实参按位置与形参匹配。第一个实参分配给第一个形参，第二个实参分配给第二个形参，依此类推。可以利用关键字参数修改此行为，这些参数通过名称匹配（如调用 print 中的 end = ""）。

8.2.1 位置参数与关键字参数

Python 提供了丰富灵活的方式让我们来指定形参与实参之间的配对关系，能以"位置"与"关键字"来指定、可预先记录参数的默认值、也能使用 tuple 与 dict 参数，收集额外多余的位置参数与关键字参数。传入参数时，最基本的重点是必须让每个形式参数都能有值（指向某对象），如否则发生错误。

虽然调用函数传入参数时可使用位置参数与关键字参数，但其实 Python 底层的处理机制只有位置参数而已，最后，每个形参都必须对应到某个实参，也就是函数的参数名称必须指向某对象，若参数太多或太少，都会发生错误。

函数定义后，Python 就知道有几个形参，从左到右排列；调用函数、传入实参时，Python 会先从左到右拿出位置参数，逐一放到对应形参的位置上，然后再处理关键字参数，比对关键字与形参名称，摆放到相对应的位置。

```
>>> def f(x,y,z): print(x,y,z)      # 3 个形参，从左到右是 x、y、z
>>> f(1,2,3)                        # 实参是 3 个位置参数
1 2 3
>>> f(1,2,z=3)                      # 2 个位置参数，摆放到 x、y，
1 2 3                               # 1 个关键字参数，摆放到 z
>>> f(x=1,y=2,z=3)                  # 3 个关键字参数，比对后摆放到 x、y、z
1 2 3
>>> f(z=3,x=1,y=2)                  # 关键字参数会比对名称，不管顺序，
1 2 3                               # 但这种写法容易搞混，不建议
>>> f(1,2,3,4)                      # 4 个位置参数，太多
Traceback (most recent call last):
```

```
  File "<stdin>",line 1,in <module>
TypeError: f() takes 3 positional arguments but 4 were given
>>> f(1,x=11,y=2,z=3)          # x 参数有两个值，太多
Traceback (most recent call last):
  File "<stdin>",line 1,in <module>
TypeError: f() got multiple values for argument 'x'
>>> f(1,2)                     # 2 个位置参数，数量不足
Traceback (most recent call last):
  File "<stdin>",line 1,in <module>
TypeError: f() missing 1 required positional argument: 'z'
>>> f(y=2,z=3)                 # 2 个关键字参数，数量不足
Traceback (most recent call last):
  File "<stdin>",line 1,in <module>
TypeError: f() missing 1 required positional argument: 'x'
>>> f(y=2,z=3,1)               # 关键字参数之后不能有位置参数
  File "<stdin>",line 1
SyntaxError: non-keyword arg after keyword arg
```

定义函数时可为参数指定默认值，函数对象会记录默认值（对象），当调用方没有为某个式参指定实参时，便由默认值提供。当然，参数也不能太多或太少。

```
>>> def f(x,y=2,z): print(x,y,z)    # 缺省值参数之后不能有非缺省值参数
...
   File "<stdin>",line 1
SyntaxError: non-default argument follows default argument
>>> def f(x,y=2,z=3): print(x,y,z)
...
>>> f(1)                       # 1 个位置参数，摆放到 x,
1 2 3                          # y 与 z 由默认值提供
>>> f(1,22)                    # 2 个位置参数，摆放到 x、y,
1 22 3                         # z 由默认值提供
>>> f(x=1)                     # 1 个关键字参数，摆放到 x,
1 2 3                          # y 与 z 由默认值提供
>>> f(x=1,z=33)                # 2 个关键字参数，摆放到 x、z
1 2 33                         # y 由默认值提供
>>> f(y=22)             # 1 个关键字参数，摆放到 y,z 由默认值提供，但仍缺少 x
```

8.2.2 形参与“*”和“**”

有时需要传入不定个数的参数，为此，可在定义函数时，在某形参名称之前加上星号“*”，那么该形参默认为空的 tuple 对象，额外的位置参数都会被放进此 tuple；而若在某形参名称之前加上双星号“**”，该形参默认为空的 dict 对象，额外的关键字参数都会被放进此 dict。

形参星号“*”用法的一般语法是：

```
def f(pos1, pos2, ..., posN, *t)
```

其中 pos1、pos2 到 posN 都是形参的名称，同样的，实参会被逐一摆放，若有额外的实参，通通会被放进 tuple 对象 t 里。

```
>>> def f(p1,p2,p3,*t): print(p1,p2,p3,t)
...
>>> f(1,2)                          # 参数不够
>>> f(1,2,3,4,5)                    # 额外的位置参数被放进星号参数 t
>>> f(1,2,3)                        # 参数刚刚好，t 缺省为空 tuple 对象
>>> f(p1=1,p2=2,p3=3,4)             # 以关键字参数指定，但关键字参数之后不能有位置参数
```

8.2.3 实参与“*”和“**”

形参可以加上星号和双星号，调用函数时，实参也能加上“*”和“**”。加上“*”的实参必须是个可迭代项，它提供的元素会成为位置参数；而加上“**”的实参必须是个映射对象（例如字典），它负责提供关键字参数。

```
>>> def f(p1,p2,p3,p4,p5):                  # 5 个
...     print(p1,p2,p3,p4,p5)
...
>>> f(11,22,33,*range(2))                   # 3 个位置参数，range(2) 是个可迭代项，
11 22 33 0 1                                # 加上星号解开，提供 2 个位置参数
>>> f(11,22,33,range(2))        # 注意，这会是 4 个参数，3 个整数对象与 1 个可迭代项
>>> f(*range(2),11,22,33)                   # 出错，星号加实参之后只能接关键字参数
>>> m = {'k1': 'a','k2': 'b'}               # 映射对象
>>> def f(p1,p2,p3,k1,k2):                  # 5 个
...     print(p1,p2,p3)
...     print(k1,k2)
...
>>> f(1,2,3,**m)                            # 3 个位置参数，其余由 m 提供，
1 2 3                                       # 加上双星号解开 m，传入 k1 与 k2
a b
>>> m = {'k1': 'a','k2': 'b','k3': 'c'}
>>> f(1,2,3,**m)                            # 如果 m 里的东西太多，出错
```

其实概念并不困难，只要分清楚“*”和“**”出现在形参（函数定义）时，代表的是“收集”额外的参数，而出现在实参（函数调用）时，则具有“解开”的意义。如果互相结合，变化更多了，但传入参数的基本机制仍相同。

```
>>> def f(p1,p2,p3,*t): print(p1,p2,p3,t)
...
>>> f(11,22,33,*range(2))                   # 总共 5 个位置参数
11 22 33 (0,1)                              # 0、1 进入 t
>>> f(11,22,*range(2))                      # 总共 4 个位置参数
11 22 0 (1,)                                # 1 进入 t
>>> def f(p1,p2,p3,*t,k1,k2,**d):
...     print(p1,p2,p3,t)
...     print(k1,k2)
...     print(d)
...
>>> it = range(3)
```

```
>>> m = {'k1': 'a','k2': 'b','k3': 'c'}
>>> f(11,22,*it,**m)            # p1、p2、p3 得到 11、22、0
11 22 0 (1,2)                   # it 剩下的元素 1、2，进入 t
a b                             # m 有 k1 与 k2
{'k3': 'c'}                     # m 剩下的元素 k3，进入 d
```

可见，参数的学问很大，语法很复杂，但只要记住基本规则，再记住其中好用、常用的那几种就够了。可以看看 Python 内置函数的形参，当作编写函数制定形参时的参考对象。

8.3 返回值的函数

事实上，函数的基本思想和词汇是从数学中借用的，可以看作输入变量和输出变量之间的关系。在数学上，函数调用实际上是一个产生结果的表达式。在 Python 中，参数传递提供了一种初始化函数中变量的机制。从某种意义上说，参数是函数的输入。我们可以多次调用一个函数，并通过更改输入参数获得不同的结果。通常我们还希望从函数中获取信息。

Python 函数被用作一种新的命令形式，被调用来执行命令。例如，考虑从 math 库调用 sqrt 函数：

```
discRt = math.sqrt(b * b - 4 * a * c)
```

这里 b * b – 4 * a * c 的值是 math.sqrt 函数的实参。由于函数调用发生在赋值语句的右侧，这意味着它是一个表达式。math.sqrt 函数生成一个值，然后将该值赋给变量 discRt。技术上，我们说 sqrt 返回其参数的平方根。

编写返回值的函数非常容易。下面是一个函数的 Python 实现，返回其参数的平方：

```
def square(x):
    return x ** 2
```

这个例子中，Python 函数的主体由一个 return 语句组成。当 Python 遇到 return 时，它立即退出当前函数，并将控制返回到函数被调用之后的点。此外，return 语句中提供的值作为表达式结果发送回调用者。本质上，这只是为前面提到的四步函数调用过程添加了一个小细节：函数的返回值用作表达式的结果。效果就是，可以在代码中任何可以合法使用表达式的地方使用 square 函数。下面是一些交互示例：

```
>>> square(3)
9
>>> print(square(4))
16
>>> x = 5
>>> y = square(x)
>>> print(y)
25
>>> print(square(x) + square(3))
34
```

程序中函数定义的顺序并不重要，只要确保在程序实际运行函数之前定义该函数。例如，如果让 main 函数在顶部定义同样能工作，因为直到模块的最后一行才会发生 main() 调用，而这时所有函数已被定义。

回到 Happy Birthday 程序。在最初的版本中，我们使用了几个包含 print 语句的函数。我们可以不让辅助函数执行打印，而是简单地让它们返回值（在这个例子中是字符串），然后由 main 打印。请考虑下面这个版本的程序。

【程序实例 8–3】改进的 Happy Birthday 程序。

```
# happy2.py
def happy():
    return "Happy Birthday to you!\n"

def verseFor(person):
    lyrics=happy()*2+"Happy birthday,dear"+person+".\n"+happy()
    return lyrics

def main():
    for person in ["xiaoming","xiaofang","haohao"] :
        print(verseFor(person))

main()
```

注意：所有的打印都在一个地方（main 函数中）进行，而 happy 和 verseFor 只负责创建和返回适当的字符串。利用函数返回值的功能精简了程序，让整个句子建立在单个字符串表达式中。请仔细查看并理解这行代码。

这个版本的程序比原来的更灵活，因为打印不再分布在多个函数中。例如，我们可以轻松地修改程序，将结果写入文件而不是屏幕。我们要做的是打开一个文件进行写入，并在 print 语句中添加一个“file =”参数。不需要修改其他函数。下面是完整的修改：

```
def main():
    outf = open("Happy_Birthday.txt","W")
    for person in ["xiaoming","xiaofang","haohao"] :
        print(verseFor(person),file = outf)
    outf.close()
```

通常，让函数返回值，而不是将信息打印到屏幕上，这样，调用者可以选择是打印信息还是将其用于其他用途。

有时一个函数需要返回多个值。这可以通过在 return 语句中简单地列出多个表达式来完成。下面是一个计算两个数字的和与差的函数：

```
def sumDiff(x,y):
    sum = x + y
    diff = x - y
    return sum,diff
```

这个 return 传递回两个值。调用这个函数时，我们将它放在一个同时赋值中：

```
num1,num2 = input("Please enter two numbers(num1,num2) ").split(",")
s,d = sumDiff(float(num1),float(num2))
print("The Sum is ",s," and the difference is ",d)
```

与参数一样，从函数返回多个值时，它们根据位置赋给变量。在这个例子中，s 将获得 return 列出的第一个值（sum），d 将获得第二个值（diff）。

从技术上讲，Python 中的所有函数都返回一个值，而不管函数实际上是否包含 return 语句。没有 return 的函数总是返回一个特殊对象，表示为 None。这个对象通常用作变量的一种默认值，如果它当前没有指向任何有用的对象。

调用函数进入函数体，便会逐一执行其内部的程序代码，若执行到末端便会结束，回到调用方。另外，通常会使用 return 语句把执行结果（对象）返回给调用方；一个函数内的 return 语句可以有多个。若 return 后面没有东西、或者根本没有 return 语句，那么函数结束时会返回 None。虽然 return 只能返回一个对象，但可返回 tuple 对象，所以可以把许多个对象放在 tuple 里，然后返回。

例如，之前算总分与求平均成绩的程序代码，可写成如下的函数：

```
def total_avg(scores,initial=0):
    n = 0
    total = initial
    for x in scores:                      # 以 for 循环计算总分
        total += x
        n += 1                            # 也顺便得知长度
    return (total,total / n)              # 返回含有总分与平均成绩的数组
```

建立数组的括号“( )”通常可省略，所以可改写为“return total, total / n”。

8.4 函数的生存周期与作用域

前面学习的程序代码一旦产生某名称后，就一直使用、直到程序结束。但“del 语句”可以删除名称，连带删除该名称与指向对象之间的绑定关系。

```
>>> a = 3                 # 名称 a 指向 int 对象 3
>>> a += 1                # 名称 a 转而指向新的 int 对象 4,3 变成垃圾
>>> del a                 # 使用 del 语句删除名称 a，也删除与对象之间的绑定关系
```

“对象”的作用域（又称可视范围）实际上是“名称”的作用域，决定了在程序的什么地方能够看到该名称，进而存取该名称指向的对象；这取决于该名称定义的地方（第一次赋值）。如果名称定义在程序文件最外层的地方，例如下面例子中的 a、b、foo、x、y，一旦定义后，任何地方都看得到这些名称，也能存取名称指向的对象，简称“全局变量”；而定义在函数内的名称（包括参数），如下面的 n 与 m，只拥有“局部”作用域，只有在该函数内才看得到这些名称，简称“局部变量”。

```
a,b = 3,4                 # 名称 a 与 b 拥有全局作用域
def foo(n):               # 名称 foo 拥有全局作用域
    m = 5                 # n 与 m，局部作用域
    return n + m + a      # 在函数里都可存取
x = foo(b)                # 任何地方都可存取全局变量 b，
y = a + n                 # 这一行会发生错误，因为此处看不到 n
```

如果在函数内定义的局部变量与全局变量相同时，那么在函数内调用该名称时，实际存取的是局部变量(指向的对象)，而非全局变量(指向的对象)，也就是说同名的局部变量会屏蔽全局变量。

```
a = 10                  # 全局变量 a
def foo(n):
    a = 100             # 产生局部变量 a，不是赋值新对象给全局变量 a
    return n + a        # a 是局部变量 a
x = foo(5)              # x 会是 105，不是 15
```

在函数（局部）里虽然可以自由调用全局变量，但只能读、不能写。一旦在函数里把某全局变量放在赋值语句的左边，就会产生局部变量，而不是把新对象赋值给全局变量。为了把新对象赋值给全局变量，可以使用“global 语句”。

```
a = 10                  # 全局变量 a
def foo(n):
    global a            # 以 global 语句宣告 a 是个全局变量
    a = 100             # 全局变量 a 转而指向新对象 100
    return n + a
x = foo(5)              # x 会是 105
y = a                   # y 会是 100
```

8.4.1 第一次指定名称

为了进一步了解函数的定义与调用，也为了后面介绍的递归与高阶函数，我们来进一步了解作用域与命名空间。

作用域分为内置、全局、局部三种。在 Python 程序里，名称的作用域取决于它“第一次指定”的位置。无须实际执行，仅看程序代码就能判断得知某名称的作用域，称这种机制为静态范围。同样，当写上某名称（想存取它指向的对象）时，仅看程序代码就能得知存取到的会是哪个范围里的名称。

```
li = [0,1,2,3,4]                # 第一次指定名称 li 于全局范围，指向列表对象
a = 3                           # 第一次指定名称 a，指向整数对象 3
a = len(li)                     # 名称 a 位于全局范围，在全局范围内没有名称 len，
                                # 到内置范围去找，找到了内置函数 len
b = sum(li)                     # 第一次指定名称 b，名称 sum 位于内置范围，li 在全局
def foo_1(a,b):                 # 第一次指定名称 foo_1，指向新建立的函数对象，
    d = a + b - c               # a、b、c 都是在局部（函数）范围内第一次指定，
    return d                    # 局部名称 a 与 b，掩盖住全局名称 a 与 b
def foo_2(a,b):                 # 第一次指定名称 foo_2，指向新建立的函数对象，
    def bar(x):                 # 在局部（函数）范围内也可有 def 语句，名称 bar
        return x ** 2           # 位于 foo_2 的局部范围内，不在全局范围
    len = a * b + bar(c)        # 在局部范围内第一次指定名称 len，掩盖住内置函数 len
    return len
c = 5
m = foo_1(a,b)                  # 在全局范围找到名称 foo_1，是个函数
n = foo_2(a,b+2+len(li))        # 在内置范围找到名称 len
# bar(3)                        # 若执行会发生 "找不到名称 bar" 的错误
```

规则整理如下：

(1) 名称第一次指定的地方，决定了该名称位于哪个范围。

（2）名称的定义过程，也就是以名称找出指向对象的过程，会依照局部、全局、内置范围的顺序。

（3）若不同范围里的名称同名，那么在函数内，局部名称会掩盖住全局名称或内置名称；在全局范围内，全局名称会掩盖住内置名称。

（4）函数的局部范围各自独立，所以函数 A 与函数 B 的参数即使同名，也不会起冲突。

8.4.2 同名问题

因为在函数内第一次指定某名称时就会在局部范围内产生该名称，也会掩盖住同名的全局名称（如果有）。当想要在函数里重新指定全局名称时，必须使用 global 语句来声明。

```
y = 3                         # 全局名称 y
def f(x):
    y = x ** 2                # 这是局部名称 y
    print(y)                  # 输出局部名称 y，值是 9
f(3)
print(y)                      # 输出全局名称 y，值是 3
#### ####
y = 3
def f(x):
    global y                  # 以 global 宣告 y 是个全局名称
    y = x ** 2                # 重新指定
    print(y)                  # 输出全局名称 y，值是 9
f(3)
print(y)                      # 输出全局名称 y，值是 9
```

在函数里的局部名称可由 global 语句声明位于全局范围，所以，也能在函数调用后才建立全局名称的绑定关系，但这是不好的写法。

```
# 此时尚无全局名称 y
def foo(x):
    global y                  # 宣告 y 为全局名称
    y = x                     # 此时才指定

# print(y)                    # 若执行这一行会出现错误 " 全局名称 y 尚未定义 "
foo(3)                        # 必须调用此函数，然后 y 才绑定某对象
print(y)                      # 输出全局名称 y，值为 3
```

8.4.3 del 语句

顾名思义，del 语句的作用就是删除名称，连带地也会删除名称与对象之间的绑定关系，若对象已无名称指向它，便成为垃圾等待回收。del 语句在全局范围内会删除全局名称，而在局部范围内会删除局部名称。

```
y = 999
del y                         # 删除全局名称 y
x = 3
def foo():
    global x                  # 声明 x 为全局名称
```

```
    del x               # 删除
foo()
print(x)                # 错误，找不到 x
```

提醒一下，若在函数内有 del 语句，且名称未以 global 声明，该名称将会被视为区域名称，连带影响其他程序语句。

```
x = 3
def foo():
    print(x)            # 若无下面的 del x，这一行会输出 3，
    del x               # 若有 del x，x 被视为局部名称，上一行就会出错
foo()
```

应该尽量避免在局部范围内存取全局名称，以提高程序的可维护性。

8.5 递归

Python 语言强调迭代，比较不推荐递归形式，提供的功能与特色多半属于迭代，如果可能，建议尽量以迭代形式实现程序。但是，有些问题本质上就属于递归，较难以迭代形式表达，例如深度与形状不定的数据结构、文件系统的目录结构、快速排序法等。

我们能以递归的形式来使用函数，意思是说函数可以以直接或间接的方式自己调用自己。以阶乘为例，给定一整数 n，阶乘的数学记号为“n!”，若根据下面的定义，很直觉地会写出迭代形式的程序：

```
n! = 1 * 2 * 3 * ... * (n-1) * n
0! = 1
```

但若定义如下，那么便会得到递归形式：

```
n! = n * (n-1)!                 # 如果 n 大于或等于 2
n! = 1                          # 如果 n 等于 1 或 0
```

【程序实例 8-4】阶乘。

```
# fact.py
def fact_i(n):                  # 迭代形式
    result = 1
    for i in range(1,n+1):
         result *= i
    return result
####
def fact_r(n):                  # 递归形式
    if n == 1 or n == 0:
        return 1
    else:
        return n * fact_r(n-1)
```

函数 fact_r 运用递归的概念来计算 n!。根据定义，如果 n 大于或等于 2，就再次调用 fact_r，但传入 (n-1) 计算 (n-1)!，得到返回值后再乘上 n，便得到 n!。只要每次调用 fact_r 时，都传入较

小的数值，那么最终 n 会等于 1 或 0，就不会再递归调用、而是直接返回 1。

8.5.1 递归的概念

以递归方式编写函数时，基本概念如下：

（1）每次递归调用，都必须趋近终止条件。

（2）抵达终止条件时，就不再递归调用。

以阶乘函数 fact_r 为例，fact_r(n) 递归调用 fact_r(n-1)，n 会越来越小，最终抵达终止条件，也就是当 n 等于 1 或 0 时，便不再递归调用。

【程序实例 8-5】计算两数的最大公因数，练习以递归形式实现函数。

```
# gcd.py
def gcd_i(a,b):                    # 迭代形式
    while b:
        a,b = b,a%b
    return a
####
def gcd_r(a,b):                    # 递归形式
    if b == 0:                     # 终止条件
        return a
    else:
        return gcd_r(b,a%b)        # 递归调用
```

8.5.2 实例：汉诺塔

汉诺塔（又称河内塔）是著名的递归问题。有三根柱子，其中一根柱子从下到上按照大小顺序叠了 64 个圆盘，要求把所有圆盘依原来顺序搬移到另一根柱子。搬移圆盘时的规则是：

（1）一次只能搬移一个圆盘。

（2）圆盘必须从某柱子移动到另一根柱子，不可放在别的地方。

（3）小圆盘必须位于大圆盘之上；换句话说，大圆盘不可叠在小圆盘之上。

若搬移一次花费 1s，那么最少需花多少时间才能搬完 64 个圆盘？

我们先试试三个圆盘的情况。如图 8-1 所示，把三根柱子标示为 A、B、C，假设想从 A 搬移到 C，圆盘从下到上编号：0、1、2。那么，搬移的步骤如下：2 从 A 搬到 C，1 从 A 搬到 B，2 从 C 搬到 B，0 从 A 搬到 C，2 从 B 搬到 A，1 从 B 搬到 C，2 从 A 搬到 C。真啰嗦，其实因为搬移时必须遵守既定规则，所以直接表示为下面的形式即可，无须标识搬移哪个圆盘：

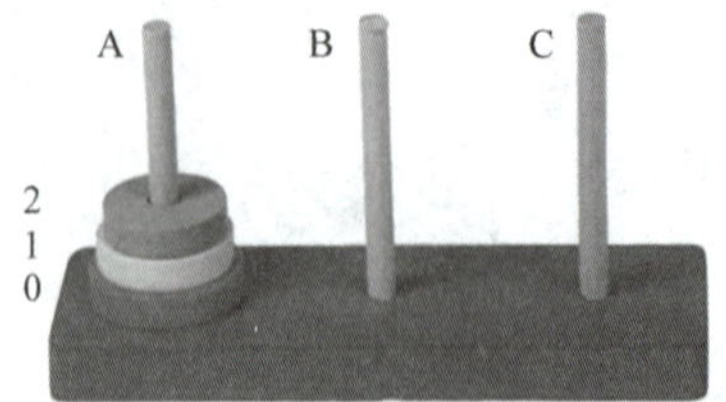

图 8-1 三个圆盘的汉诺塔

A->C、A->B、C->B、A->C、B->A、B->C、A->C

三个圆盘需要移动 7 次，需花费 7s。那么 4 个圆盘呢？若以迭代方式思考，很难想象，但若以递归方式思考，当想要把 4 个圆盘从 A 搬到 C 时，步骤是：把上三个圆盘从 A 搬到 B，把最下面第四个圆盘从 A 搬到 C，再把上三个圆盘从 B 搬到 C，如此即可。所以搬 4 个圆盘的次数是“搬 3 个圆盘的次数”+“搬 1 个圆盘的次数”+“搬 3 个圆盘的次数”，7+1+7 等于 15。分析如下：

（1）搬 1 个圆盘的次数：0 + 1 + 0 等于 2**1 - 1 等于 1。

（2）搬 2 个圆盘的次数：1 + 1 + 1 等于 2**2 - 1 等于 3。

（3）搬 3 个圆盘的次数：3 + 1 + 3 等于 2**3 - 1 等于 7。

（4）搬 4 个圆盘的次数：7 + 1 + 7 等于 2**4 - 1 等于 15。

（5）搬 n 个圆盘的次数：2**(n-1) - 1 + 1 + 2**(n-1) - 1 等于 2**n − 1。

（6）搬 64 个圆盘的次数：2**63 - 1 + 1 + 2**63 - 1 等于 2**64 − 1。

所以，若搬一次需花 1s，那么想搬移 64 个圆盘需花费大约 5849.42 亿年。

下面让我们编写函数 hanoi(n)，参数是 n 代表几个圆盘，返回含有搬移步骤的列表，例如调用 hanoi(3) 搬移 3 个圆盘的步骤会是 [('A', 'C'), ('A', 'B'), ('C', 'B'), ('A', 'C'), ('B', 'A'), ('B', 'C'), ('A', 'C')]，每个元素是个 tuple、代表一个步骤，如 ('A', 'C') 代表从柱子 A、把最上面的圆盘、搬到柱子 C。

【程序实例 8-6】汉诺塔。

```
# Hanoi.py
def hanoi(n):
    steps = []                                   # 含有搬移步骤的列表
    # pfrom 是起始柱子，pto 是目标柱子，pbuf 是缓冲柱子
    def sub(n,pfrom,pto,pbuf):
        if n == 1:                               # 终止条件
            steps.append((pfrom,pto))            # 从 pfrom 搬到 pto，搬 1 个
        else:                                    # 递归调用
            sub(n-1,pfrom,pbuf,pto)              # 从 pfrom 搬到 pbuf，搬 n-1 个
            steps.append((pfrom,pto))            # 从 pfrom 搬到 pto，搬 1 个
            sub(n-1,pbuf,pto,pfrom)              # 从 pbuf 搬到 pto，搬 n-1 个
    sub(n,'A','C','B')
    return steps
```

有了搬移步骤后，我们还可以编写测试函数，照着步骤进行搬移，检查是否正确。

```
def simulate_hanoi(n,pfrom,pto,pbuf,steps):
    # 一开始时，pfrom 里有 n 个圆盘
    pillars = {pfrom: list(range(n)),pto: [],pbuf: []}
    for s in steps:                              # 照着步骤进行搬移
        disk = pillars[s[0]].pop()               # 拿出圆盘
        pillars[s[1]].append(disk)               # 放进柱子
    if (pillars[pfrom] == [] and
        pillars[pbuf] == [] and
        pillars[pto] == list(range(n))):         # 最后圆盘应该都搬到 pto 里
        return True
    else:
        return False
```

其中字典 pillars，键是代表柱子的 pfrom、pto、pbuf，值则是含有圆盘的列表，以 for 循环迭代

搬移步骤 steps，按照步骤搬移，每个步骤会从某列表（含有圆盘）的尾端拿出圆盘、放进其他列表的尾端，刚好能以列表方法 pop 与 append 代表。搬移结束后，检查各柱子里是否含有适当的圆盘。

习　题

1. 判断题（在题目右侧的括号内填写“√”或“×”）

（1）程序员很少定义自己的函数。（　　）

（2）函数只能在程序中的一个位置调用。（　　）

（3）信息可以通过参数传递到函数中。（　　）

（4）每个 Python 函数都返回某些值。（　　）

（5）在 Python 中，某些参数按引用传递。（　　）

（6）在 Python 中，函数只能返回一个值。（　　）

（7）Python 函数永远不能修改参数。（　　）

（8）使用函数的一个原因是减少代码重复。（　　）

（9）函数中定义的变量是该函数的局部变量。（　　）

（10）如果定义新的函数使程序更长，那么，这是一个坏主意。（　　）

2. 选择题（在题目的括号内填写正确选项）

（1）程序中使用函数的部分称为（　　）。

A. 用户　　B. 调用者　　C. 被调用者　　D. 语句

（2）Python 函数定义的开头是（　　）。

A. def　　B. define　　C. function　　D. defun

（3）函数可以将输出发送回程序，使用（　　）。

A. return　　B. print　　C. assignment　　D. SASE

（4）正式且实际的参数匹配是按（　　）的。

A. 名称　　B. 位置　　C. ID　　D. 兴趣

（5）以下（　　）“不是”函数调用过程中的一个步骤。

A. 调用程序挂起　　B. 形参被赋予实参的值

C. 函数的主体执行　　D. 控制返回到调用函数之前的点

（6）在 Python 中，实际的参数被（　　）传递给函数。

A. 按值　　B. 按引用　　C. 随机　　D. 按联网

（7）以下（　　）项不是使用函数的原因。

A. 减少代码重复　　B. 使程序更模块化

C. 使程序更好解释　　D. 展示智力优势

（8）如果一个函数返回一个值，它通常应该在（　　）中调用。

A. 表达式　　B. 不同的程序　　C. main　　D. 手机

（9）没有 return 语句的函数返回（　　）。

A. 无　　B. 其参数　　C. 其变量　　D. None

（10）函数可以修改实参的值，如果它是（　　）。

A. 可变的　　B. 列表　　C. 按引用传递的　　D. 变量

3. 讨论

（1）用自己的话描述在程序中定义函数的两个动机。

（2）我们一直将计算机程序看成指令序列，即计算机有条不紊地执行一个指令，然后移动到下一个指令。包含函数的程序是否适合这个模型？请解释你的答案。

（3）参数是定义函数的一个重要概念。

① 参数的目的是什么？

② 形参和实参之间有什么区别？

③ 参数与普通变量在哪些方面类似，哪些方面不同？

（4）函数可以被认为是其他程序中的子程序。与任何其他程序一样，可以将函数看成有输入和输出，与 main 程序通信。

① 程序如何提供“输入”到一个函数？

② 函数如何为程序提供“输出”？

（5）考虑下面这个非常简单的函数：

```
def cube(x):
    answer = x * x * x
    return answer
```

① 这个函数做什么？

② 说明程序如何使用此函数打印 y3 的值，假设 y 是一个变量。

③ 下面是使用这个函数的程序的一个片段：

```
answer = 4
result = cube(3)
print(answer,result)
```

这个片段的输出是 427。解释为什么输出不是 2727，虽然 cube 似乎将 answer 的值改成了 27。

编程训练

1. 实训目的

（1）了解什么是 Python 的函数，以及程序员为什么要将程序分成多组合作的函数。

（2）能够在 Python 中定义新的函数。

（3）理解 Python 中函数调用和参数传递的细节。

（4）利用函数来编程，以减少代码重复并增加程序的模块性。

2. 实训内容与步骤

（1）仔细阅读本章内容，对其中的各个实例进行具体操作实现，从中体会 Python 程序设计，提高 Python 编程能力。如果不能顺利完成，请分析可能的原因是什么。

答：____

____

（2）编写程序。

① 编写程序来打印歌曲“old MacDonald”的歌词。你的程序应该打印五种不同动物的歌词，类似于下面的例子。

old MacDonald had a farm, Ee-igh, Ee-igh, Oh!

And on that farm he had a cow, Ee-igh, Ee-igh, Oh!

With a moo, moo here and a moo, moo there.

Here a moo, there a moo, everywhere a moo, moo.

old MacDonald had a farm, Ee-igh, Ee-igh, Oh!

② 编写函数，给定三边的长度作为参数，计算三角形面积。

③ 列表中有一堆数字，例如 [9, 5, 5, -4, 7, 6, 4, 1, -2, 0, 10, 9, 7]。编写程序，找出其中只出现过一次的数字。

④ 编写函数，参数是个列表，其中都是整数，返回列表的元素是原本的元素加上索引值后的整数。例如，传入 [8, 4, 1, 7]，返回 [8+0, 4+1, 1+2, 7+3]，也就是 [8, 5, 3, 10]。

⑤ 列表中每一个元素都是一条个人信息，例如 [('John', 40, 174, 65), ('Amy', 28, 165, 44), ('Jessie', 32, 158, 45)]，个人信息依序是姓名、年龄、身高、体重。使用内置函数 sorted，按照年龄排序。

⑥ 若列表中的元素是长度为 1 的字符串，而且可重复出现，例如 ['a', 'z', 'a', 'c', 'd', 'e', 'f', 'm', 'f', 'c', 'c']。编写函数，传入此种列表，返回列表的元素（tuple）含有字符串与出现次数，并按照出现次数多寡排序，以此例而言是 [('c', 3), ('a', 2), ('f', 2), ('z', 1), ('d', 1), ('e', 1), ('m', 1)]。

⑦ 编写函数，两个正整数参数 x 与 y，返回 x % y 的运算结果，但不能使用“%”运算符。分别以迭代与递归方式编写。

⑧ 编写函数，参数是一个整数，功能是输出相同数目的“.”，例如传入 3 就应该印出“...”。分别以迭代与递归方式编写。

⑨ 回文数是种对称的数字，例如 11、101、151、484、10201，每个位数按相反顺序重新排列后，结果会和原来的数字一样。编写函数判断参数（正整数）是否为回文数。另外，请计算 n 位数中有几个回文数，例如 2 位数中有 9 个回文数，3 位数中有 90 个，4 位数中有 90 个。

⑩ 有个数学函数 f，定义如下，编写函数计算。

```
f(n) = n                                    如果 n 小于或等于 2
f(n) = f(n-1) + 2 * f(n-2) + 3 * f(n-3)    如果 n 大于或等于 3
```

记录：将你编写的上述程序的源代码另外用纸记录下来，并粘贴在下方：

---------------------------------- 程序设计源代码粘贴于此 ----------------------------------

3. 实训总结

____

____

4. 教师对实训的评价

____

____

第 9 章 模　块

当软件项目越来越大、软件越来越复杂时，若是由团队来开发，就不能把所有程序代码都放在单一源文件里，而需要通过某种规则与机制，分散到许多文件中，这时，自然会产生许多需求，借以管理软件程序代码、划分权责、便于重复使用。实际上，每个程序语言都有一套机制来管理程序，诸如函数库、程序库、模块、包、类库、软件开发框架等，目的就是程序代码重复使用。在 Python 中，这样的机制称为模块（module）与包（package，又称套件），模块被用来组织程序的架构。目前，各种与包相关的文件、工具、标准制定由 Python 包委员会（PyPA）团体负责，包括 Python 包使用者手册等，有兴趣深入了解的读者可以浏览 PyPA 的网站。

模块机制将程序代码依照功能分离，分别放在不同的模块文件里，避免名称冲突。但这还不够，因为之前介绍的模块，其中的名称所指向的对象都是函数、类、整数、列表等，而有时情况更为复杂，需要拥有模块嵌套机制。这种能够“含有子模块的模块”就是包。

与过去不同，现在学习程序设计时，通常需要集中大部分精力在程序库上，熟悉其框架与用法，根据想要开发哪个领域的程序软件，需挑选适合的程序库或开发框架。

9.1 模块的概念

程序语言不会单独存在，而有丰富的程序库对其进行扩展和支撑，例如数学运算、网络连接、3D 绘图、音频处理、机器人控制等。如果没有适当的程序库，在开发时就要辛苦地编写底层程序，而不能专注于真正想要开发的上层软件功能。

当 Python 程序日渐庞大时，需要将程序代码根据功能特色适当分割，供不同领域的开发者选择与使用。Python 的模块可以是 Python，也可以是 C（或其他）语言的程序代码。

9.1.1 模块：独立的 .py 文件

在程序开发过程中，为了编写可维护的代码，开发人员会把函数分组，分别放到不同的文件里，这样，每个文件包含的代码就相对较少。在 Python 中，一个独立的 .py 文件称为一个模块。

模块编写完毕后，可以在其他程序代码段中引用（程序复用）。我们在编写程序时可以引用 Python 内置的模块、自定义的模块和来自第三方的模块。

使用模块还可以避免函数名和变量名的冲突。相同名字的函数和变量可以分别存在于不同的模块中，因此编写模块时不必考虑名字会与其他模块冲突。但是，模块名要遵循 Python 变量命名规范，注意名字不要与内置函数名字冲突。

9.1.2 包：按目录组织模块

一些较大规模的程序设计工作通常是团队合作的成果。为了避免合作中可能造成的模块名冲突，Python 引入了按目录来组织模块的方法，称为包（Package）。

例如，abc.py 文件就是一个名字为 abc 的模块，xyz.py 文件就是一个名字为 xyz 的模块。现在假设 abc 和 xyz 这两个模块名字与其他模块冲突了，于是，可以通过包来组织模块，避免冲突。方法是选择一个顶层包名，比如 mycompany，按照目录存放（见图 9-1）。

引入包以后，只要顶层包的名字不与别人冲突，那所有模块都不会与别人冲突。现在，abc.py 模块的名字就变成了 mycompany.abc，类似的，xyz.py 的模块名变成了 mycompany.xyz。

每一个包目录下面都必须存在一个 _ _init_ _.py 文件，否则 Python 会把这个目录当成普通目录。_ _init_ _.py 可以是空文件，也可以有 Python 代码，因为 _ _init_ _.py 本身就是一个模块，而它的模块名就是 mycompany。

类似的，可以有多级目录，组成多级层次的包结构（见图 9-2）。文件 www.py 的模块名就是 mycompany.web.www，两个文件 utils.py 的模块名分别是 mycompany.utils 和 mycompany.web.utils。

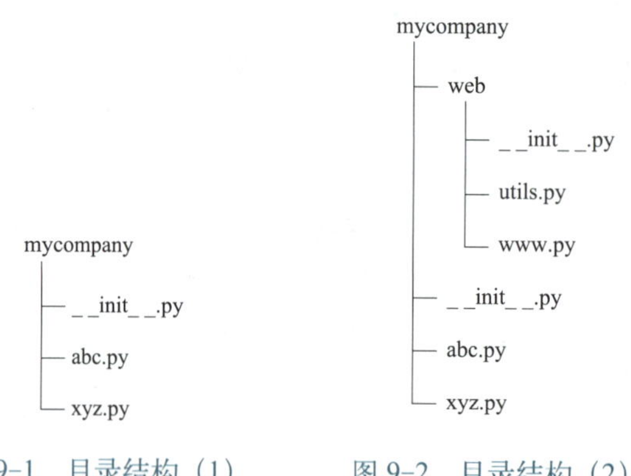

图 9-1　目录结构（1）　　图 9-2　目录结构（2）

自己创建模块时，要注意命名不能和 Python 自带的模块名称冲突。例如，系统自带了 sys 模块，自己的模块就不可命名为 sys.py，否则将无法导入系统自带的 sys 模块。

9.2 使用模块

一个 Python 程序可以由一个或多个模块组成，不管是语句（def、for、赋值）还是表达式（运算符、函数调用、列表生成式），都必须放在模块里。Python 解释器执行时，也是以模块为执行单位，当想使用别的模块文件里定义的函数、类型、常数时，须以语句 import 来读入，基本语法如下：

```
import 模块名
```

9.2.1 读入模块

下面以两个文件为例，一个是主程序文件，一个是模块文件，主程序文件会读入模块文件，使用其中定义的对象。

【程序实例 9-1】主程序文件。

```
# myhello.py
a = 26
b = 16

import mymath                                            # 读入模块

def main():
    print('Hello Python')
    print('pi is ' + str(mymath.pi))        # 使用
    print('gcd(%d, %d) is %d' % (a, b, mymath.gcd(a, b)))
    print('factorial(%d) is %d' % (6, mymath.factorial(6)))
    print('Bye Python')

if __name__ == '__main__':
    print('%s as main program' % __name__)
    print('mymath.__name__ is %s ' % mymath.__name__)
    main()
```

【程序实例 9-2】模块文件。

```
# mymath.py
pi = 3.14

def gcd(a, b):
    while b:
        a, b = b, a%b
    return a

def factorial(n):
    result = 1
    for i in range(1, n+1):
        result *= i
    return result

if __name__ == '__main__':
    print('%s as main program' % __name__)
```

不管是哪一个文件，对 Python 解释器来说都是模块。主程序文件是整个程序的入口，所以也称主模块文件。每个模块都有个名为 "__name__" 的属性项，存放着代表模块名的字符串，主模块的 __name__ 会是 '__main__'，而其他模块的 __name__ 是该模块文件的主文件名。

运行结果：在命令行下达指令“python myhello.py”。

```
$ python myhello.py
__main__ as main program
mymath.__name__ is mymath
Hello Python
```

```
pi is 3.14
gcd(26, 16) is 2
factorial(6) is 720
Bye Python
```

命令中的 myhello.py 是主程序文件，Python 解释器为它建立模块（也是对象），其命名空间成为全局命名空间，串联的内置命名空间成为当前环境，在此环境里执行语句，所以之后的赋值语句与 def 语句，会在当前环境里产生名称 a、b、main 并指向相对应的对象。

执行语句“import mymath”时，解释器先寻找名为 mymath 的模块文件（扩展名不一定是 .py），找到后载入并初始化，同样建立模块对象，此模块的命名空间成为 mymath.py 程序代码的全局命名空间，在此环境里面执行 mymath.py 的语句，所以在全局范围里建立的名称 pi、gcd、factorial 被放进全局命名空间里，也就是该模块的命名空间；该模块的 _ _name_ _ 是 'mymath'、不是 '_ _main_ _'，所以 mymath.py 的 if 语句为假、不会执行。

成功载入模块后，回到 myhello.py 的语句“import mymath”，此语句因处于全局范围，所以在全局命名空间里产生名称 mymath，指向刚刚载入的模块对象。

然后，因为主模块的 _ _name_ _ 是 '_ _main_ _'，所以 if 语句为真，进入执行，执行 print 输出一些信息，接着调用函数 main，通过名称 mymath（指向模块对象）存取该模块的属性项，也就是该模块命名空间里的各个名称与其指向的对象，于是便能调用 mymath.pi 指向的 int 对象，调用 mymath.gcd 与 mymath.factorial 指向的函数对象。

若下达指令“python mymath.py”，流程同上，Python 解释器把 mymath.py 当作主程序文件建立模块对象，并把它的属性项 _ _name_ _ 设为 '_ _main_ _'，它的命名空间成为全局命名空间，在此环境下执行程序语句，建立对象并指派给名称 pi、gcd、factorial，然后执行 if 语句为真，输出一些信息后结束。

```
$ python mymath.py
_ _main_ _ as main program
```

9.2.2 自定义模块

下面这个简单例子有两个文件，一个是主程序文件，一个是模块文件，把这两个文件放在同一个目录里。模块文件（mymath.py）里有浮点数 pi、函数 gcd（计算两个整数的最大公因数）、函数 factorial（阶乘）。

【程序实例 9-3】模块文件。

```
# mymath.py
pi = 3.14

def gcd(a, b):                        # 最大公约数
    while b:
        a, b = b, a%b
    return a

def factorial(n):                     # n 阶乘等于 1 * 2 * 3 * ... * n
```

```
    result = 1
    for i in range(1, n+1):
            result *= i
    return result
```

在主程序文件（myhello.py）里使用“import mymath”读入模块，不要加扩展名.py。读入后，名称 mymath 指向刚刚读入的模块。模块在 Python 里也是个对象，类型是 module。

【程序实例 9–4】主程序文件。

```
# myhello.py
import mymath

print('---Hello Python---')
print('pi is ' + str(mymath.pi))
print('gcd of 24 and 16 is ' + str(mymath.gcd(24, 16)))
print('factorial of 6 is ' + str(mymath.factorial(6)))
print('---Bye Python---')
```

在 myhello.py 里使用“import mymath”的作用就如执行 mymath.py 一样，只不过执行后得到的名称会被放入模块对象里，因为 Python 模块对象有命名空间的功能，也就是说可存放东西（名称）；读入后，可以使用“模块名 . 名称”的语法存取模块里的名称（及其所指向的对象）。

9.2.3 标准程序库模块

除了 Python 语言的实例，Python 的模块也可以使用其他语言来开发，例如 CPython 的标准程序库模块就采用了 C 语言实例。

在模块 keyword 里，列表 kwlist 含有 Python 的保留字，而函数 iskeyword 可判定某字符串是否为保留字。

```
>>> import keyword                    # 读入模块 keyword
>>> keyword.kwlist                    # 含有所有保留字的列表
['False', 'None', 'True', 'and', 'as', 'assert', 'break', 'class',
'co ntinue', 'def', 'del', 'elif', 'else', 'except', 'finally', 'for', 'fr
om', 'global', 'if', 'import', 'in', 'is', 'lambda', 'nonlocal', 'not' ,
'or', 'pass', 'raise', 'return', 'try', 'while', 'with', 'yield']
>>> len(keyword.kwlist)               # 有 33 个保留字
33
>>> keyword.iskeyword('import')       # import 是保留字
True
>>> keyword.iskeyword('a')            # a 不是保留字
False
```

有个模块含有 Python 全部的内置名称，包括函数、常数、异常等，而且已默认读入，名称是 _ _builtins_ _，调用内置函数 dir 可列出模块内容。

```
>>> _ _builtins_ _
<module 'builtins' (built-in)>
>>> dir(_ _builtins_ _)               # 使用内置函数 dir 可列出模块内容
```

```
['ArithmeticError', 'AssertionError', 'AttributeError', 'BaseException'
... 省略 ...
'visionError', '_', '_ _build_class_ _', '_ _debug_ _', '_ _doc_ _', '_ _impor'
... 省略 ...
'property', 'quit', 'range', 'repr', 'reversed', 'round', 'set',
'se tattr', 'slice', 'sorted', 'staticmethod', 'str', 'sum', 'super',
'tup le', 'type', 'vars', 'zip']
```

模块 math 里含有各种常用的数学函数，诸如 sqrt(x) 计算平方根、pow(x, y) 计算 x 的 y 次方、log10(x) 求出 x 的对数（底为 10）、sin(x) 与 tan(x) 等三角函数、pi 与 e 等数学常数。

```
>>> import math
>>> math.pi, math.e                          # 数学常数 pi 与 e
(3.141592653589793, 2.718281828459045)
>>> math.factorial(6)                        # 阶乘
720
>>> math.log10(1000), math.log10(99)         # 对数（底为 10）
(3.0, 1.99563519459755)
>>> math.log(math.e), math.log(1)            # 自然对数
(1.0, 0.0)
>>> math.log(32, 2), math.log(1024, 2)       # 对数（底为 2）
(5.0, 10.0)
>>> math.sqrt(9), math.sqrt(2)               # 平方根
(3.0, 1.4142135623730951)
>>> math.sin(math.radians(90))               # 三角函数
1.0
```

模块 random 与随机数相关，提供各种产生随机数的函数。

```
>>> import random
>>> random.seed()                      # 读入模块时也会自动初始化
>>> random.random()                    # 从 0 到 1（不含）随机选出随机数（浮点数）
0.7700810990667997
>>> random.randint(1, 7)               # 从 1 到 6 随机选出随机数（整数），
3                                      # 模拟骰子
>>> random.uniform(0.1, 0.5)           # 从 0.1 到 0.5 随机选出随机数（浮点数）
0.24932535276146434
>>> li = [2, 99, 132, 44, 0.1]
>>> random.choice(li)                  # 从列表 li 中随机选出一个元素
99
>>> random.shuffle(li)                 # 打乱 li 的内容
>>> li
[2, 44, 0.1, 99, 132]
>>> random.choice(range(2, 20, 2)) # 从指定的范围内随机选出一个
12
```

不过，Python 的模块 random 提供的是虚拟随机数（或称伪随机数），不可用于密码、加密、安全等方面。这种随机数若了解其机制与规则，便能得知将会产生哪个随机数。当执行上面的程

序代码时，将会得到与此处举例不同的随机数值，这是因为“random.seed()”默认情况下会以系统时间作为随机数种子进行初始化，既然种子不同，那么后续得到的随机数也会不同，但若每次都给定相同的种子，就会得到相同的随机数。

```
>>> import random
>>> random.seed(333)                       # 输入某个东西作为种子
>>> random.random()
0.5548354562432166                         # 读者应该也会得到此随机数值,
>>> random.random()
0.3531347454768303                         # 如果使用与作者相同的 Python 实例
```

9.2.4 搜索模块

读入模块时，Python 会到模块搜寻路径（sys.path）逐一寻找，在启动 Python 解释器时，会从多个设定来源组成这个列表，包括当前目录、环境变数 PYTHONPATH、标准程序库目录、.pth 档的内容、第三方程序库安装目录 site-packages。

要注意的是，Python 解释器会“按照顺序”逐一寻找，所以，若两个模块同名、放在不同的路径，那么只会载入先找到的模块。

9.3 使用内置模块

Python 内置了许多非常有用的模块，无须额外安装和配置即可直接使用。

【程序实例 9-5】用内置 sys 模块编写一个 hello 模块。

```
# hello.py
#!/usr/bin/env python3
# -*- coding: utf-8 -*-

' 一个测试模块 '

_ _author_ _ = 'Michael Liao'

import sys

def test():
    args = sys.argv
    if len(args)==1:
        print('Hello, world!')
    elif len(args)==2:
        print('Hello, %s!' % args[1])
    else:
        print('Too many arguments!')

if _ _name__=='_ _main_ _':
    test()
```

程序分析：

第 1 行和第 2 行是标准注释，第 1 行注释可以让这个 hello.py 文件直接在 UNIX/Linux/Mac 上运行，第 2 行注释表示 .py 文件本身使用标准 UTF-8 编码。

第 4 行是一个字符串，表示模块的文档注释，任何模块代码的第一个字符串都被视为模块的文档注释。

第 6 行使用 __author__ 变量把作者写进去。

以上就是 Python 模块的标准文件模板，当然也可以全部删掉不写，但是，按标准做通常是有益的。后面开始就是真正的代码部分。

使用 sys 模块的第一步，就是导入该模块：

```
import sys
```

sys 模块导入后，就有了变量 sys 指向该模块，利用这个变量可以访问 sys 模块的所有功能。

9.4 读入模块：import 与 from

以语句 import 读入模块时，Python 解释器会到模块搜寻路径里去找，模块搜寻路径被放在 sys.path 这个列表里。

```
>>> import sys                    # 这是 Windows 版的 CPython
>>> sys.path                      # 空字符串"''"代表目前路径
['', 'C:\\WINDOWS\\system32\\python34.zip', 'C:\\Python34\\DLLs', 'C:\
\Python34\\lib', 'C:\\Python34', 'C:\\Python34\\lib\\site-packages']
```

Python 的模块会以不同的文件格式出现。例如，在 Windows 上可能会是 DLL 文档，在 Linux 上可能是 .so 文档，在 JVM 上可能是 Java 类型文档。所以，Python 模块的扩展名不一定是 .py，有些模块甚至已经直接与 Python 解释器合并在一起。因此，以语句 import 读入模块时，模块名称不要加 .py 后缀。

以“import mymath”为例，Python 解释器到模块搜寻路径去寻找，首先到“''”去寻找，空字符串代表目前路径，也就是主程序文件所在的路径，找到了 mymath.py；因为已完成开发的模块通常需要反复读入，为了加速执行速度，Python 解释器会先对模块作编译动作转成字节码，然后才读入，所以会产生新目录 __pycache__ 来存放。下次执行程序读入模块时，若原始模块文档的日期时间比已编译模块文件还新，便会重新编译再载入，否则就直接从 __pycache__ 目录中载入已编译模块文档，加快执行速度。

找到模块文件后就执行其内容、建立模块对象，之后在执行 import 语句的范围里产生名称，指向该模块对象。所以，若是在函数（局部）范围里执行 import，模块的名称也只会存在于局部范围（命名空间）里，外界无法存取该名称。

```
def main():
    import sys                    # 指向模块的名称 sys，存在于函数的局部范围内
    print(sys.path)
main()                            # 可正常执行
print(sys.path)                   # 错误，找不到名称 sys
```

至此，读者应该很清楚了，所谓读入模块，就是要求 Python 解释器去执行另一个 Python 程序文件，建立对象、指派名称、把名称放在模块的命名空间里；然后得到模块对象并给予名称，然后便可通过该名称来使用模块，存取模块里的内容。

语句 import 尚有很多变化，各有其用。

9.4.1 import/as

当模块名很长时，例如 Python 标准程序库里的模块 random，若每次都要输入“random”，有人会觉得麻烦，在 import 语句后加上 as 子句，便可定义简短的新名称。

```
import 模块名 as 短名称
```

例如：

```
import random as r                          # 读入模块 random，指派给名称 r

print(r.randint(1, 6))                      # 从 1 到 6（骰子）中随机挑一个
print(r.choice(['a', 'b', 'c']))    # 从列表中随机挑出一个
ri = r.randint                              # 也可以建立新名称 ri
print(ri(1, 6))                             # 从 1 到 6（骰子）中随机挑一个
```

9.4.2 from/import

有些人不喜欢“模块名 . 属性项名”这样的语法，若使用 from/import 语句，可以直接读入属性项（名称与指向的对象），当你只需要模块里少数几个函数时，特别好用。

```
from 模块名 import 名称
from 模块名 import 名称 as 短名称
```

例如：

```
from random import randint          # 产生名称 randint，指向模块 random
print(randint(1, 6))                # 里的函数 randint
from random import randint as ri    # 短名称
ri print(ri(1, 6))

# print(random.randint(1, 6))       # 若执行会出错，因为找不到名称
random import random                # 产生名称 random，指向模块对象
print(random.randint(1, 6))         # ok

print(ri is randint)                # True，不同名称指向同一个对象（函数）
print(ri is random.randint)         # True
```

虽然上面实例看起来好像会读入模块 random 好几次，但实际上 Python 解释器只会载入一次并记着，供后续读入语句（不管是 import 还是 from）使用。此实例的重点在于，当执行“from random import randint”时，虽然模块 random 已被读入，但在程序里只建立了名称 randint 指向 random.randint，因为并没有指向模块 random 的名称，所以无法使用。

模块是 Python 程序的基本单位。“from 模块名 import 名称”看起来好像只读入了某个名称，但实际上，会载入整个模块，然后才根据 from/import 语句产生名称指向相对应的对象。

9.4.3 import *

from/import 还可使用星号“*”，代表读入该模块内全部的属性项（名称与指向的对象）。其实作用就跟明确指定名称时一样，只不过现在由 Python 解释器代劳，读入模块内全部的名称。

```
from 模块名 import *
```

例如：

```
from random import *                    # 读入全部
print(randint(1, 6))                    # 直接使用
print(choice(['a', 'b', 'c']))
print(random())                         # 名称 random 指向函数对象
print(random.randint(1, 6))             # 出错，random 并非模块
```

“import *”并非好的写法，因为会读入全部的名称，容易与程序内的名称冲突。当需要读入多个模块时，不同模块可能使用相同的名称，更容易发生冲突，难以管理。

```
choice = [1, 2, 3, 4, 5, 6]             # 名称 choice、指向 list 对象
from random import *                    # 读入，模块 random 里也有 choice（函数）
print(choice(['a', 'b', 'c']))          # 现在名称 choice 指向函数了
```

一般建议是把 import 语句放在最外层、放在程序文件最前面，这样一看便知用了哪些模块。

编写模块时，可运用两种方式控制“import *”会读入哪些名称，第一种方式是在名称前冠上下画线“_”，这种名称不会被“import *”读入。假设有个模块文件如下：

【程序实例 9–6】名称前冠上下画线“_”。

```
# mymath2.py
_x = 'xxx'                     # 有下画线"_"
_y = 3                         # 有下画线"_"
pi = 3.14
def gcd(a, b): pass
def factorial(n): pass
def _z(): pass          # 有下画线"_"
```

那么，当主程序文件以“import *”读入时，主程序里只会有名称 pi、gcd、factorial。注意，载入模块后，模块对象里仍有 _x、_y、_z 这些名称，同样会指向相对应的对象，只不过主程序里并未读入罢了，所以若主程序文件以“import mymath2”读入，仍然能以“mymath2._ x”存取，若以“from mymath2 import _x”读入，仍然能以“_x”存取。换句话说，Python 模块并没有“私有”名称这回事，但根据良好惯例，使用方不应使用这些名称（与指向的对象）。

第二种方式是在模块文件里以名为 __all__ 的列表，明确列出可被“import *”读入的名称。

【程序实例 9–7】__all__ 的列表。

```
# mymath3.py
__all__ = ['pi', 'gcd', 'factorial']    # 以__all__列表指定
x = 'xxx'
y = 3
pi = 3.14
```

```
def gcd(a, b): pass
def factorial(n): pass
def z(): pass
```

当主程序文件以“import *”读入时，就只会读入 __all__ 里的名称 pi、gcd、factorial。同样的，模块里还是有 x、y、z，只不过不会被“import *”读入罢了，仍然能以其他语法“import mymath3”“from mymath import x”读入。

9.4.4 内置函数 dir

内置函数 dir，参数是对象，返回该对象的属性项。所以，若传入模块对象，则会返回该模块内的名称。

```
>>> import sys
>>> dir(sys)                    # 传入模块 sys
... 省略 ...

>>> dir(len)                    # 传入内置函数 len
... 省略 ...

>>> dir()                       # 若无参数，列出当前命名空间里的名称
... 省略 ...
```

9.5 第三方模块

所谓“第三方”，通常指的是间接关系。Python 拥有极为丰富的模块，除了标准程序库里的模块，还有很多第三方模块可供运用，为此必须制定一套标准，开发方与使用方共同遵守，才能轻松分享、发布、使用模块。

以智能手机的 App 为例，开发者须根据一套格式与架构，将其 App 包装好成为独立的软件套件，上架到软件商店，例如 iOS 的 App Store 与 Android 的 Google Play，然后使用者通过各种形式下载与安装。

Python 也有建立、包装、发布、下载、安装 / 移除软件包的机制，统称包管理系统。所有在 Python 环境中应用的第三方模块，例如 Pillow、MySQL 驱动程序、Web 框架 Flask、科学计算 Numpy 等，基本上都会在 Python 官方的 pypi.python.org 网站注册，只要找到对应的模块名字，即可通过 Python 包管理工具 pip 下载和安装。

习 题

1. 判断题（在题目右侧的括号内填写“√”或“×”）

（1）由于存储技术的发展，如今的程序语言通常都是单独大程序运行。 （ ）

（2）如果没有适当的程序库做支撑，例如数学运算、网络连接、3D 绘图、音频处理、机器人控制等，人们就不能专注于真正想要开发的上层软件功能。 （ ）

（3）Python 的模块可以是 Python，也可以是 C（或其他）语言的程序代码。 （ ）

（4）在程序开发过程中，为了编写可维护的代码，把很多函数分组，分别放到不同的文件里，一个独立的 .py 文件称为一个模块。 （ ）

（5）模块编写完毕后可以在其他地方引用（程序复用），但是，不能引用来自第三方模块。（ ）

（6）编写模块时无须避免函数名和变量名的冲突。 （ ）

（7）Python 引入了按目录来组织模块的方法，称为包。 （ ）

（8）每一个包目录下面都必须存在一个 __init__.py 文件，否则 Python 会把这个目录当成普通目录。 （ ）

（9）__init__.py 本身就是一个模块，不可以是空文件。 （ ）

（10）当需要使用别的模块文件里定义的函数、类型、常数时，须以语句 import 来读入。（ ）

（11）Python 内置了许多非常有用的模块，无须额外安装和配置即可直接使用。 （ ）

2. 选择题（在题目的括号内填写正确选项）

（1）在 Python 中，程序代码重复使用这样的机制叫（ ）与包，它被用来组织程序的架构。

A. 模块　　B. 小程序
C. 微程序　　D. 线程

（2）如今的程序语言通常不能单独存在，必须要有丰富的（ ）在背后支撑，例如数学运算、网络连接、3D 绘图、音频处理、机器人控制等。

A. 进程组　　B. 线程组
C. 程序库　　D. 数据库

（3）在 Python 中，一个独立的 .py 文件称为是一个（ ）。

A. 进程　　B. 模块
C. 线程　　D. 程序

（4）一些较大规模的程序设计工作通常是团队合作的成果，为了避免合作中可能造成的模块名冲突，Python 引入了按目录来组织模块的方法，称为（ ）。

A. File　　B. DIR
C. Path　　D. Package

（5）自己创建模块时，要注意命名不能和 Python 自带的模块名称冲突。例如，（ ）。

A. sys.py　　B. abc.py
C. a123.py　　D. Anfang.py

（6）一个 Python 程序可由好几个模块组成，当想使用别的模块文件里定义的函数、类型、常数时，须以语句（ ）来读入。

A. append　　B. import　　C. Open　　D. add

（7）对 Python 解释器来说，主程序文件是整个程序的入口，每个模块都有个名为（ ）的属性项，存放着代表模块名的字符串。

A. name　　B. __first__　　C. __begin__　　D. __name__

（8）Python 的模块不一定是 Python 语言的实例，也可以使用其他语言来开发，例如（　　）的标准程序库模块采用 C 语言实例。

A. C　　B. C++　　C. CPython　　D. C#

（9）在 Python 中，模块（　　）math 里含有各种常用的数学函数，诸如 sqrt(x) 计算平方根、pow(x, y) 计算 x 的 y 次方、log10(x) 求出 x 的对数（底为 10）、sin(x) 与 tan(x) 等三角函数、pi 与 e 等数学常数。

A. math　　B. main　　C. function　　D. mathematics

（10）读入模块时，Python 会到模块搜寻路径，包括当前目录、环境变数 PYTHONPATH、标准程序库目录、.pth 档的内容、第三方程序库安装目录 site-packages，（　　）寻找。

A. 按照逆序　　B. 按照顺序

C. 随机　　D. 重复

（11）Python 的模块会以不同的文件格式出现，其扩展名不一定是 .py，在以语句（　　）import 读入时，其后面跟着的模块名不要加 .py。

A. append　　B. input　　C. add　　D. import

（12）Python 有建立、包装、发布、下载、安装 / 移除软件包的机制，统称（　　）管理系统。

A. 数据库　　B. 程序　　C. 包　　D. 模块

3. 讨论

（1）删除 Python 包中的 __init__.py 后试着读入，会产生什么错误信息？

（2）请解释“from xyz import abc”与“from .import abc”有何不同。

（3）建立模块文件，开启 Python 解释器，试着在互动模式读入该模块文件。

（4）是否有只能使用 import 而不能使用 from 的情况？

（5）含有 __main__.py 文档的目录可被视为一个程序，请试试看。该目录若以 ZIP 压缩成为一个档，也可被视为一个程序。

编程训练

1. 实训目的

（1）理解模块的概念以及如何用它们来简化编程。

（2）了解内置模块的调用方法和在程序设计中的应用方法。

（3）了解第三方模块的调用方法和在程序设计中的应用方法。

（4）了解 Python 内置模块与第三方模块的区别。

2. 实训内容与步骤

仔细阅读本章内容，对其中的各个实例进行具体操作实现，从中体会 Python 程序设计，提高 Python 编程能力。如果不能顺利完成，请分析可能的原因是什么。

答：____

____

3. 实训总结

____

____

____

____

4. 教师对实训的评价

____

____

第 10 章 面向对象编程

在本章中我们来学习面向对象编程（Object-Oriented Programming，OOP）的一些重要概念。

对象是结合了数据和操作的计算实体，包括相关数据的集合以及该数据的一系列操作。对象的数据存储在实例变量中并通过方法进行操作。每个对象都是某个类的一个实例。类定义确定了对象的属性是什么，对象将具有什么方法。通过调用构造函数方法创建实例，可以通过编写合适的类定义来创建新类型的对象。

10.1 面向对象编程的概念

此前，我们一直在使用 Python 内置的数字和字符串数据类型来编写程序。每个数据类型可以表示一组特定的值，并且每个数据类型都有一组相关的操作。从传统的计算视角出发，我们将数据视为一些被动实体，通过主动操作来控制和组合它们。为了进一步构建复杂系统，我们需要采用更丰富的视角来看待数据和操作之间的关系。

面向对象程序设计（Object Oriented Programming，OOP）是一种计算机编程架构，它的一条基本原则是计算机程序由单个能够起到子程序作用的单元或对象组合而成。如今，大多数现代计算机程序是用“面向对象”方法构建的，其中的核心概念是类和对象。

“以对象为基础”的程序设计方式起源于 20 世纪 60 年代末期的 Simula 语言，经过多年发展研究，例如 Smalltalk、C++、Java，逐步发展出面向对象的三大基本概念：封装、继承和多态，都围绕着控制大型软件程序的复杂性、程序代码重复使用、稳定且易于维护修改等要求。我们真正想要的是在开发软件时，能够控制程序代码的复杂性，编写出稳定的程序，易于维护和修改，又希望能够重复使用。面向对象程序设计方法是尽可能模拟人类的思维方式，使得软件的开发方法与过程尽可能接近人类认识世界，解决现实问题的方法和过程，也即使得描述问题的问题空间与问题的解决方案空间在结构上尽可能一致，把客观世界中的实体抽象为问题域中的对象。

10.2 定义类与对象

面向过程程序设计把程序视为一组过程（模块、函数）的集合，每个过程都可以接收并处理其他过程发出的消息，程序的执行就是一系列消息在各个过程之间的加工和传递。

面向对象程序设计则是以对象为核心，把对象作为程序的基本单元，对象包含了数据和操作数据的函数。为了简化程序设计，面向对象过程把函数继续切分为子函数来降低系统的复杂度。换句话说，是将“对象”定义为一种主动的数据类型，它知道一些事情并可以做一些事情。

10.2.1 定义对象

一个对象包括：

（1）一组相关的信息。

（2）操作这些信息的一组操作（又称“方法”）。

信息存储在对象的“实例变量”中，操作是“存在”于对象中的函数，实例变量和操作一起称为对象的“属性”。

事实上，Python 中的所有数据类型都可以视为对象，当然也可以自定义对象。自定义的对象数据类型就是面向对象中类（class）的概念。

我们以一个处理学生成绩表的例子来说明面向对象的程序流程。面向对象程序设计首先考虑 Student 这种数据类型应该被视为一个对象，这个对象拥有 name 和 score 这两个属性。如果要打印一个学生的成绩，首先必须创建出这个学生对应的对象的实例，然后给该对象实例发一个 print_score 消息，让对象实例自己把数据打印出来。

```
class Student(object):
    def __init__(self, name, score):
        self.name = name
        self.score = score

    def print_score(self):
        print('%s: %s' % (self.name, self.score))
```

给对象发消息实际上就是调用对象对应的关联函数（方法）。面向对象程序以如下形式实现：

```
ming = Student('xiaoming', 59)
fang = Student('xiaofang', 87)
ming.print_score()
fang.print_score()
```

10.2.2 定义类

类是对现实世界的抽象，包括表示静态属性的数据和对数据的操作，对象是类的实例化。对象间通过消息传递相互通信，来模拟现实世界中不同实体间的联系。

以 Python 的 class 语句来自行定义类，其语法如下：

```
class 类名 ( 父类 , ...):
   语句
```

下面则是最简单的类定义：

```
class MyClass():
    pass
```

首先以关键字 class 开头，之后是新类名称，后面括号内可放进此类欲继承的父类，然后是冒号“:”，之后跟着众多程序语句，此例除了 pass 语句，其他什么都没有。

我们知道在 Python 里所有东西都是对象，整数、浮点数、列表是对象，甚至模块、函数、类也是对象，所以上面的类定义将会产生出类对象。既然是对象，也就具有命名空间的功能，可放入名称指向各种其他对象，称为属性项。

```
>>> class MyClass():                    # 类定义
...     pass
...
>>> MyClass                             # 名称 MyClass 指向类型为 class 的对象
<class '_ _main_ _.MyClass'>
>>> MyClass.pi = 3.14                   # 具有命名空间的功能
>>> MyClass.pi                          # 属性项 pi 指向整数对象 3.14
3.14
>>> def foo(): print('hello')
...
>>> MyClass.bar = foo                   # MyClass 属性项 bar 指向函数对象
>>> MyClass.bar
<function foo at 0x00C73228>
```

不过，我们通常会以 class 语句定义新的类，定义时便决定好其中含有的数据成员与方法界面，然后以之作为样板建立许多对象。

例如，让我们定义银行账户类：

```
class BankAccount():                    # 定义类
    def _ _init_ _(self):               # 初始化
        self.balance = 0                # 建立名称 balance，代表余额
    def deposit(self, amount):          # 存款
        self.balance += amount
    def withdraw(self, amount):         # 提款
        self.balance -= amount
    def get_balance(self):              # 显示余额
        return self.balance

ac0 = BankAccount()                     # 构造函数，建立银行账户对象
print(ac0.balance)                      # 直接存取余额
ac0.deposit(100)                        # 存款 100
ac0.withdraw(30)                        # 提款 30
print(ac0.get_balance())                # 透过方法得到余额
ac1 = BankAccount()                     # 建立另一个银行账户对象
ac1.deposit(1000)
print(ac1.get_balance())
```

建立实例后，便可通过类定义中的方法来存取，例如 deposit 代表存款、withdraw 代表提款。严格说来，deposit 与 withdraw 只是函数而已，但使用“实例 . 方法 (参数)”的语法时，Python

解释器会转成"函数(实例,参数)"的形式,为此,我们在定义方法时,第一个参数 self 是特别的,代表实例对象本身,而在执行方法时,便是通过 self 来存取该实例对象里的属性项,也就是各种数据(例如账户余额)与其他方法。对象的属性通过点符号访问。

Python 中,类中方法定义的第一个参数始终是 self,表示引用方法的对象自身。

```
>>> class MyClass():                    # 类定义
...     def __init__(self):             # __init__函数是内置方法
...         self.x = 3
...     def foo(self):
...         self.x += 1
...         print(self.x)
...     def bar(abc):
...         abc.x -= 1
...         print(abc.x)
...
>>> c = MyClass()                       # 建立实例
>>> c.foo()                             # 调用方法
4
>>> MyClass.foo(c)                      # 调用函数
5
>>> c.bar(c)                            # 调用函数
4
```

在上面的例子中,若是 c.foo() 的语法,我们会把 foo 当作方法,若是 MyClass.foo(c) 的语法,则把 foo 当作函数,其实没什么不同,方法就是作为类属性项的函数,而"实体.方法(参数)"的语法更为直观方便。

10.2.3 建立对象

面向对象的设计思想是抽象出类,根据类创建实例。面向对象的抽象程度比函数要高,因为类既包含数据又包含操作数据的方法。

面向对象最重要的概念就是类和实例,必须牢记类是抽象的模板,实例是根据类创建出来的一个个具体的"对象",每个对象拥有相同的方法,但各自的数据可能不同。

仍以 Student 类为例,在 Python 中,定义类是通过 class 关键字:

```
class Student(object):
    pass
```

class 后面紧接着的是类名,即 Student,类名通常是大写开头的单词;紧接着是 (object),表示该类是从哪个类继承下来的。通常,如果没有合适的继承类,就使用 object 类,这是所有类最终都会继承的类。

定义好了 Student 类,就可以根据 Student 类创建出 Student 的实例,创建实例是通过"类名+()"实现的:

```
>>> ming = Student()
>>> ming
```

```
<_ _main_ _.Student object at 0x10a67a590>
>>> Student
<class '_ _main_ _.Student'>
```

可以看到，变量 ming 指向的就是一个 Student 的实例，后面的 0x10a67a590 是内存地址，每个 object 的地址都不一样，而 Student 本身则是一个类。

可以自由地给一个实例变量绑定属性，比如，给实例 ming 绑定一个 name 属性：

```
>>> ming.name = 'Bart Simpson'
>>> ming.name
'xiaoming'
```

由于类可以起到模板的作用，因此，可以在创建实例的时候，把一些我们认为必须绑定的属性填写进去。通过定义一个特殊的 _ _init_ _ 方法（前后分别有两个下画线），在创建实例的时候，需要同时绑定 name、score 等属性：

```
class Student(object):
    def _ _init_ _(self, name, score):
        self.name = name
        self.score = score
```

_ _init_ _ 方法的第一个参数永远是 self，表示创建的实例本身，因此，在 _ _init_ _ 方法内部，就可以把各种属性绑定到 self，self 就指向创建的实例本身。

有了 _ _init_ _ 方法，在创建实例的时候，就不能传入空的参数了，必须传入与 _ _init_ _ 方法匹配的参数，但 self 不需要传，Python 解释器自己会把实例变量传进去：

```
>>> ming = Student('xiaoming', 59)
>>> ming.name
'xiaoming'
>>> ming.score
59
```

和普通的函数相比，在类中定义的函数只有一点不同，就是第一个参数永远是实例变量 self，并且调用时不用传递该参数。除此之外，类的方法和普通函数没有区别，仍然可以用默认参数、可变参数、关键字参数和命名关键字参数。

10.3 构造函数与初始化

建立实例时，大致上可分为两个阶段，首先由 Python 解释器配置存储器空间、设置基本的实例对象，然后会调用名为 _ _init_ _ 的方法，由它进行实例对象的初始化。因为我们通常不会去涉及第一阶段的行为，所以往往直接称呼 _ _init_ _ 为构造函数。_ _init_ _ 的主要工作就是建立实例应该含有的数据，即“第一次指派”，在实例对象里产生名称，指向初始值（对象）。

```
class Person():
    def _ _init_ _(self, name, age, height, weight):
        self.name = name
```

```
        self.age = age
        self.height = height
        self.weight = weight

# p1 = Person()                       # 错误，参数不足
p2 = Person('John', 22, 170, 60)    # 建立实例
p3 = Person('Amy', 17, 160, 42)     # 建立另一个实例
```

每个实例各自独立，都拥有它自己的命名空间，只要在 _ _init_ _ 里进行指派动作，便能产生存在于实例里的名称（指向其他对象），例如上例中会有 name、age、height、weight；p2 含有 name，p3 也有它自己的 name；但因为 p2 与 p3 的类别都是 Person，所以拥有相同的接口。

10.4 类的方法

方法是实例对象的接口，外界通过方法来存取实例，是实例与外界沟通的管道。

下面以 Book 类为例，介绍类的方法。实例存储了三个数据：书名 title、定价 cover_price、折扣 discount，然后定义各种存取方法。在 class 语句里定义的名称，如 set_discount、get_price 等，都成为该类的属性项，若是函数，将会成为实例对象的方法。

```
class Book():
    def _ _init_ _(self, title, cover_price, discount=1.0):
        self.title = title
        self.cover_price = cover_price
        self.discount = discount
    def get_title(self): return self.title
    def get_cover_price(self): return self.cover_price
    def get_discount(self): return self.discount
    def set_discount(self, discount): self.discount = discount
    def get_price(self): return int(self.cover_price * self.discount)

b1 = Book('Make Wishes', 300)              # 建立书本实例，折扣使用默认值 1.0
b2 = Book('Fun of cooking', 500, 0.79) # 建立书本实例，打 79 折
print(b2.get_price())
```

当使用“实例 . 方法 (参数)”的语法时，看起来好像是把信息（参数）传给该实例对象，而该实例对象操作其他对象时，也是通过同样的方式，所以有人称之为“信息传递”。

10.5 类作用域

前面详细介绍过作用域与命名空间的概念，例如全局作用域、局部（函数）作用域，而 class 语句也有其类作用域，所以在 class 语句内定义的内容，都会成为该类别的属性项，其名称存在于类别对象的命名空间内，指向各种对象。

```
class MyClass():
    x, y, z = 3, 4, 5
```

```
    def sfoo():
        # print(z)                    # 出错
        print(MyClass.z)
    def __init__(self, x, y):
        self.x = x
        self.y = y
    def foo(self): print(self.x + self.z)
    def bar(self):
        # print(self.y - z)           # 出错
        print(self.y - MyClass.z)

c0 = MyClass(33, 44)
MyClass.sfoo()                        # 输出 5
c0.foo()                              # 输出 38
c0.bar()                              # 输出 39
# c0.sfoo()                           # 出错
```

在上面的例子中，MyClass 类拥有属性项 x、y、z、__init__、sfoo、foo、bar，由所有实例共享。而 MyClass(33, 44) 所建立出来的实例，则拥有属性项 x、y，请注意类与实体都有名为 x 和 y 的属性项。

class 语句虽有其类作用域，但并不能像函数作用域成为内部函数的外围作用域，所以，通过 MyClass.sfoo() 执行 sfoo 函数时，里头的 print(z) 会出现错误信息“NameError: global name 'z' is not defined（名称错误：全局名称 z 并未定义）”，因为执行时的环境指向全局作用域，自然无法存取 MyClass 类作用域里的名称，此时，可通过名称 MyClass 存取里头的 z，类与实例各自拥有自己的命名空间（见图 10-1）。

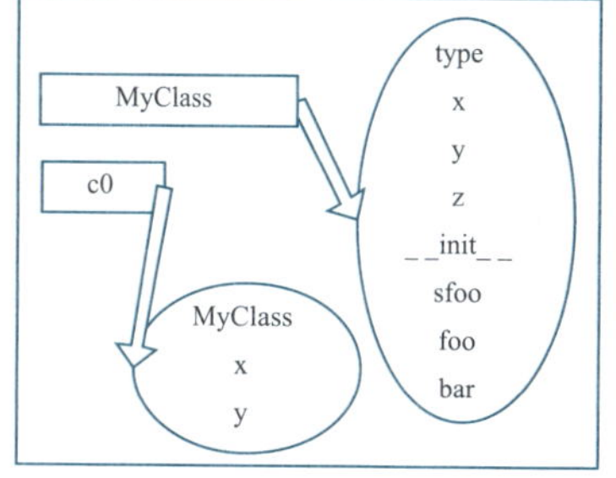

图 10-1　类与实例的属性项

同样的，执行 c0.bar() 时，其实就等同于 MyClass.bar(c0)，同样看不到 z，所以 print(self.y - z) 也会出错。若是 c0.foo()，通过 self 来存取时，会先到实例命名空间里寻找，找不到 z，然后从类的命名空间里找到 z，可正常执行。

另外，若执行 c0.sfoo() 将会出现参数过多的错误，因为会变成 MyClass.sfoo(c0)，而 sfoo 并不需要参数 c0，所以出错。

类的属性项被所有实例共享，通常是方法，若是一般函数，则应该是不需要实例也能执行的功能，另外也可以是一般数据类型，例如整数。而实例的属性项则由该实例拥有，每个实例都拥有它自己的一份，各自独立。

类作用域跟之前介绍的函数（局部）作用域不太一样，并不具备所谓“静态作用域”能力，内部的函数或方法，并不能存取外部（类）的属性项。

```
def foo():                        # 函数
    x = 3
    def bar():                    # 内部函数
        print(x)                  # 可以
    bar()
```

```
class MyClass():                  # 类
    x = 3
    def foo():
        print(x)                  # A处，若执行会出错
        print(MyClass.x)          # 可以
    def bar(self):
        print(x)                  # B处，若执行出错
        print(self.x)             # 可以
#
MyClass.foo()                     # A处出错
mc = MyClass()
mc.bar()                          # B处出错
```

总之，类里的函数与方法，其记录的环境并不包括类的命名空间，因此，想存取函数和方法时，必须加上类名或指向实例的名称（例如 self）。

10.6 示例程序：发射炮弹

下面，我们通过一个发射炮弹的实例来熟悉定义类的操作。

10.6.1 程序规格说明

假设我们希望编写一个模拟炮弹（或任何其他抛体，如子弹、棒球或铅球）的程序。我们感兴趣的是，确定在各种发射角度和初始速度下，炮弹将飞多远。程序的输入是炮弹的发射角（以度为单位）、初始速度（以米每秒为单位）和初始高度（以米为单位）。输出是抛体在撞击地面前飞行的距离（以米为单位）。

如果忽略风阻的影响，并假设炮弹靠近地球表面，这是一个相对简单的经典物理问题。地球表面附近的重力加速度约为 9.8 m/s^2。这意味着如果一个物体以 20 m/s 的速度向上抛出，经过 1 s 之后，它的向上速度将会减慢到 20−9.8 = 10.2 m/s。再过 1 s，速度将只有 0.4 m/s，之后不久就会开始回落。

我们的程序是用模拟来跟踪炮弹每个时刻的位置。利用一点简单的三角学以及一个明显的关系，即物体在给定时间内飞行的距离等于其速率乘以时间（$d = rt$），用算法解决这个问题。

10.6.2 设计程序

先设计一个算法。我们需要考虑炮弹的两个维度：一是高度，这样可以知道什么时候碰到地面；二是距离，记录炮弹飞多远。可以将炮弹的位置视为二维图中的点（x, y），其中 y 的值给出了地面之上的高度，x 的值给出了与起点的距离。

模拟程序必须更新炮弹的位置来说明它的飞行。假设炮弹从位置（0, 0）开始，希望定时检查它的位置，比如，每隔 0.1 s。在那段时间内，它将向上移动一些距离（正 y）并向前移动一些距离（正 x）。每个维度的精确距离由它在该方向上的速度决定。

分离速度的 x 和 y 分量让问题更容易。由于忽略风阻，所以 x 速度在整个飞行中保持不变。然而，由于重力的影响，y 速度随时间而变化。事实上，y 速度开始为正，然后随着炮弹开始下降，会变为负值。

根据这样的分析，模拟要做什么就清楚了。下面是粗略的算法大纲：

```
输入模拟参数：角度，速度，高度，间隔
计算炮弹的初始位置：xpos, ypos
计算炮弹的初始速度：xvel, yvel
while 炮弹仍在飞行：
 将 xpos，ypos 和 yvel 的值更新为飞行输出中距离作为 xpos 的距离
```

我们逐步求精，将它变成一个程序。

算法的第一行很简单，只需要合适的输入语句序列。下面是开始：

```
def main():
angle = float(input("输入发射角度（以度为单位）："))
vel = float(input("输入初始速度（以米/秒为单位）："))
h0 = float(input("输入初始高度（以米为单位）："))
time = float(input("输入位置计算之间的时间间隔："))
```

计算炮弹的初始位置也很简单。它将从距离 0 和高度 h0 开始。我们只需要两句赋值语句：

```
xpos = 0.0
ypos = h0
```

接下来，需要计算初始速度的 x 和 y 分量。我们需要一点三角学知识。如果我们认为初始速度由 y 方向的一些分量和 x 方向的一些分量组成，那么这三个量（速度、x 速度和 y 速度）形成一个直角三角形。图 10-2 说明了这种情况。如果我们知道速度的大小和发射角度(标记为 θ)，我们可以通过公式 xvel = 速度 · cos θ，很容易地计算 xvel 的大小，类似的公式（使用 sin θ）计算出 yvel。

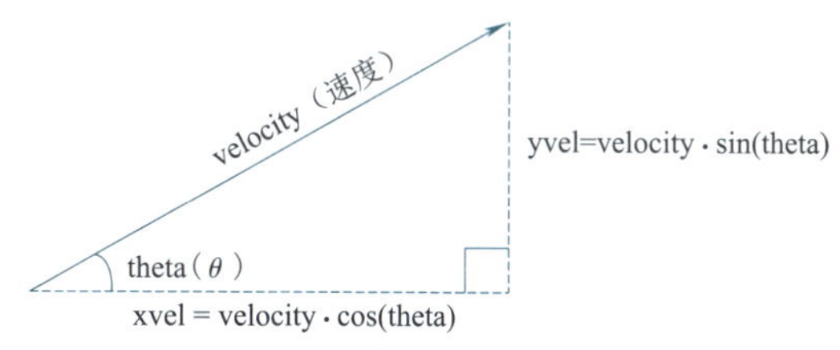

图 10-2　计算速度的 x 和 y 分量

我们的输入角度以度为单位，Python 数学库采用弧度度量。应用公式之前，必须转换角度。圆周有 2π 弧度（360°），所以 $\theta = \frac{\pi \times 角度}{180}$ 。这是常见的转换，math 库提供了一个方便的函数，称为 radians，用于执行这种计算。这三个公式给出了计算初始速度的代码：

```
theta = math.radians(angle)
xvel = velocity * math.cos(theta)
yvel = velocity * math.sin(theta)
```

接下来是程序的主循环。我们希望不断更新炮弹的位置和速度，直到它到达地面。我们可以通过检查 ypos 的值来做到这一点：

```
while ypos >= 0.0 :
```

使用 >= 可以从炮弹在地面上开始（= 0），仍然让循环执行。一旦 ypos 的值下降到 0 以下，循环就会退出，表明炮弹已经略微嵌入地面了。

现在来到模拟的关键。通过循环希望每次更新炮弹的状态，让它在飞行中移动 time 秒。先从水平方向考虑运动。由于规格说明指出可以忽略风阻，所以炮弹的水平速度将保持不变，由 xvel 的值给出。

作为一个具体的例子，假设炮弹以 30 m/s 的速度飞行，目前距离发射点 50 m。下 1 秒它将再次前进 30 m，距离发射点 80 m。如果间隔时间只有 0.1 s（而不是 1 s），那么炮弹只飞行 $0.1 \times 30 = 3$(m)，距离为 53 m。可以看到，飞行的距离总是由 time * xvel 给出。要更新水平位置，只需要一个语句：

```
xpos = xpos + time * xvel
```

垂直分量的情况稍微复杂一些，因为重力会导致 y 速度分量随时间而变化。每秒必须减少 9.8 m/s，即重力加速度。在 0.1 s 内，速度将减少 $0.1 \times 9.8 = 0.98$（m/s）。间隔结束时的新速度计算为：

```
yvel = yvel + time * 9.8
```

为了计算在这个时间间隔内炮弹的飞行距离，需要知道它的“平均”垂直速度。由于重力加速度是恒定的，所以平均速度就是开始和结束速度的平均值 (yvel + yvell) / 2.0。平均速度乘以间隔时间，给出了高度的变化。

下面是完成的循环：

```
while ypos >= 0.0:
xpos = xpos + time * xvel
yvell = yvel - time * 9.8
ypos = ypos + time * (yvel + yvell) / 2.0
yvel = yvell
```

注意：时间间隔结束时的速度先存储在临时变量 yvell 中。这是为了保持初始值，从而可以用两个值计算平均速度。最后，在循环结束时，将 yvel 赋予新值。这表示在间隔结束时炮弹的正确垂直速度。

程序的最后一步就是输出飞行距离。添加此步骤得到了完整的程序。

【程序实例 10-1】设计一个发射炮弹的程序。

```
# cball1.py
from math import sin, cos, radians

def main():
    angle = float(input("输入发射角度（以度为单位）: "))
    vel = float(input("输入初始速度（以米 / 秒为单位）: "))
    h0 = float(input("输入初始高度（以米为单位）: "))
    time = float(input("输入位置计算之间的时间间隔（以秒为单位）: "))
    # 将角度转换为弧度
    theta = radians(angle)

    # 设置 x 和 y 方向的初始位置和速度
```

```
    xpos = 0
    ypos = h0
    xvel = vel * cos(theta)
    yvel = vel * sin(theta)

    # 循环直到球击中地面
    while ypos >= 0.0:
        # 以秒为单位计算位置和速度
        xpos = xpos + time * xvel
        yvell = yvel - time * 9.8
        ypos = ypos + time * (yvel + yvell) / 2.0
        yvel = yvell

    print("\n 飞行距离 :{0:0.1f} 米。".format(xpos))

main()
```

10.6.3 程序模块化

上面采用了自顶向下、逐步求精的设计方法，但是没有将程序分成单独的函数。下面将以两种不同的方式对程序进行模块化。首先使用函数（即自顶向下设计）。下面是使用辅助函数的主算法版本：

```
def main():
    angle, vel, h0, time = getInputs()
    xpos, ypos = 0, h0
    xvel, yvel = getXYComponents(vel, angle)
    while ypos >= 0:
        xpos, ypos, yvel = updateCannonBall(time, xpos, ypos, xvel, yvel)

    print("\n 飞行距离 : {0:0.1f} 米。".format(xpos))
```

根据这些函数的名称和原来的程序代码，这些函数做什么应该是明显的。需要花点时间来编写三个辅助函数。

第二个版本的主算法肯定比较简洁。变量已经减少到 8 个，theta 和 yvell 函数从主算法中消除了，因为只有在 getXYComponents 内部才需要 theta 的值。同样，yvell 作为 updateCannonBall 的局部变量了。关注点分离的主要好处是能够隐藏一些中间变量。

但是，这个版本似乎也过于复杂。特别是循环，记录炮弹的状态需要四条信息，其中三条必须随时改变。需要所有四个变量以及时间的值来计算三个变量的新值，一个函数调用有五个参数和三个返回值。参数过多通常表明程序仍有改进空间。我们来试试另一种方法。

在当前程序中，描述炮弹对象需要 xpos、ypos、xvel 和 yvel 四个信息。假设有一个 Projectile 类，能“理解”炮弹这类物体的物理特性。利用这样的类，可以用单个变量来创建和更新合适的对象，表示主算法。通过这种“基于对象”的方法，可以这样编写主程序：

```
def main():
    angle, vel, h0, time = getInputs()
```

```
    cball = Projectile(angle, vel, h0)
    while cbaii.getY() >= 0:
        cball.update(time)

    print("\n 飞行距离 : {0:0.1f} 米。".format(Cball.getX()))
```

显然，这是比较简单而直接表达的算法。angle、vel 和 h0 的初始值作为参数，创建了一个名为 cball 的 Projectile 实例。每次通过循环时，都会要求 cball 更新其状态以记录时间。我们可以随时用它的 getX 和 getY 方法来获取 cball 的位置。为了让它工作，我们只需要定义一个合适的 Projectile 类，让它实现 update、getX 和 getY 方法。

10.6.4 Projectile 类的定义

在炮弹的例子中，我们希望得到一个可以代表抛体的类。这个类需要一个构造方法来初始化实例变量，一个 update 方法来改变抛体的状态，以及 getX 和 getY 方法让我们得知当前的位置。

我们从构造方法开始。在主程序中，将用最初的角度、速度和高度创建一个炮弹：

```
cball = Projectile(angle, vel, h0)
```

Projectile 必须有一个 _ _init_ _ 方法，用这些值来初始化 cball 的实例变量。实例变量包含 xpos、ypos、xvel 和 yvel 四种信息，表示炮弹飞行的特征。我们将使用原来程序中的相同公式来计算这些值。

下面是带有构造方法的类：

```
class Projectile:
    def _ _init_ _(self, angle, velocity, height):
        self.xpos = 0.0
        self.ypos = height
        theta = math.radians(angle)
        self.xvel = velocity * math.cos(theta)
        self.yvel = velocity * math.sin(theta)
```

在对象内创建了包含 self 在内的四个实例变量。在 _ _init_ _ 结束后，就不需要 theta 的值，所以 theta 就成为一个普通的（局部的）函数变量。

获取抛体位置的方法很简单：当前位置由实例变量 xpos 和 ypos 给出，只需要一些返回这些值的方法。

```
def getX(self):
    return self.xpos

def getY(self):
    return self.ypos
```

最后来看 update 方法。该方法接收一个普通参数，表示时间间隔。我们需要更新抛体的状态，以反映这段时间的流逝。下面是代码：

```
def update(self, time):
```

```
        self.xpos = self.xpos + time * self.xvel
        yvell = self.yvel - time * 9.8
        iypos + time * (self.yvel + yvell) / 2.0
```

这些基本上是原来程序中使用的代码，修改后成为使用和修改实例变量。注意使用 yvell 作为临时（普通）变量。在方法最后一行，将该值存储到对象中，从而保存该新值：

方法的定义看起来就像一个普通的函数定义。将函数放在类中使其成为该类的方法，而不是独立的函数。

注意到类中定义的每个方法都有一个名为 self 的第一个参数。方法的第一个参数是特殊的：它总是包含该方法所在的对象的引用。像往常一样，你可以用任何合法的名字来命名这个参数，但通常用 self 表示。

方法调用是一种函数调用，像普通函数调用一样，Python 执行一个四步序列：

第一步：调用程序（main）暂停在方法调用处。Python 在对象的类中，找到合适的方法定义，将该方法应用于该对象。

第二步：该方法的形参被赋予调用的实参提供的值。在方法调用时，第一个形参对应于该对象。

第三步：执行方法体。

第四步：控制返回到调用方法之后的位置。

为了避免混淆，应该始终将方法的第一个形式参数称为 self 参数，任何其他参数作为普通参数。

在概念上，实例变量提供了一种记住对象内的数据的方法。与常规变量一样，实例变量通过名称来访问。我们可以用熟悉的 <object>.<instance-var> 形式来表示。

实例变量的强大之处在于，可以用它们来记住特定对象的状态，然后将该信息作为对象的一部分传递给程序。实例变量的值可以在其他方法中引用，甚至在连续调用相同方法时再次引用。这与常规的局部函数变量不同，一旦函数终止，其值将消失。

【程序实例 10-2】完成抛体类，建立一个完整的基于对象的方案来解决炮弹问题。

```
# cball2.py
from math import sin, cos, radians

class Projectile:
    def _ _init_ _(self, angle, velocity, height):
        self.xpos = 0.0
        self.ypos = height
        theta = radians(angle)
        self.xvel = velocity * cos(theta)
        self.yvel = velocity * sin(theta)

    def update(self, time):
        self.xpos = self.xpos + time * self.xvel
        yvell = self.yvel - 9.8 * time
        self.ypos = self.ypos + time * (self.yvel + yvell) / 2.0
        self.yvel = yvell

    def getY(self):
```

```
        return self.ypos

    def getX(self):
        return self.xpos

def getInputs():
    a = float(input("输入发射角度（以度为单位）: "))
    v = float(input("输入初始速度（以米 / 秒为单位）: "))
    h = float(input("输入初始高度（以米为单位）: "))
    t = float(input("输入位置计算之间的时间间隔（以秒为单位）: "))
    return a, v, h, t

def main():
    angle, vel, h0, time = getInputs()
    cball = Projectile(angle, vel, h0)
    while cball.getY() >= 0:
        cball.update(time)

    print("\n飞行距离 :{0:0.1f} 米。".format(cball.getX()))

main()
```

10.6.5 用类数据处理

抛体的例子展示了类的用处，它们针对具有复杂行为的真实世界对象进行建模。

对象的另一个常见用途是将一组描述人或事的信息组合在一起。例如，公司需要记录所有员工的信息。他们的员工系统可能会使用 Employee 对象，包含员工姓名、身份证号码、地址、工资、部门等数据。这种信息分组通常称为"记录"。

让我们来看一下涉及大学生的一些简单数据处理。在典型的大学里，课程是按学分来衡量的，而平均分是以 4 分为基准计算的，其中"A"是 4 分，"B"是 3 分，等等。平均积分点（GPA）计算采用积分点。如果课程价值为 3 个学分，学生获得"A"，那将获得 3 × 4 = 12 个积分。要计算学生的平均积分点，我们将总积分点除以完成的学分数。

假设我们有一个包含学生成绩信息的数据文件。文件的每一行都包含一个学生的姓名、学分和积分点。这三个值由制表符分隔。例如，文件的内容可能像下面这样：

```
Adams, Henry          127         228
Computewell, Susan    100         400
DibbleBit, Denny      18          41.5
Jones, Jim            48.5        155
Smith, Frank          37          125.33
```

我们编写一个程序，读取这个文件，找到 GPA 最好的学生，打印他的名字、学分和 GPA。我们可以先创建一个 student 类，其对象是单个学生的信息记录。在这个例子中，学生信息包括名称、学分和积分点，可以将这些信息作为实例变量保存，在构造方法中初始化：

```
class student:
```

```
    def __init__(self, name, hours, qpoints):
        self.name = name
        self.hours = float(hours)
        self.qpoints = float(qpoints)
```

请注意，这里使用了与实例变量名匹配的参数名称，对于这种类来说，这是一种很常见的风格。学时和积分的值设置成浮点数，这让构造方法变得更通用，它可以接收浮点数、整数甚至字符串作为参数。

有了一个构造方法，就很容易创建学生记录。例如，可以为 Henry Adams 创造一个记录：

```
aStudent = student("Adams, Henry", 127, 228)
```

使用对象允许我们在单个变量中收集有关个人的所有信息。

接下来，我们必须决定 student 对象应该有什么方法。显然，我们希望能够访问学生的信息，所以定义一组取值方法。

```
def getName(self):
    return self.name

def getHours(self):
    return self.hours

def getQPoints(self):
    return self.qpoints
```

这些方法使我们能够从学生记录中获取信息。例如，要打印学生姓名，可以写：

```
print(aStudent.getName())
```

类中还缺一个方法，即计算 GPA 的方法。可以使用 getHows 和 getQPonts 方法单独计算，但 GPA 常会用到，因此可能需要自己的方法。

```
def gpa(self):
    return self.qpoints / self.hours
```

有了这个类，就可以解决寻找最优学生的问题。算法类似于确定 n 个数字的最大值的算法，逐一查看文件中的学生，记录到目前为止看到的最好的学生。下面是程序的算法：

```
从用户获取文件名
打开文件进行读取
将文件中的第一个学生设置为最好的
对于文件中的每个学生
    如果 s.gpa()> best.gpa()
        将其设置为最好的
打印出最佳学生的信息
```

完成的程序如下：

【程序实例 10-3】找到 GPA 最高学生的课程。

```
# gpa.py
```

```
class Student:
    def _ _init_ _(self, name, hours, qpoints):
        self.name = name
        self.hours = float(hours)
        self.qpoints = float(qpoints)

    def getName(self):
        return self.name

    def getHours(self):
        return self.hours

    def getQPoints(self):
        return self.qpoints

    def gpa(self):
        return self.qpoints / self.hours

def makeStudent(infoStr):
    # infoStr 是一个以制表符分隔的行: name hours qpoints
    # 返回相应的学生对象
    name, hours, qpoints = infoStr.split("\t")
    return Student(name, hours, qpoints)

def main():
    # 打开输入文件进行读取
    filename = input("输入成绩档案的名称: ")
    infile = open(filename, 'r')

    # 将文件中的第一个学生设置为最好的
    best = makeStudent(infile.readline())

    # 处理文件的后续行
    for line in infile:
        # 把这一行变成学生记录
        s = makeStudent(line)
        # 如果这个学生到目前为止是最好的,记住它
        if s.gpa() > best.gpa():
            best = s
    infile.close()

    # 打印有关最佳学生的信息
    print("最好的学生是: ", best.getName())
    print("小时: ", best.getHours())
    print("GPA: ", best.gpa())

if _ _name_ _ == '_ _main_ _':
    main()
```

注意到这里添加了一个名为 makeStudent 的辅助函数。该函数取得文件的一行，按制表符将其拆成三个字段，并返回相应的 student 对象。在循环之前，该函数用于为文件中的第一个学生创建一个记录：

```
best = makeStudent(infile.readline())
```

它在循环中再次被调用来处理文件的后续每行：

```
s = makeStudent(line)
```

以下是对样本数据运行程序的样子：

```
输入成绩档案的名称：students.dat
最佳学生：computewell, Susan
小时：100.0
GPA: 4.0
```

这个程序有一个未解决的问题：程序只打印一名最佳学生。如果多名学生的 GPA 并列最佳，显然程序无法找到所有 GPA 最高的学生。我们将这个问题作为程序设计思考题，请你来修改程序，罗列所有 GPA 最高的学生。

习　题

1. 判断题（在题目右侧的括号内填写“√”或“×”）

（1）创建类的新实例的函数称为取值方法。　（　　）

（2）实例变量用于在对象内存储数据。　（　　）

（3）通过调用构造方法创建新对象。　（　　）

（4）位于对象中的函数称为实例变量。　（　　）

（5）Python 方法定义的第一个参数称为 this。　（　　）

（6）一个对象只能有一个实例变量。　（　　）

（7）在数据处理中，有关人或事物的一组信息称为文件。　（　　）

（8）在 Python 类中，构造方法称为 __init__。　（　　）

（9）文档字符串与注释是一样的。　（　　）

（10）一个方法终止后，实例变量就会消失。　（　　）

（11）方法名称应始终以一条或两条下画线开始。　（　　）

（12）信息存储在对象的“实例变量”中，操作是“存在”于对象中的函数，实例变量和操作一起称为对象的“属性”。　（　　）

2. 选择题（在题目的括号内填写正确选项）

（1）返回对象的实例变量的值的方法称为（　　）。

A. 设值方法　　B. 函数　　C. 构造方法　　D. 取值方法

（2）Python 保留字（　　）开始了类定义。

A. def　　B. class　　C. object　　D. init

（3）具有四个形式参数的方法定义通常在调用时有（　　）个实际参数。

A. 3　　B. 4　　C. 5　　D. 看情况

（4）方法定义类似于（　　）。

A. 循环　　B. 模块　　C. 导入语句　　D. 函数定义

（5）在一个方法定义中，可以通过表达式（　　）访问实例变量 x。

A. x　　B. self.x　　C self [x]　　D. self.getX()

3. 讨论

（1）选择一个有趣的现实世界对象的例子，通过列出它的数据（属性，它“知道什么”）及方法（行为，它可以“做什么”），将它描述为一个编程对象。

（2）请看下面的程序代码，哪里有错？

```
class MyClass():
    x, y = 3, 4
    def foo(self):
        print(x + y)
    def bar(self):
        print(self.x + self.y)
MyClass().foo()
MyClass().bar()
```

（3）下面程序有三个 print，各自会输出哪些值？

```
class A(object):
    x = 1
class B(A): pass
class C(A): pass
print(A.x, B.x, C.x)    # ? ? ?
B.x = 2
print(A.x, B.x, C.x)    # ? ? ?
A.x = 3
print(A.x, B.x, C.x)    # ? ? ?
```

（4）下面类阶层的搜寻顺序为何？若建立 D 的实例并调用方法 foo，会执行哪一个方法？

```
class A:
def foo(self): pass
class B(A): pass
class C(A):
def foo(self): pass
class D(B, C): pass
```

（5）请看下面的类继承关系，建立 C 实例时，将会按照 B-A-C 的顺序调用初始化方法 _ _init_ _。请问，如果类 A 与 B 的 _ _init_ _ 需要传入参数，该怎么修改。

```
class A(object):
    def _ _init_ _(self):
```

```
        super(A, self)._ _init_ _()
        print('A')
class B(object):
    def _ _init_ _(self):
        super(B, self)._ _init_ _()
        print('B')
class C(A, B):
    def _ _init_ _(self):
        super(C, self)._ _init_ _()
        # super()._ _init_ _()
        print('C') C()
```

（6）请定义类 Person，拥有两个属性项：出生年月日与年龄，年龄并非固定数值、而是根据目前日期动态计算出来。

编程训练

1. 实训目的

（1）熟悉面向对象程序设计的重要思想，理解面向对象方法的主要方法。

（2）理解对象的概念以及如何用它们来简化编程。

（3）领会定义新类如何能为复杂程序提供结构。

（4）能够阅读并编写 Python 类定义。

（5）能够编写包含简单类定义的程序。

2. 实训内容与步骤

（1）仔细阅读本章内容，对其中的各个实例进行具体操作实现，从中体会 Python 程序设计，提高 Python 编程能力。如果不能顺利完成，请分析可能的原因是什么。

答：____

____

（2）编写程序。

① 解释实例变量和“常规”函数变量之间的相似性和差异。

② 根据类定义中可能找到的实际代码说明以下内容。

A. 方法　　B. 实例变量　　C. 构造方法　　D. 取值方法　　E. 设值方法

③ 读以下程序并给出输出结果：

```
class Bozo:
def _ _init_ _(self, value):
print("Creating a Bozo from: ", value)
self.value = 2 * value
def clown(self, x):
print("Clowning: ", x)
print(x * self.value)
return x + self.value

def main():
```

```
    print("clowning around now. ")
    c1 = Bozo(3)
    c2 = Bozo(4)
    print c1.clown(3)
    print c2.clown(c1.clown(2))

main()
```

④ 修改本任务中的炮弹模拟程序，让它也计算炮弹达到的最大高度。

记录：将你编写的上述程序的源代码另外用纸记录下来，并粘贴在下方：

------------------------------------ 程序设计源代码粘贴于此 ------------------------------------

3. 实训总结

____

____

____

____

4. 教师对实训的评价

____

____

第11章 封装、继承与多态

本章介绍 Python 面向对象程序设计中的封装、继承和多态，运用这些概念与技术，达到程序代码重复使用、稳定且易于维护的目标。方法与运算符的重载，可达到多态的需求。

封装、多态和继承是面向对象开发的三个特点。封装：将对象的实现细节与对象的使用方式分开，允许复杂程序的模块化设计。继承：可以从现有类派生一个新类，支持类之间的方法共享与代码复用。多态：不同的类可以实现具有相同签名的方法，让程序更加灵活，允许单行代码在不同情况下调用不同的方法。

正确设计的类提供了封装。对象的内部细节隐藏在类定义之内，这样程序的其他部分不需要知道对象的实现方式。这种关注点分离是 Python 中的编程惯例，对象的实例变量只能通过类的接口方法进行访问或修改。

11.1 对象的封装

封装是指将一个计算机系统中的数据以及与这个数据相关的一切操作语言（即描述每一个对象的属性以及其行为的程序代码）组织到一起，一并封装在一个实体“模块”（即“类”）中，为软件结构的相关部件所具有的模块性提供良好的基础。在面向对象技术的相关原理以及程序语言中，封装的最基本单位是对象，而使得软件结构的相关部件的实现“高内聚、低耦合”的“最佳状态”便是面向对象技术的封装性所需要实现的基本目标。用户不需要清楚了解对象如何对各种行为进行操作、运行、实现等细节，只需要通过封装外的接口对计算机进行相关操作即可，大大简化了操作步骤。

封装提供了一种方便的方式来组成复杂的解决方案。从设计的角度看，封装提供了一种关键服务，分离了“做什么”与“怎么做”。对象的实现与其使用无关。实现可以改变，但只要接口保持不变，依赖对象的其他组件就不会被破坏。

封装的另一个优点是它支持代码复用。它允许打包一般组件，在不同程序中使用。

11.1.1 封装有用的抽象

通过前面的学习我们看到，定义类可以成为模块化程序的好方法。一旦识别出一些有用的对象，就可以用这些对象编写一个算法，并将实现细节推给合适的类定义。主程序只需要关心对象可以执行的操作，而不用操心如何实现它们。

在面向对象方法中，对象的实现细节被封装在类定义中。不过，封装只是 Python 中的编程约定，而不是强制规则。

使用对象的主要原因之一，是为了在程序中隐藏这些对象的内部复杂性。对实例变量的引用通常应与其他实现细节在一起保留在类定义内。在类之外，与对象的所有交互一般应使用其方法提供的接口来完成。事实上，Python 提供的“属性”机制使得实例变量的访问安全而优雅。

封装的一个直接优点是它允许独立地修改和改进类，而不用担心“破坏”程序的其他部分。只要类提供的接口保持不变，程序的其余部分甚至不能分辨一个类是否已改变。在设计类的时候，应该努力为每个类提供一套完整的方法。

11.1.2 访问限制

类的内部有属性和方法，而外部代码可以通过直接调用实例变量的方法来操作数据，这样就隐藏了内部的复杂逻辑。但是，一般情况下外部代码还是可以自由地修改一个实例的属性的。例如：

```
>>> bart = Student('Bart Simpson', 59)
>>> bart.score
59
>>> bart.score = 99
>>> bart.score
99
```

如果要让内部属性不被外部访问，可以在属性名称前加上两个下画线“_ _”，在 Python 中，实例的变量名如果以 _ _ 开头，就变成一个只有内部可以访问私有（private）变量，外部不能访问，所以，我们把 Student 类改一改：

```
class Student(object):

    def _ _init_ _(self, name, score):
        self._ _name = name
        self._ _score = score

    def print_score(self):
        print('%s: %s' % (self._ _name, self._ _score))
```

修改后，外部代码已经无法从外部访问实例变量 ._ _name 和实例变量 ._ _score 了：

```
>>> bart = Student('Bart Simpson', 59)
>>> bart._ _name
Traceback (most recent call last):
  File "<stdin>", line 1, in <module>
AttributeError: 'Student' object has no attribute '_ _name'
```

这就确保外部代码不能随意修改对象内部的状态，通过访问限制的保护，代码更加健壮。如果外部代码要获取 name 和 score，可以给 Student 类增加 get_name 和 get_score 如下方法：

```
class Student(object):
    ...
    def get_name(self):
        return self._ _name

    def get_score(self):
        return self._ _score
```

如果又要允许外部代码修改 score，可以再给 Student 类增加 set_score 方法：

```
class Student(object):
    ...
    def set_score(self, score):
        self._ _score = score
```

这样做，可以在方法中对参数做检查，避免传入无效的参数：

```
class Student(object):
    ...
    def set_score(self, score):
        if 0 <= score <= 100:
            self._ _score = score
        else:
            raise ValueError('bad score')
```

需要注意的是，在 Python 中，类似 _ _xxx_ _ 的特殊变量的名称是以双下画线开头并以双下画线结尾的。特殊变量可以直接访问，不是 private 变量，所以，不能用 _ _name_ _、_ _score_ _ 这样的变量名。

有些时候，你会看到以一个下画线开头的实例变量名，比如 _name，这样的实例变量外部是可以访问的。然而按照约定，这样的变量虽然可以被访问，但是一般视为私有变量，不要随意访问。

类具备了信息隐蔽的能力，经由方法提供公开接口，存取封装在内部的数据，也能以模块、函数、闭包等技术达到同样的效果，而类只是实现更为方便而已。

11.2　继承和多态

继承是面向对象方法的重要特点之一。继承是指，当定义一个类的时候，可以从另一个类借用（继承）其行为来定义一个新类。新类（借用者）称为“子类”，现有的类（被借用的类）是其“超类”（或父类、基类）。

11.2.1　定义继承

继承性主要是指两种或者两种以上的类之间的联系与区别。继承，顾名思义，是后者延续前者的某些方面的特点，而在面向对象技术中是指一个对象针对于另一个对象的某些独有的特点、能力进行复制或者延续。

按照继承源进行划分，继承可以分为单继承（一个对象仅仅从另外一个对象中继承其相应的特点）与多继承（一个对象可以同时从另外两个或者两个以上的对象中继承所需要的特点与能力，并且不会发生冲突等现象)；如果从继承中包含的内容进行划分，则继承可以分为四类，分别为取代继承（一个对象在继承另一个对象的能力与特点之后将父对象进行取代)、包含继承（一个对象在将另一个对象的能力与特点进行完全的继承之后，又继承了其他对象所包含的相应内容，结果导致这个对象所具有的能力与特点大于等于父对象，实现了对于父对象的包含)、受限继承、特化继承。

以角色扮演游戏为例，剑、弓、匕首、流星锤都是一种类，各自拥有不同的性质，包括攻击距离、伤害力度等，而这些类都继承自武器类，都能够被装备、发动攻击；而所有武器、防具（盔甲、头盔、足靴)、食物（药水、药草、水果)，这些种种又继承自物品类，代表可使用、可拿取丢弃、可被破坏的一般物品，另外游戏中与情节相关的物品，例如门锁钥匙、某个非玩家角色想得到的书籍、某瓶救命药水等，这些属于特殊物品，可设计为一旦拿取后便无法丢弃，只能用于特定场合。

通过继承关系，子类便可重复使用父类的程序代码，例如剑与流星锤都拥有 attack（攻击）方法，计算攻击成功与否与伤害力度的程序代码若相同，便可把该方法放在武器类里，如此一来，剑与流星锤类就能继承使用；而若是需要拥有不同 attack 方法实现的子类，例如弓属于远程武器，还须加上距离的判断以及所携带弓箭的特性，此时可复用、自行实现新的 attack 方法。

运用继承建构出来的类层级架构，让我们在研读程序代码时更容易理解。例如 Python 的 list(列表）与 tuple（元组）都继承了抽象类型序列，因此具备同样的界面，都可使用索引、切片、内置函数 len、方法 index 等；而 list 其实继承自可变序列抽象类型，因此具备 tuple 没有的原地修改方法，诸如 append、insert、remove、clear、pop 等。

比如，我们已经编写了一个名为 Animal 的类，有一个 run() 方法可以直接打印：

```
class Animal(object):
    def run(self):
        print('Animal is running...')
```

当我们需要编写 Dog 和 Cat 类时，就可以直接从 Animal 类继承：

```
class Dog(Animal):
    pass

class Cat(Animal):
    pass
```

Animal 是 Dog 的父类，Dog 则是 Animal 的子类。

继承的最大的好处是子类获得了父类的全部功能。由于 Animial 实现了 run() 方法，因此，Dog 和 Cat 作为它的子类，就自动拥有了 run() 方法：

```
dog = Dog()
dog.run()

cat = Cat()
cat.run()
```

运行结果：

```
Animal is running...
```

```
Animal is running...
```

当然，也可以对子类增加一些方法，比如 Dog 类：

```
class Dog(Animal):

    def run(self):
        print('Dog is running...')

    def eat(self):
        print('Eating meat...')
```

可以看到，无论是 Dog 还是 Cat，它们 run() 的时候，显示的都是 Animal is running...，而符合逻辑的做法是分别显示 Dog is running... 和 Cat is running...，因此，对 Dog 和 Cat 类改进如下：

```
class Dog(Animal):

    def run(self):
        print('Dog is running...')

class Cat(Animal):

    def run(self):
        print('Cat is running...')
```

再次运行，结果如下：

```
Dog is running...
Cat is running...
```

11.2.2　定义多态

当子类和父类存在相同的 run() 方法时，子类的 run() 将覆盖父类的 run()，在代码运行的时候，总是会调用子类的 run()。这样，我们就获得了继承的第二个好处：多态。多态是面向对象方法的另一个重要特点。

从宏观的角度来讲，多态性是指在面向对象技术中，当不同的多个对象同时接收到同一个完全相同的消息之后，所表现出来的动作是各不相同的，具有多种形态；从微观的角度来讲，多态性是指在一组对象的一个类中，面向对象技术可以使用相同的调用方式来对相同的函数名进行调用，即便这若干具有相同函数名的函数所表示的函数是不同的。

Python 采用“动态类型”，只看名称并不知道对象指向何种类型，例如程序代码“a + b”，你并不知道 a 与 b 是什么类型、“+”是整数加法还是字符串连接，同样的，光看“s.append(t)”也不知道“append”是哪个类型对象的方法；直到执行时，Python 解释器由该名称找到绑定的对象，得知其类型后，才去执行相对应的方法或函数，这就是多态的概念。在执行时才去找出名称与运算符的意义，称为延迟绑定；另外，运算符的多态也称运算符重载。

当我们定义一个类的时候，实际上就是定义了一种数据类型，自定义的数据类型和 Python 自带的数据类型，比如 str、list、dict 没什么两样：

```
a = list()              # a是list类型
b = Animal()            # b是Animal类型
c = Dog()               # c是Dog类型
```

判断一个变量是否是某个类型可以用 isinstance()：

```
>>> isinstance(a, list)
True
>>> isinstance(b, Animal)
True
>>> isinstance(c, Dog)
True
```

看来 a、b、c 确实对应着 list、Animal、Dog 这三种类型。

但是，再试试：

```
>>> isinstance(c, Animal)
True
```

看来 c 不仅仅是 Dog，c 还是 Animal。这是因为 Dog 是从 Animal 继承下来的，当我们创建了一个 Dog 的实例 c 时，c 的数据类型是 Dog，但 c 同时也是 Animal，因为 Dog 本来就是 Animal 的一种。

所以，在继承关系中，如果一个实例的数据类型是某个子类，那它的数据类型也可以被看作父类。但是，反过来就不行：

```
>>> b = Animal()
>>> isinstance(b, Dog)
False
```

Dog 可以看成 Animal，但 Animal 不可以看成 Dog。

要理解多态的好处，我们再编写一个函数，这个函数接收一个 Animal 类型的变量：

```
def run_twice(animal):
    animal.run()
    animal.run()
```

当我们传入 Animal 的实例时，run_twice() 就打印出：

```
>>> run_twice(Animal())
Animal is running...
Animal is running...
```

当我们传入 Dog 的实例时，run_twice() 就打印出：

```
>>> run_twice(Dog())
Dog is running...
Dog is running...
```

当我们传入 Cat 的实例时，run_twice() 就打印出：

```
>>> run_twice(Cat())
Cat is running...
Cat is running...
```

现在，如果我们再定义一个 Tortoise 类型，也从 Animal 派生：

```
class Tortoise(Animal):
    def run(self):
        print('Tortoise is running slowly...')
```

当我们调用 run_twice() 时，传入 Tortoise 的实例：

```
>>> run_twice(Tortoise())
Tortoise is running slowly...
Tortoise is running slowly...
```

可见，新增一个 Animal 的子类，不必对 run_twice() 做任何修改，实际上，任何依赖 Animal 作为参数的函数或者方法都可以不加修改地正常运行，原因就在于多态。

通过继承，我们可以构建一个系统的类，以避免重复操作。此外，新类通常可以基于原有的类，促进代码复用。当我们需要传入 Dog、Cat、Tortoise……时，我们只需要接收 Animal 类型就可以了，因为 Dog、Cat、Tortoise……都是 Animal 类型，然后，按照 Animal 类型进行操作。由于 Animal 类型有 run() 方法，因此，传入的任意类型，只要是 Animal 类或者子类，就会自动调用实际类型的 run() 方法，即多态。

对于一个变量，我们只需要知道它是 Animal 类型，无须确切地知道它的子类型，就可以放心地调用 run() 方法，而具体调用的 run() 方法是作用在 Animal、Dog、Cat 还是 Tortoise 对象上，由运行时该对象的确切类型决定，这就是多态的威力所在：调用方只管调用，不管细节，而当我们新增一种 Animal 的子类时，只要确保 run() 方法编写正确，不管原来的代码是如何调用的。

继承还可以一级一级地继承下来，这些继承关系看上去就像一棵倒着的树（见图 11-1）。

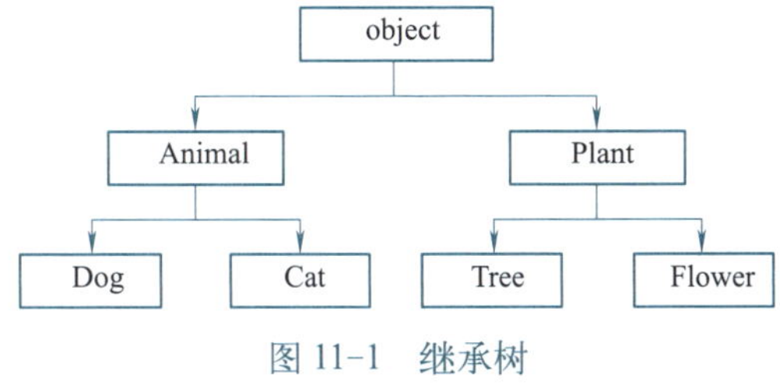

图 11-1　继承树

定义类时，把想要继承的父类名写在子类名后的括号内即可；所有 Python 类默认都继承自 object，所以下面三个类定义都相同：

```
class Foo(object): pass
class Foo(): pass
class Foo: pass                # 可省略括号
```

子类继承了父类的所有属性项，所以子类的实例也能存取父类定义的方法，换句话说，子类继承了所有接口，以此为基础，再做修改进行定制。

```
class A():                              # 定义类别 A，默认继承自 object
    x, y = 3, 4                         # 类的属性项
    def __init__(self, a, b):
        self.a = a                      # 实例的属性项
        self.b = b
    def foo(self):
        print(self.a + self.b + self.x + self.y)

class B(A):                             # 定义类 B，继承自 A
    ww = 1000
    x = 1003
                                        # B 自己没有 __init__
    def bar(self):
        self.foo()                      # 使用父类的方法
        print(self.x + self.ww)

a0 = A(13, 14)                          # 建立类 A 的实例
a0.foo()                                # 调用方法
b0 = B(103, 104)                        # 建立类 B 的实例
b0.foo()                                # B 继承了 A 的方法 foo，也可调用
b0.bar()                                # B 自己新增的方法
```

在上面例子中，B 没有定义 __init__，所以调用构造函数 B(103, 104) 时，Python 解释器在 B 里找不到后、会到 A 里去找，以此进行初始化，所以 B 的实例也会有 a 与 b。B 既然继承了 A 的所有属性项，自然也能够调用 A 的 foo，而且 B 又新增了方法 bar 以及类属性项 x，它会隐蔽 A 的 x，所以在 bar 方法里的 self.x 会是 1003。

每当出现“对象 . 属性项”的语法时，其中的对象包括类与实例，Python 都会启动“属性项搜寻程序”，若是实例，会先在实例的命名空间里寻找，找不到再去类里找，然后再到父类里去找；若是类，就到类里、再到父类里寻找。

11.2.3 __init__

前一个例子中的类 B 并没有 __init__，但因为继承了 A 的 __init__，所以建立实例对象时，仍会去调用 A 的 __init__，所以仍拥有 a 与 b。若 B 想要增加属性项 c，必须写在 B 的 __init__ 里，但 B 的 __init__ 并不会自动调用 A 的 __init__，为此，请看下面例子：

```
def __init__(self):                          # B 的 __init__
    # self.__init__(13, 14)                  # 不行
    # A.__init__(self, 13, 14)               # 可以
    # super(B, self).__init__(13, 14)        # 可以
    super().__init__(13, 14)                 # 可以，3.x 版才可
    self.c = 15
```

若使用“self.__init__(13, 14)”，因为这是“对象 . 属性项”的语法，所以又会启动 MRO（Method Resolution Order，方法解析顺序），到 self 实例里找到 __init__（类 B），需要一个参数，而此处却传入三个参数：self、13、14，所以出错。

对于支持继承的编程语言来说，其方法（属性）可能定义在当前类，也可能来自于基类，所以在方法调用时就需要对当前类和基类进行搜索以确定方法所在的位置。而搜索的顺序就是所谓的“方法解析顺序（MRO）”。对于只支持单继承的语言来说，MRO 一般比较简单；而对于 Python 这种支持多继承的语言来说，MRO 就复杂很多。

为此，Python 提供了内置函数 super，只能用于新式类，调用后可得到代理对象，它的作用是把方法调用导引到父类。传入当前类与实例“super(B, self)”，便可得到类似于父类实例的代理对象，然后调用父类的 __init__。至于无参数“super()”则由 Python 解释器自动填入参数。

11.2.4　多重继承

之前定义的类都只有继承一个父类，但若想继承两个以上的父类呢？例如，蝙蝠既是哺乳类动物，也是有翅动物。此时我们需要多重继承的机制，只须在定义类时把父类依序写在括号之内。

```
class A():
   def am(self): print('A am')
class B():
   def bm(self): print('B bm')
class C(A, B):
   def cm(self): print('C cm')
```

上述例子中，以 C 建立实例后，可调用方法 am、bm、cm，都能找到正确的实现。读者可检查看看类 C 的属性项 __bases__，这是个记录着它的父类的 tuple，也就是 A 与 B，其列出顺序正是定义时放在括号里的顺序。

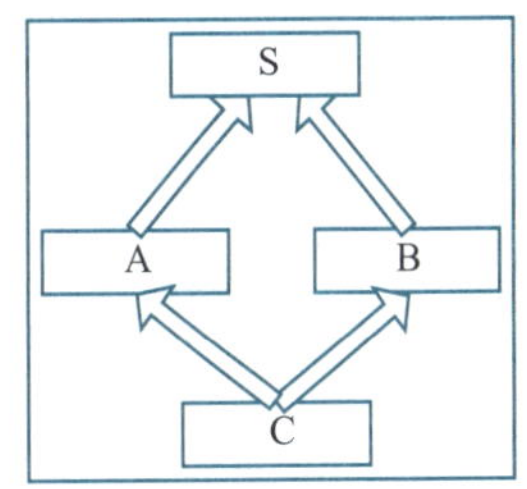

图 11-2　钻石形（菱形）多重继承

不过若是 A 与 B 继承自同一个父类，形成如图 11-2 的钻石形，此时将会出现许多问题。以下面程序码为例，c.foo() 应该执行哪一个方法呢？

```
class S():
    def foo(self): pass
class A(S):
    def foo(self): print('A foo')            # A 的 foo
class B(S):
    def foo(self): print('B foo')            # B 的 foo
class C(A, B):
    pass
C().foo()                                     # 应该是哪个呢?
```

当某类的父类重复出现时，会先到实例与实例的类里搜寻，找不到时，会根据类定义列出的父类，从左到右依序搜寻，若都找不到，再去更上一层的父类。以上面举例而言，搜寻顺序是 C-A-B-Sobject，所以会输出 'A foo'。

虽然在实际中并不多见，但多重继承可能会非常复杂，因为除了根据上述顺序来搜寻，还须符合每个类列出的父类顺序，例如下面举例：

```
class A(object): pass
class B(object): pass
class X(A, B): pass        # X说先A再B
class Y(B, A): pass        # Y说先B再A
class Z(X, Y): pass
```

对 Z 来说，其继承的两个父类 X 与 Y，分别列出不一样顺序的 A 与 B，这么一来，Z 就没办法决定到底 A 还是 B 应该在前，碰到这种状况时，Python 无法决定，就会出现错误信息“TypeError: Cannot create a consistent method resolution order (MRO) for bases B, A”（类型错误：无法为父类 A、B 建立一致的 MRO），必须修改继承关系。

11.2.5　元类

所谓元类（又称“后设类”）是类的类（见图 11-3）。图中所有的椭圆形都是对象，右栏是我们最熟悉的对象，例如整数对象、列表对象，为了区别起见，称为实例；中栏则是类（类型），包括整数类型、列表类型、自定义类，另外还有类继承层级的顶端：类型 object。

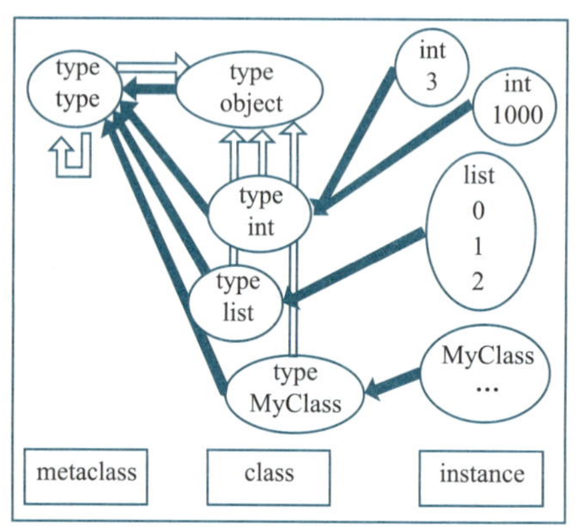

图 11-3　元类、类、实例

图中的空心箭头代表“继承”关系，类型 int 与类型 list 都继承自 object。实心箭头则代表“建立、生产”关系，例如类型 int 建立出整数对象 3、整数对象 1000。从继承关系可得到整个继承层级架构，而从建立关系可知道实例的类型为何，顺着实心箭头即可得知。所有对象都继承自 object，除了 object 自身以外。

除此之外，图中左栏还有个非常特殊的对象，其类型为 type，名称也是 type，称之为元类。我们知道实例对象由类对象建立，那么类对象又是由谁建立呢？正是元类对象 type，所以中栏的类对象的类型都是 type。

从图中还可得知，object 也是由 type 建立，而 type 的父类是 object，type 自己建立自己，看起来很奇怪，但这是示意图，实际上 type 与 object 很难清楚地划分界限。

11.2.6　复用与重载

继承时，若子类也定义了跟父类相同的方法名，提供不同的功能，称为“复用”；而不同类型的实例，调用同名方法时会去执行不同的方法，则称为重载，属于多态的表现形式。

```
class Animal():
    def shout(self): print('Animal shout')
class Dog(Animal):          # 虽然狗与猫都继承自动物
    def shout(self): print('Dog shout')
class Cat(Animal):          # 但它们的叫声都不一样
    def shout(self): print('Cat shout')
d = Dog(); d.shout()
c = Cat(); c.shout()
```

类 Dog 与 Cat 都有方法 shout，也就是说接口相同，但实现不同，当调用 shout 时，Python 解释器会根据实例的类来决定该执行哪一个方法，这就是多态的意思。

我们不只能重载自己定义的类的方法，也能重载类 object 的方法，例如 _ _str_ _，某实例需要以字符串形式表达自己时，就会调用此方法。重载方法 _ _str_ _ 的话，就能为类提供适当的字符串表现形式。

```
class MyClass():
    def _ _str_ _(self): return 'a MyClass instance'
mc = MyClass() print(mc)                # 需要字符串形式，
print(str(mc))                          # 内置函数 str，也会去调用实例的_ _str_ _方法
```

事实上 print 只能输出字符串，当参数类型不是字符串时，并非由 print 负责把参数（某种对象）转为字符串，因为那么做将来增加新类时还要修改 print；而是由对象自己想办法提供表达自己的字符串形式，也就是由 _ _str_ _ 负责。

同样的，也能为自定义类提供 _ _repr_ _，返回适合被 Python 解释器解析，再次建立相同实例的字符串形式（会被视为程序代码）以及 _ _format_ _，提供格式化的字符串形式，会被 str.format() 与内置函数 format 使用。

可调用内置函数 dir 来查看类 object 可重载的方法。

11.3 获取对象信息

当我们拿到一个对象的引用时，如何知道这个对象是什么类型呢？可以使用 isinstance() 函数。总是优先使用 isinstance() 判断类型，可以将指定类型及其子类“一网打尽”。此外，还可以使用 type() 或 dir() 函数。

11.3.1 使用 type() 函数

基本类型都可以用 type() 来判断。例如：

```
>>> type(123)
<class 'int'>
>>> type('str')
<class 'str'>
>>> type(None)
<type(None) 'NoneType'>
```

如果一个变量指向函数或者类，也可以用 type() 判断：

```
>>> type(abs)
<class 'builtin_function_or_method'>
>>> type(a)
<class '_ _main_ _.Animal'>
```

type() 函数返回对应的类类型。如果我们要在 if 语句中判断，就需要比较两个变量的 type 类型是否相同：

```
>>> type(123) == type(456)
True
>>> type(123) == int
True
>>> type('abc') == type('123')
True
>>> type('abc') == str
True
>>> type('abc') == type(123)
False
```

判断基本数据类型可以直接写 int，str 等，如果要判断一个对象是否是函数，可以使用 types 模块中定义的常量：

```
>>> import types
>>> def fn():
...     pass
...
>>> type(fn)==types.FunctionType
True
>>> type(abs)==types.BuiltinFunctionType
True
>>> type(lambda x: x)==types.LambdaType
True
>>> type((x for x in range(10)))==types.GeneratorType
True
```

11.3.2 使用 dir()

如果要获得一个对象的所有属性和方法，可以使用 dir() 函数，它返回一个包含字符串的 list，比如，获得一个 str 对象的所有属性和方法：

```
>>> dir('ABC')
['__add__', '__class__',..., '__subclasshook__', 'capitalize',
'casefold',..., 'zfill']
```

类似 __xxx__ 的属性和方法在 Python 中都是有特殊用途的，比如 __len__ 方法返回长度。如果调用 len() 函数试图获取一个对象的长度，实际上，在 len() 函数内部，它自动去调用该对象的 __len__() 方法，所以，下面的代码是等价的：

```
>>> len('ABC')
3
>>> 'ABC'.__len__()
3
```

自定义类如果也想用 len(myObj)，就自己写一个 __len__() 方法：

```
>>> class MyDog(object):
...     def __len__(self):
...         return 100
```

```
...
>>> dog = MyDog()
>>> len(dog)
100
```

剩下的都是普通属性或方法，比如 lower() 返回小写的字符串：

```
>>> 'ABC'.lower()
'abc'
```

仅仅把属性和方法列出来是不够的，配合 getattr()、setattr() 以及 hasattr()，可以直接操作一个对象的状态：

```
>>> class MyObject(object):
...     def __init__(self):
...         self.x = 9
...     def power(self):
...         return self.x * self.x
...
>>> obj = MyObject()
```

紧接着，可以测试该对象的属性：

```
>>> hasattr(obj, 'x')          # 有属性'x'吗?
True
>>> obj.x
9
>>> hasattr(obj, 'y')          # 有属性'y'吗?
False
>>> setattr(obj, 'y', 19)      # 设置一个属性'y'
>>> hasattr(obj, 'y')          # 有属性'y'吗?
True
>>> getattr(obj, 'y')          # 获取属性'y'
19
>>> obj.y                      # 获取属性'y'
19
```

如果试图获取不存在的属性，会反馈 AttributeError 错误：

```
>>> getattr(obj, 'z')          # 获取属性'z'
Traceback (most recent call last):
  File "<stdin>", line 1, in <module>
AttributeError: 'MyObject' object has no attribute 'z'
```

可以传入一个 default 参数，如果属性不存在，就返回默认值：

```
>>> getattr(obj, 'z', 404)    # 获取属性'z'，如果不存在，返回默认值 404
404
```

也可以获得对象的方法：

```
>>> hasattr(obj, 'power')     # 有属性'power'吗?
```

```
True
>>> getattr(obj, 'power')      # 获取属性 'power'
<bound method MyObject.power of <__main__.MyObject object at 0x10077a6a0>>
>>> fn = getattr(obj, 'power') # 获取属性 'power' 并赋值到变量 fn
>>> fn                         # fn 指向 obj.power
<bound method MyObject.power of <__main__.MyObject object at 0x10077a6a0>>
>>> fn()                       # 调用 fn() 与调用 obj.power() 是一样的
81
```

可见，通过内置的一系列函数，可以对任意一个 Python 对象进行剖析，获取其内部的数据。要注意的是，只有在不知道对象信息的时候，才会去获取对象信息。如果可以直接写：

```
sum = obj.x + obj.y
```

就不要写：

```
sum = getattr(obj, 'x') + getattr(obj, 'y')
```

一个正确的用法的例子如下：

```
def readImage(fp):
    if hasattr(fp, 'read'):
        return readData(fp)
    return None
```

假设我们希望从文件流 fp 中读取图像，首先要判断该 fp 对象是否存在 read 方法，如果存在，则该对象是一个流，如果不存在，则无法读取。hasattr() 就派上了用场。

11.4　面向对象设计过程

大多数现代计算机应用程序是用以数据为中心的计算视图进行设计的。这种所谓的面向对象设计（OOD）过程，是自顶向下设计的有力补充，用于开发可靠的、性价比高的软件系统。

设计的本质是模块化方法及其接口的角度来描述系统，每个组件通过其接口提供一组服务，其他组件是服务的用户或“客户”。

客户端只需要了解服务的接口，该服务的实现细节并不重要。事实上，内部细节可能会发生根本变化，但不会影响客户。类似地，提供服务的组件不必考虑如何使用该服务，只需要确保提供的服务可信赖。这种关注点分离的方法使复杂系统的设计成为可能。

在自顶向下的设计中，函数扮演着模块化的角色。客户程序只要能理解函数的功能，就可以使用该函数。函数完成的细节被封装在函数定义中。

对象的关键在于定义。一旦编写了一个合适的类定义，就可以完全忽略该类的工作方式，仅仅依赖于外部接口，即方法。如果我们可以将一个大问题分解为一系列合作的类，在理解程序任何给定的部分时，就会大大降低要考虑的复杂程度。每个类都是独立的。面向对象设计是一个过程，针对给定问题来寻找并定义一组有用的类。像所有设计一样，它既是艺术又是科学。

OOD 有许多不同的方法，每种方法都有自己的特殊技术、符号等。事实上，了解 OOD 设计的最佳方式是尽可能多的去做类的设计。

以下是关于 OOD 的一些直观指导：

（1）寻找候选对象。设计的目标是定义一组有助于解决问题的对象。首先仔细考虑问题陈述。对象通常由名词描述。可以在问题陈述中划出所有名词，并逐一考虑。其中哪些实际上会在程序中表示出来？哪些有“有趣”的行为？可以表示为基本数据类型（数字或字符串）的东西可能不是重要的候选对象，关注点应该在涉及一组相关数据项的内容上。

（2）识别实例变量。一旦发现了一些可能的对象，应考虑每个对象完成工作所需的信息。实例变量有什么样的值？一些对象属性将具有基本类型的值，其他属性可能是复杂的类型，表明需要其他有用的对象 / 类。努力为程序中的所有数据找到良好的“家庭”类。

（3）考虑接口。当识别出潜在的对象 / 类和一些关联的数据时，请考虑该类的对象需要哪些操作才能使用。可以先考虑问题陈述中的动词。动词用于描述动作：必须做什么。列出类需要的方法。请记住，对象数据的所有操作应通过你所提供的方法进行。

（4）简化复杂方法。一些方法看起来可以用几行代码来完成。其他方法则需要相当大的努力来开发一种算法。使用自顶向下的设计和逐步求精来了解更多较难方法的细节。随着你取得进展，可能会发现需要与其他类进行一些新的交互，这可能迫使你向其他类添加新的方法。有时你可能会发现需要一种全新的对象，要求对另一个类进行定义。

（5）迭代式设计。在设计过程中，你会在设计新类和向已有类添加方法之间进行多次反复。任何事情，只要似乎值得你注意，就为之投入工作。

（6）尝试替代方案。不要害怕废除似乎无效的方法，也不要害怕探索一个想法。良好的设计涉及大量的思考与尝试。当你查看他人的程序时，会看到完成的作品，而不是他们实现的过程。如果程序设计良好，可能不是第一次尝试的结果。

（7）保持简单。在设计的每个步骤中，尝试找出解决手头问题的最简单方法，除非确实需要更复杂的方法来实现功能，否则不要做复杂设计。

习 题

1. 判断题（在题目右侧的括号内填写“✓”或“×”）

（1）从类定义之外直接访问实例变量是不好的风格。（ ）

（2）面向对象的设计是为了解决问题、寻找和定义的一组有用的函数的过程。（ ）

（3）可以通过在问题描述中查看动词来找到候选对象。（ ）

（4）通常，设计过程涉及大量的试错。（ ）

（5）在类定义中隐藏对象的细节称为实例化。（ ）

（6）在 Python 程序设计中，对象的实现细节被封装在类定义中，这是 Python 的强制要求。（ ）

（7）多态字面意思是“许多变化”。（ ）

（8）超类从其子类继承行为。（ ）

（9）继承是指一个对象针对于另一个对象的某些独有的特点、能力进行复制或者延续。（ ）

（10）多继承是指一个对象可以同时从另外两个或者两个以上的对象中继承所需要的特点与能力，并且不会发生冲突等现象。（ ）

2. 选择题（在题目的括号内填写正确选项）

（1）以下（　　）项不是面向对象设计 / 编程的基本特征之一。

A. 继承　　B. 多态　　C. 通用　　D. 封装

（2）定义一个类的“私有”方法，Python 的惯例是用（　　）开始方法名称。

A. “private”　　B. 符号“#”

C. 下画线（_ _）　　D. 连字符（-）

（3）将细节隐藏在类定义中称为（　　）。

A. 模糊　　B. 子类化　　C. 文档　　D. 封装

（4）封装是指将描述每一个对象的属性以及其行为的程序代码组织到一起，一并封装在一个实体（　　）中，为软件结构的相关部件所具有的模块性提供良好的基础。

A. 类　　B. 函数　　C. 子程序　　D. 进程

（5）实现（　　）是面向对象技术的封装性所需要实现的基本目标。

A. 低内聚、高耦合　　B. 高内聚、低耦合

C. 高内聚、高耦合　　D. 低内聚、低耦合

（6）从设计角度看，封装的设计使对象的（　　）无关。前者可以改变，但只要接口保持不变，依赖对象的其他组件就不会被破坏。

A. 属性与其方法　　B. 数据与其程序

C. 规模与其功能　　D. 实现与其使用

（7）封装的优点之一是它支持（　　），允许打包一般组件，在不同程序中使用。

A. 数据结构　　B. 代码复用　　C. 模块规模　　D. 编程技术

（8）使用对象，在类之外与对象的所有交互一般应使用其方法提供的（　　）来完成。

A. 函数　　B. 端口　　C. 接口　　D. 窗口

（9）如果要让类的内部属性不被外部访问，可以在属性名称前加上（　　），使其变成一个私有变量，只有内部可以访问。

A. 双下画线“_ _”　　B. 一个下画线“_”

C. 一个反斜杠“/”　　D. 一个连接符“-”

（10）在 Python 中，特殊变量的变量名是以（　　）开头，并且以双下画线结尾的，可以直接访问，不是 private 变量。

A. 一个下画线“_”　　B. 双下画线“_ _”

C. 一个反斜杠“/”　　D. 一个连接符“-”

（11）继承是指，当定义一个类的时候，可以从另一个类借用（继承）其（　　）来定义一个新类。

A. 属性　　B. 数据　　C. 接口　　D. 行为

（12）在继承中，当子类和父类都存在相同的 run() 方法时，（　　）。

A. 父类的 run() 将覆盖子类的 run()

B. 子类的 run() 将覆盖父类的 run()

C. 子类和父类的 run() 将同时执行

D. 因冲突，子类和父类的 run() 都不会执行

（13）多态性是指当不同的多个对象同时接收到同一个完全相同的消息之后，所表现出来的动作是（　　）。

A. 各不相同的，具有多种形态　　B. 结果完全相同，具有一致性

C. 分别执行，有多个结果　　D. 发生冲突，都不能执行

（14）所谓元类，是指（　　）是类的类。

A. 超类　　B. 子类　　C. 孙类　　D. 类的类

（15）当得到一个对象的引用时，下列（　　）函数不能用来知道这个对象的类型。

A. isinstance()　　B. type()

C. return()　　D. dir()

（16）面向对象设计（OOD）过程是（　　）设计的有力补充，用于开发可靠的、性价比高的软件系统。

A. 自底向上　　B. 自顶向下

C. 水平发展　　D. 逐步求精

3. 讨论

（1）用自己的话描述 OOD 的过程。

（2）用自己的话定义封装、多态和继承。

（3）看下面的程序代码，指出哪里有错。

```
class MyClass():
   x, y = 3, 4
   def foo(self):
       print(x + y)
   def bar(self):
       print(self.x + self.y)
MyClass().foo()
MyClass().bar()
```

（4）下面程序有三个 print，各自会输出哪些值？

```
class A(object):
     x = 1
class B(A): pass
class C(A): pass
print(A.x, B.x, C.x)    # ? ? ?
B.x = 2
print(A.x, B.x, C.x)    # ? ? ?
A.x = 3
print(A.x, B.x, C.x)    # ? ? ?
```

（5）下面类阶层的搜寻顺序为何？若建立 D 的实例并调用方法 foo，会执行哪一个方法？

```
class A:
def foo(self): pass
class B(A): pass
class C(A):
```

```
    def foo(self): pass
class D(B, C): pass
```

（6）看下面的类继承关系，建立 C 实例时，将会按照 B-A-C 的顺序调用初始化方法 __init__。请问，如果类 A 与 B 的 __init__ 需要传入参数，该怎么修改？

```
class A(object):
    def __init__(self):
        super(A, self).__init__()
        print('A')
class B(object):
    def __init__(self):
        super(B, self).__init__()
        print('B')
class C(A, B):
    def __init__(self):
        super(C, self).__init__()
        # super().__init__()
        print('C') C()
```

（7）定义类 Person，拥有两个属性项：出生年月日与年龄，年龄并非固定数值、而是根据目前日期动态计算出来。

编程训练

1. 实训目的

（1）熟悉面向对象程序设计的重要思想，理解面向对象方法的主要方法。

（2）理解封装的概念，以及它如何有助于构建模块化的、可维护的程序。

（3）理解多态和继承的概念，掌握面向对象程序设计的内涵与特点。

（4）理解面向对象设计的过程，能够阅读和理解面向对象的程序。

（5）能够利用面向对象设计来设计有一定复杂程度的软件。

2. 实训内容与步骤

（1）仔细阅读本章内容，对其中的各个实例进行具体操作实现，从中体会 Python 程序设计，提高 Python 编程能力。如果不能顺利完成，请分析可能的原因是什么。

答：______________________________

____

____

____

（2）编写程序。

① 把下面的 Student 对象的 gender 字段对外隐藏起来，用 get_gender() 和 set_gender() 代替，并检查参数有效性：

```
# -*- coding: utf-8 -*-
# 测试：
bart = Student('Bart', 'male')
if bart.get_gender() != 'male':
    print('测试失败！')
else:
    bart.set_gender('female')
    if bart.get_gender() != 'female':
        print('测试失败！')
    else:
        print('测试成功！')
```

② 为了统计学生人数，可以给 Student 类增加一个类属性，每创建一个实例，该属性自动增加：

```
# -*- coding: utf-8 -*-
# 测试：
if Student.count != 0:
    print('测试失败！')
else:
    bart = Student('Bart')
    if Student.count != 1:
        print('测试失败！')
    else:
        lisa = Student('Bart')
        if Student.count != 2:
            print('测试失败！')
        else:
            print('Students:', Student.count)
            print('测试通过！')
Run
```

③ 编写一个程序来记录会议与会者。对于每个与会者，你的程序应记录名称、公司、所在城市和电子邮件地址。程序应允许用户做一些事，例如添加新的与会者、显示与会者的信息、删除与会者、列出所有与会者的姓名和电子邮件地址、列出指定城市的所有与会者的姓名和电子邮件地址。与会者列表应存储在文件中，并在程序启动时加载。

④ 编写一个模拟自动取款机（ATM）的程序。由于你可能无法访问读卡器，因此请先输入用户 ID 和 PIN 密码。用户 ID 将用于查找用户账户的信息（包括 PIN，以查看其是否与用户类型相匹配）。每个用户都可以访问支票账户和储蓄账户。用户应该能检查账户余额，提取现金和在账户间转账。将你的界面设计成类似当地 ATM 的界面。程序终止时，用户账户信息应存储在文件中。程序重新启动时，该文件被再次读入。

记录：将你编写的上述程序的源代码另外用纸记录下来，并粘贴在下方：

------------------------------------ 程序设计源代码粘贴于此 ------------------------------------

3. 实训总结

4. 教师对实训的评价

第12章 程序设计案例分析

作为一本 Python 程序设计的入门书，本书已至尾声，但 Python 与程序设计所涵盖的范畴，绝非一本书的篇幅所能容纳。在本书最后一章，我们通过几个典型程序设计案例的分析，尽可能完整地展现 Python 程序设计的各个方面，展示 Python 程序设计的基本功与技巧，助推大家喜欢 Python，热爱程序设计，顺利发展自己的专业特长。

12.1 图形界面设计

GUI（Graphical User Interface，图形用户接口，或称图形用户界面）是一种结合计算机科学、美学、心理学、行为学及各商业领域需求分析的人机系统工程，它强调人—机—环境三者作为一个系统来进行总体设计。

Python 提供了一些图形开发界面的库供开发者选择，常用的 Python GUI 库包括：

（1）Tkinter：Tkinter 模块（Tk 接口）是 Python 的标准 Tk GUI 工具包的接口，Tk 可以应用在 Windows 环境，实现本地窗口风格。

（2）wxpython：一款开源软件，是 Python 语言中一套优秀的 GUI 图形库，能够很方便地创建完整的、功能健全的 GUI 用户界面。

（3）Jython：可以实现和 Java 的无缝集成。除了一些标准模块，Jython 使用 Java 的模块，Jython 几乎拥有标准的 Python 中不依赖于 C 语言的全部模块。

12.1.1 Tkinter 模块

Tk 是 Python 默认的一套跨平台建立图形化用户界面的图形元件库，Tk 的 Python 接口是 Tkinter，通过标准程序库中的模块 Tkinter 调用 Tk 进行图形界面开发。

与其他开发库相比，Tk 非常简单，它所提供的功能用来开发一般的应用完全够用，且能在大部分平台上运行。不足之处在于，Tk 缺少合适的可视化界面设计工具，需要通过代码来完成窗口设计和元素布局。

1. Tkinter 的导入方法

Tkinter 模块已在 Python 中内置，使用时只需导入即可。导入方法是：

(1) import tkinter as tk：导入 tkinter，但没引入任何组件，在使用时需要使用 tk 前缀，例如，为引入按钮，则表示为：tk Button。

(2) from tkinter import *：将 tkinter 中的所有组件一次性引入。

2. Tkinter 的导入步骤

利用 Tkinter 模块来引用 Tk 构建和运行 GUI，需要 5 步：

(1) 导入 Tkinter 模块。

(2) 创建一个顶层窗口。

(3) 在顶层窗口构建所需要的 GUI 模块和功能。

(4) 将每一个模块与底层程序代码关联起来。

(5) 执行主循环。

3. Tkinter 的主要组件

Button：按钮。类似标签，但提供额外功能，如鼠标按下、释放及键盘操作事件。

Canvas：画布。提供绘图功能，包含图形或位图。

Checkbutton：选择按钮。一组方框，可以选择其中的任意多个。

Radiobutton：单选按钮。一组方框，其中只有一个可被选中。

Entry：文本框。单行文字域，用来收集键盘输入。

Frame：框架。包含其他组件的纯容器。

Label：标签。用来显示文字或图片。

Listbox：列表框。一个选项列表，用户可以从中选择。

Menu：菜单。单击后，弹出一个选项列表，用户可以从中选择。

Menubutton：菜单按钮。用来包含菜单的组件。

Message：消息框。类似于标签，但可以显示多行文本。

Scale：进度条。线性“滑块”组件，可设定起始值和结束值，显示当前位置的精确度。

Scrollbar：滚动条。对其支持的组件提供滚动功能。

Text：文本域。多行文字区域，用来收集（或显示）用户输入的文字。

Toplevel：顶级。类似框架，但提供一个独立的窗口容器。

4. Tkinter 组件的共同属性

dimensions：尺寸。

colors：颜色。

fonts：字体。

anchors：锚。

relief styles：浮雕式。

bitmaps：显示位图。

cursors：光标的外形。

5. 创建 GUI 应用程序窗口的代码模板

```
from tkinter import *:
tk=Tk()
```

```
# 代码

...
tk.mainloop()                              # 进入消息循环
```

在 Tkinter 开发的应用程序中，需要在其他窗口之前创建一个顶层窗口（根窗口）。

12.1.2　程序实例：用 GUI 界面计算斐波那契数列函数

斐波那契数列（亦称黄金分割数列）指的是这样一个数列：1、1、2、3、5、8、13、21……在数学上，斐波那契数列以如下递归方法定义：$F_0=0$，$F_1=1$，$F_n=F_{n-1}+F_{n-2}$（$n \geqslant 2$，$n \in \mathbf{N}^*$），用文字来说，就是斐波那契数列由 0 和 1 开始，之后的斐波那契数列系数就是由前面的两数相加。

【程序实例 12–1】用图形界面计算斐波那契数列函数。

```
# fibonacci.py
from tkinter import *                      # 读入模块 tkinter

def fib(n):                                # 计算斐波那契数列的函数
    a, b = 0, 1
    for i in range(n):
        a, b = b, a+b
    return a

class App(Frame):                          # 继承图形元件 Frame
    def __init__(self, master=None):
        Frame.__init__(self, master)
        self.pack()                        # pack 会调整大小，设为显示状态
        # 在 Frame 里放入输入栏字节元件 Entry
        self.entry_n = Entry(self, width=10)
        self.entry_n.pack()

        self.fn = StringVar()              # 产生字符串变数，
        self.label_fn = Label(self, textvariable=self.fn,
            width=50)                      # 与标签元件 Label 绑在一起
        self.fn.set('结果')                # 改变时，标签也会随之更新
        self.label_fn.pack()
        # 建立按钮元件 Button，也是放在 Frame 里
        self.btn_cal = Button(self, text = "计算", command=self.cal_fib)
        self.btn_cal.pack()              # 按下时，会调用方法 cal_fib
        # 另一个按钮元件，按下会关闭根元件
        self.btn_quit = Button(self, text="退出", fg="red", command=root.destroy)
        self.btn_quit.pack(side=BOTTOM)

    def cal_fib(self):                     # 当按下计算按钮时
        try:
            n = int(self.entry_n.get())    # 取得输入，转成数字
            self.fn.set(str(fib(n)))       # 更新显示计算结果
        except Exception:                  # 若转换失败，显示错误信息
            self.fn.set('非法输入')
```

```
    root = Tk()                                # 产生根元件
    app = App(root)                            # 加入 Frame 子类
    app.mainloop()                             # 启动事件循环
```

用图形界面计算斐波那契数函数的程序运行结果如图 12-1 所示。

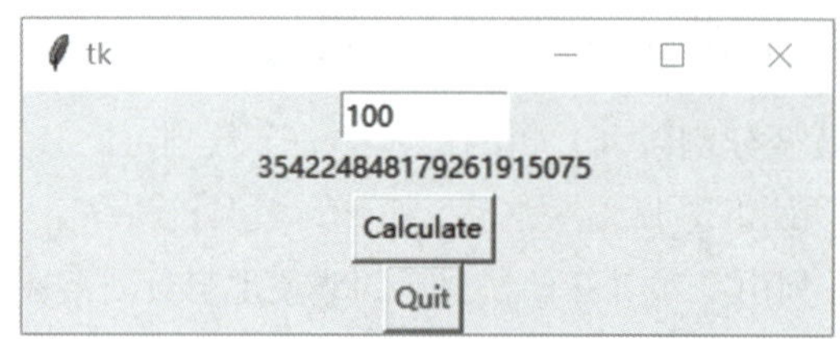

图 12-1　GUI 示例的运行结果

建立一个根元件，在建立图形元件并设定好元件之间的关系后，必须调用最重要的 mainloop 启动事件循环，此循环是图形界面的核心概念，也是与一般文字模式程序最大的不同之处。

我们可把事件循环想象成不断执行的循环，在此循环中，会检查有无事件。事件代表着用户的输入，例如鼠标与键盘，事件也可能来自系统，例如窗口被移动、最小化、关闭等，另外还有 tkinter 本身的事件，负责管理窗口与图形元件的外观以及在有需要时更新显示画面。

请记录：录入并调试运行本程序实例。如果不能顺利完成，请分析可能的原因是什么。

答：____

____

____

12.1.3　程序实例：简单计算器

我们来开发一个简单的 Python 计算器程序。该计算器有十个数字（0~9）、小数点（.）、四种运算（+、-、*、/）以及一些特殊按钮组成：C 用于清除显示，= 用于计算。当按钮被点击时，对应的字符将出现在显示框中，按下“=”键将进行求值并显示结果值（见图 12-2）。

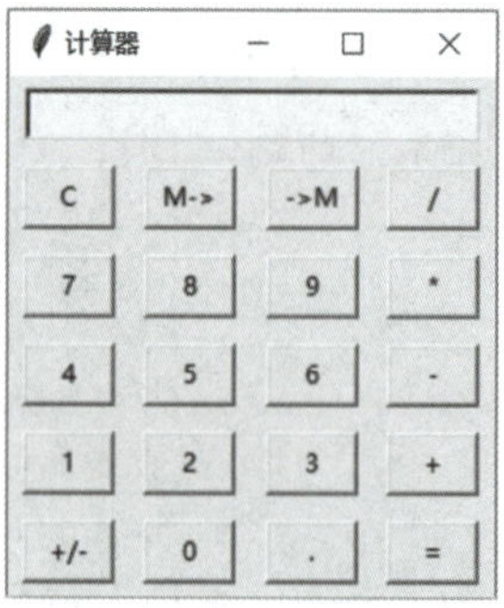

图 12-2　Python 简单计算器示例

【程序实例 12-2】计算器的完整程序。

```
    # cal.py 简单的计算器
    import tkinter as tk

    class Calc(tk.Tk):
        # 计算器窗体类
        def __init__(self) :
            # 初始化实例
            tk.Tk.__init__(self)
            self.title("计算器")
            self.memory = 0                       # 暂存数值
            self.create()
```

```
    def create(self):
        # 创建界面
        btn_list = ["C", "M->", "->M", "/",
                    "7", "8", "9", "*",
                    "4", "5", "6", "-",
                    "1", "2", "3", "+",
                    "+/-", "0", ".", "="]
        r = 1
        c = 0
        for b in btn_list:
            self.button = tk.Button(self, text=b, width=5,
                command=(lambda x=b: self.click(x)))
            self.button.grid(row=r, column=c, padx=3, pady=6)
            c += 1
            if c > 3:
                c = 0
                r += 1
        self.entry = tk.Entry(self, width=24, borderwidth=2,
            bg="yellow", font=("Consolas", 12))
        self.entry.grid(row=0, column=0, columnspan=4,
            padx=8, pady=6)

    def click(self, key):
        # 响应按钮
        if key == "=":                  # 输出结果
            result = eval(self.entry.get())
            self.entry.insert(tk.END, " = " + str(result))
        elif key == "C":                # 清空输入框
            self.entry.delete(0, tk.END)
        elif key == "->M":              # 存入数值
            self.memory = self.entry.get()
            if "=" in self.memory:
                ix = self.memory.find("=")
                self.memory = self.memory[ix + 2:]
            self.title("M=" + self.memory)
        elif key == "M->":              # 取出数值
            if self.memory:
                self.entry.insert(tk.END, self.memory)
        elif key == "+/-":              # 正负翻转
            if "=" in self.entry.get():
                self.entry.delete(0, tk.END)
            elif self.entry.get()[0] == "-":
                self.entry.delete(0)
            else:
                self.entry.insert(0, "-")
        else:                           # 其他键
            if "=" in self.entry.get():
                self.entry.delete(0, tk.END)
```

```
                self.entry.insert(tk.END, key)

    if _ _name_ _ == "_ _main_ _":
        Calc().mainloop()
```

特别要注意程序的末尾。要运行应用程序，我们创建一个 Calculator 类的实例，然后调用它的 run 方法。

计算器示例利用 Button 对象列表来简化代码。在这个例子中，将类似对象的集合作为列表就是为了编程的方便，因为按钮列表的内容从未改变。如果集合在程序执行期间动态变化，列表（或其他集合类型）就变得至关重要。

请记录：录入并调试运行本程序实例。如果不能顺利完成，请分析可能的原因是什么。

答：____

____

12.2 并行处理

根据摩尔定律，芯片可容纳的半导体数目每隔 24 个月便增加一倍，效能表现也随之提高，但因为如今集成电路的制造能力已越来越接近半导体的物理极限，密度增长的趋势已逐渐放缓，而且还有散热这个大问题，因此，处理器工作频率的提升幅度已经不如以往，而是朝向多核心的方向迈进，在同一颗处理器芯片里，塞进多个处理单元。有别于单核心的时代，软件程序若不能善加利用，那么 CPU 中的多个处理器（核）就不能发挥其效用。

Python 支持许多形式的并行处理，如执行线程与进程，分别由模块 threading 与模块 multiprocessing 代表，后来还提供更高阶的界面。下面，我们以电影院卖票与哲学家用餐这两个经典的例子来示范解决执行线程的问题。因为 Python 有着解释器全局锁的限制，执行线程的作法较适合用于受限 I/O 的情况，不适合用于需要 CPU 大量计算的情况。

12.2.1 程序实例：电影院卖票

有家电影院，要卖 100 张票，有 10 个售票员（窗口）。如果把票事先平均分配给各售票员，若某窗口的售票员的动作较快，迅速把卖完了，接下来该售票员就只能闲着了。因此，我们采取这样的办法：把电影票放在一个地方，让所有售票员都能取得，取一张卖一张。

在分析各种工程问题时，如果需要模拟某种不可预期且不规则的现象，可以利用随机数（又称乱数）方式产生近似数据。经由随机数产生的数据每一次的值皆不相同（因为要求其具有不可预期且不规则的特性），它是由数学理论推导出的方程式来计算的。可以将随机数依其统计分布特性分为均匀随机数和常态随机数。均匀随机数是指其值平均的分布于一区间；常态随机数的值则呈现高斯分布，形状像一个中间高二头低的山丘。

下面的程序代码使用模块 threading，主程序会产生 10 个执行线程代表 10 个售票员，存取代表电影票这个共同的对象。使用随机数来模拟售票所需时间，每卖出一张都会输出信息，最后输出每个售票员卖出的总张数。

【程序实例 12-3】电影院卖票。

```
# ticket.py
import random
import time

from threading import Thread, Lock

num_agents = 10                          # 10 个售票员
num_tickets = [100]                      # 共 100 张票，把 1 到 100 视为每张票的编号

# 售票函数，agent_id 是售票员代号，nt 是电影票张数，lock 是锁
def sell_tickets(agent_id, nt, lock):
   total = 0                             # 记录此售票员共卖出几张
   while True:                           # 不断卖票，直到卖光
       with lock:                        # 若取得锁，才能去拿电影票来卖
           if nt[0] > 0:                 # 若还有电影票，卖出，并输出信息
               print('Agent %d sells a ticket No. %d' % (agent_id, nt[0]))
               nt[0] -= 1                # 卖出后，电影票少了一张
               total += 1                # 记录此售票员多卖出一张
           elif nt[0] == 0:              # 已全部卖光，跳出 while 循环
               break;
       # 下面让此执行线程随机数沉睡一段时间
       #time.sleep(random.randrange(1, 3))
       time.sleep(random.random() * (1 + agent_id/2))
   print('Agent %d done. Totally sells %d tickets' % (agent_id, total))

# 产生 10 个执行线程，并调用 Lock() 产生锁，因为要存取同一个对象
for i in range(num_agents):
   t = Thread(target=sell_tickets, args=(i, num_tickets, Lock()))
   t.start()                             # 执行线程开始动作
```

执行后，可得到如下输出。每个人执行的输出情况不一定会相同，甚至每次执行都不相同。

```
Agent 0 sells a ticket No. 100          # 0 号售票员卖出编号 100 的电影票
Agent 1 sells a ticket No. 99
Agent 2 sells a ticket No. 98
Agent 3 sells a ticket No. 97
... 省略，不断卖出电影票 ...
Agent 0 sells a ticket No. 2
Agent 0 sells a ticket No. 1            # 0 号售票员卖出编号 1 的电影票

Agent 0 done. Totally sells 20 tickets
Agent 9 done. Totally sells 3 tickets
... 省略，输出每个售票员各自卖出几张
Agent 3 done. Totally sells 12 tickets
Agent 5 done. Totally sells 6 tickets   # 5 号售票员共卖出 6 张票
```

在程序代码中，当卖出一张票时，会调用 time.sleep 让该执行线程（售票员）停止动作一段时间，时间长度由随机数决定；若每个窗口售票时平均花费的时间差不多，那么最后每个售票员卖出的

张数也会差不多；但若动作有快有慢，那么有些窗口就会卖得多，有些会卖得少。

请记录：录入并调试运行本程序实例。如果不能顺利完成，请分析可能的原因是什么。

答：____

____

12.2.2 程序实例：哲学家用餐

如图 12-3 所示，5 个哲学家们在同一张桌子上用餐，编号为 0 ~ 4，哲学家两两之间都放了一支餐具，共有 5 支，编号为 0 ~ 4。哲学家只会做两件事情：思考和用餐，但要用餐时，哲学家必须拿到他左手边与右手边的餐具，才能用餐。

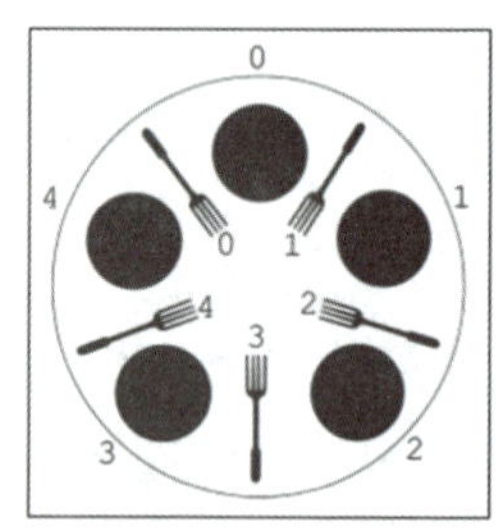

图 12-3　5 个哲学家用餐

在这个问题中，每个哲学家都会由一个执行线程代表，而餐具则是共用的对象，5 个餐具由 5 个锁代表，当哲学家（执行线程）能拿到他左右手的餐具（锁）时，方可用餐。

如果每个哲学家都拿着他右手的餐具不放，那么就没有一个人能够用餐，我们称此情况为死锁，必须设计解决办法，避免出现死锁，否则哲学家会饿死。可行的做法有同时最多只允许 4 个哲学家试着去拿餐具，或是最多只让 2 个哲学家用餐，因为 3 个同时用餐将需要 6 个餐具，不可能发生此情况。

下面程序代码采取另一种做法，请看图 12-3，餐具（锁）从小到大编号，每个哲学家可试着拿其中两个，但必须先试着拿小编号的餐具，若能拿到才可去拿大编号的餐具，如此即可避免死锁。举例而言，若哲学家 0~3 都拿到右手边的餐具（编号 0 ~ 3），然后因为哲学家 4 必须先能拿到餐具 0、才会去拿餐具 4，而因为餐具 0 已被拿走，所以哲学家 4 不会去拿餐具 4，那么餐具 4 就可被哲学家 3 拿走，他就可以用餐。

【程序实例 12-4】哲学家用餐。

```
# dining_ph.py
import random
import time
import threading

from contextlib import contextmanager

# 执行绪的本地端状态，存储已经获得的锁的信息
_local = threading.local()

@contextmanager
def acquire(*locks):
    # 根据对象 id 来排序锁
    locks = sorted(locks, key=lambda x: id(x))
    # 检查是否按照顺序来取得锁
    acquired = getattr(_local, 'acquired', [])
    if acquired and max(id(lock) for lock in acquired) >= id(locks[0]):
        raise RuntimeError('Lock Order Violation')
    # 开始试着取得所有的锁
```

```
        acquired.extend(locks)                      # 记录
        _local.acquired = acquired
        try:
            for lock in locks:
                lock.acquire()                      # 取得锁
            yield
        finally:
            # 以相反顺序释放锁
            for lock in reversed(locks):
                lock.release()
            del acquired[-len(locks):]

# 一个执行线程代表一个哲学家，id 编号，left 与 right 代表左右手餐具（锁）
def philosopher(id, left, right):
    while True:
        with acquire(left, right):                  # 若能取得左右手餐具
            print('{0} 用餐……'.format(id))
            time.sleep(random.random())             # 随机数模拟用餐时间
        print('{0} 思考……'.format(id))
        time.sleep(random.random())                 # 随机数模拟思考时间

# 共有 5 个餐具，也代表有 5 个哲学家
num_sticks = 5
# 每个餐具由一个锁代表
sticks_lock = [threading.Lock() for n in range(num_sticks)]

# 建立所有的线程（哲学家），告知哲学家左手与右手的餐具（锁）是哪个
for n in range(num_sticks):
    t = threading.Thread(target=philosopher,
          args=(n, sticks_lock[n], sticks_lock[(n+1) % num_sticks]))
    t.start()          # 开始动作
```

执行后，可看到类似如下输出，每个哲学家吃饱了就思考，思考累了就试着拿餐具用餐。

```
1, 用餐……
2, 思考……
3, 用餐……
4, 思考……
3, 思考……
... 省略 ...
```

请记录：录入并调试运行本程序实例。如果不能顺利完成，请分析可能的原因是什么。

答：____

____

____

12.3　模拟乒乓球比赛

前面我们学习了一些数据和程序结构的技术。请参见后面的程序实例 12-5，在这一节中，我们通过设计模拟乒乓球比赛的程序来体验 Python 面向对象设计技术。

12.3.1 对象和方法

我们的第一个任务是找出有助于完成这个任务的一组对象。我们需要模拟两名玩家（A 和 B）之间的一组乒乓球比赛，并记录关于这组游戏的一些统计数据。

首先来处理游戏的模拟。我们用一个对象代表一局乒乓球游戏，其中必须记录有关两个玩家的信息。创建一局新游戏时，我们用概率参数来指定选手的技能水平。为此，建立一个类（称为 RBallGame），它带有一个构造函数。

模拟比赛的程序需要对抗（打球），我们提供一个 play 方法来模拟比赛直到结束。可以用两行代码创建并打一场乒乓球比赛：

```
theGame = RBallGame(probA, probB)
theGame.play()
```

为了要打很多场比赛，只需在这段代码的外面套上一个循环。这就是 RBallGame 中真正需要编写的主要程序。

下面再来看游戏的统计数据。在比赛中，比赛一方没有赢球，另一方以“X 比零”的比分获胜，称为“零封”。显然，我们必须追踪 A 的获胜数、B 的获胜数、A 的零封数和 B 的零封数这四个计数，以打印模拟的摘要。我们还要打印出模拟的比赛局数，但这可以通过 A 和 B 的胜利之和来计算。这里我们有四种相关的信息。我们不是单独对待它们，而是将它们组成一个对象。该对象就是 SimStats 类的实例，SimStats 对象记录有关一组比赛的所有信息。

现在我们来决定什么操作是有用的。我们需要构建一个方法，用于将所有计数初始化为 0。我们还需要一个方法，在模拟每场新比赛时更新计数，将这个方法命名为 update。基于比赛的结果来更新统计数据。

最后，当所有模拟比赛完成后，需要打印结果报告，建立一个打印的 printReport 方法。

现在，我们已经完成设计，可以实际编写程序的主函数了。大部分的细节都被安排在两个类的定义中（语句 114 ~ 126）。

```
def main():
    printIntro()
    probA, probB, n = getInputs()

    # 玩游戏
    stats = SimStats()
    for i in range(n):
        theGame = RBallGame(probA, probB) # 创建一个新游戏
        theGame.play()                    # 玩
        stats.update(theGame)             # 获取有关游戏的完整信息

    # 打印结果
    stats.printReport()
```

程序中使用了几个辅助函数来打印介绍并获取输入。

12.3.2　实现 SimStats

收集游戏统计数据的 SimStats 类的构造方法只需要将四个计数初始化为 0。下面是其方法（语句 59 ~ 68）：

```
class SimStats:
    def _ _init_ _(self):
        self.winsA = 0
        self.winsB = 0
        self.shutsA = 0
        self.shutsB = 0
```

现在来看看 update 方法。它需要一个比赛对象作为普通参数，相应地更新四个计数。该方法的接口如下：

```
def update(self, aGame):
```

需要知道比赛的最终得分，但是这个信息在 aGame 中。不允许直接访问 aGame 的实例变量，甚至不知道这些实例变量会是什么。

分析表明，在 RBallGame 类中需要一种新方法。我们需要扩展接口，让 aGame 具有报告最终得分的方法。我们称新方法为 getScores，让它返回选手 A 的得分和选手 B 的得分。update 的算法见语句 70 ~ 80。

现在可以编写打印结果的方法，从而完成 SimStats 类。printReport 方法将生成一个表，显示每个选手的胜利局数、胜率，零封局数和零封百分比。下面是示例输出：

```
总共 500 场比赛总结:
          wins (% total)     shutouts (% wins)
          获胜（比率%）         零封（比率%）
-----------------------------------------
玩家 A:    411  82.2%          60  14.6%
玩家 B:     89  17.8%           7   7.9%
```

打印这个表格的标题很简单。需要设计好输出列的排列，必须避免在没有获得任何胜利选手的零封百分比时除以 0，其基本方法见语句 82 ~ 89。

行格式化的细节在方法 printLine 中实现（参见语句 91 ~ 95），它输出选手标签（A 或 B）、胜利和零封局数以及比赛总数（用于计算百分比）。实现 printLine 方法将大量用到字符串格式化。好的开始是为每一行出现的信息定义一个模板：

```
def printLine(self, label, wins, shuts, n):
    template = "Player {0} : {1 : 5} ({2 : 5.1%}) {3 : 11}     ({4})"
    if wins == 0:          # 避免被零除!
        shutStr = "-----"
    else:
        shutStr = "{0 : 4.1%}".format(float(shuts) / wins)
    print(template.format(label, wins, float(wins) / n, shuts, shutStr))
```

请注意如何处理零封百分比。if 语句负责格式化这一部分，以防止除零。

12.3.3 实现 RBallGame

用来具体模拟游戏的是 RBallGame 类。该类需要一个接收两个概率作为参数的构造方法、一个 play 方法模拟比赛以及一个 getScores 方法报告得分。

为进行一局乒乓球比赛，我们必须记住每名玩家的概率、每名选手的得分以及哪名选手在发球。如果仔细考虑这一点，你会看到概率和得分是与特定“选手”相关的属性，而发球是两名玩家之间的“比赛”属性。这意味着我们可能只要考虑比赛玩家是谁、谁正在发球。玩家本身可以是对象，知道他们的概率和得分。用这种方式来考虑 RBallGame 类可以设计出一些新对象。

如果玩家是对象，就需要另一个类来定义他们的行为，这个类就是 Player。Player 对象将记录其概率和当前得分。当 Player 第一次创建时，概率将作为一个参数提供，但分数将从 0 开始。处理 RBallGame 时我们将展示 Player 类方法的设计。

现在可以定义 RBallGame 的构造方法。比赛将需要两名玩家的实例变量以及另一个变量来记录哪名玩家正在发球（语句 28 ～ 32）。

画出正在创建的对象之间的关系会有帮助。假设我们创建这样的 RBallGams 实例：

```
theGame = RBallGame(.6, .5)
```

图 12-4 显示了由该语句及其相互关系创建的对象的抽象视图。

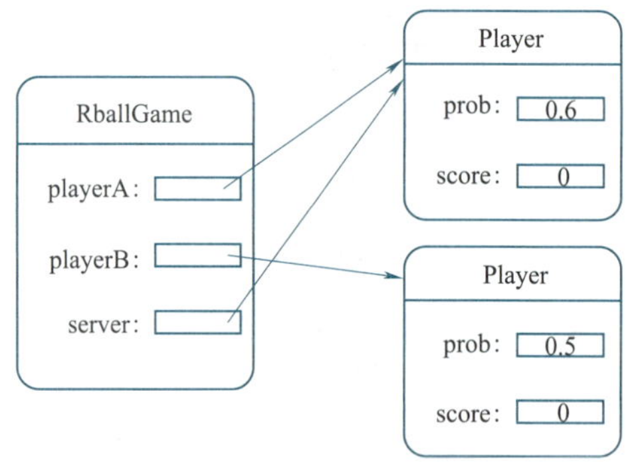

图 12-4 RBallGame 对象的抽象视图

创建 RBallGame 类之后，我们需要弄清楚如何进行比赛。我们需要一个算法，继续发球回合，或者得分，要么换发球，直到比赛结束。我们可以将算法直接转化为基于对象的代码。

首先，只要比赛没有结束，就需要一个循环继续。显然，比赛是否结束，只能通过查看比赛对象本身来做出决定。假设可以写一个合适的 isOver 方法。play 方法开始可以利用这个（尚未编写的）方法：

```
def play(self):
    while not self.isOver():
```

在循环中，我们需要让选手发球，并根据结果决定要做什么。这表明 Player 对象应该有一个执行发球的方法。毕竟，发球是否获胜取决于存储在每个 Player 对象内部的概率。我们会问发球选手这次发球赢或输：

```
if self.server.winsServer():
```

基于这个结果，我们可以得分或换发球。要得分，我们需要改变选手的得分。这又要求 Player 做点事，即增加得分。另外，换发球是在比赛层面上完成的，因为该信息保存在 RBallGame 的 server 实例变量中。

综上所述，play 方法如语句 34 ~ 40 所示。其中的 self 是一个 RBallGame。当比赛还未结束时，如果发球选手赢得发球回合，发球选手得分，否则换发球。

现在有两个新的方法（isOver 和 changeServer）需要在 RBallGame 类中实现，另外两个方法（winsServe 和 incScore）需要在 Player 类中实现。

我们再回顾一下 RBallGame 类的另一个顶层方法，即 getScores。这只是返回两名选手的得分。当然，我们再次遇到同样的问题。选手的对象实际上知道得分，所以我们需要一个方法，要求选手返回得分。

```
def getScores(self):
    return self.playerA.getScore(), self.playerB.getScore()
```

这增加了一个要在 Player 类中实现的方法。确保把它放在我们的清单上，以便稍后完成。

要完成 RBallGame 类，我们需要编写方法 isOver 和 changeServer。

12.3.4　实现 Player

在开发 RBallGame 类时，需要一个 Player 类来封装选手的发球获胜概率和当前分数。Player 类需要一个合适的构造方法以及 winsServe、incScore 和 getScore 方法。我们只需要初始化实例变量。选手的概率将作为参数传递，得分从 0 开始：

```
def __init__(self, prob):
    # 以这种可能性创建一个球员
    self.prob = prob
    self.score = 0
```

Player 类的其他方法更简单。为了看一名选手是否赢得了一次发球，我们将概率与 0~1 之间的随机数进行比较：

```
def winsServe(self):
    return random() < self.prob
```

要让选手得分，只要让 Score 加 1：

```
def incScore(self):
    self.Score = self.Score + 1
```

最后的方法就是返回 Score 的值：

```
def getScore(self):
    return self.Score
```

实际上，一个模块化的、面向对象的程序有很多微小的方法是很常见的。设计的要点是将问题分解成更简单的部分。如果这些部分非常简单，以至于它们的实现是显而易见的，我们就有理由确信它是正确的。

12.3.5 程序实例：模拟乒乓球比赛

模拟乒乓球比赛的完整程序如下（为便于分析表达，我们在语句前加了行号）。请仔细阅读程序代码，确保明确了解每个类的作用和做法。

【程序实例 12-5】模拟乒乓球游戏，说明与设计对象。

```
1    # objrball.py
2
3    from random import random
4
5    class Player:
6        # 玩家跟踪服务概率和得分
7        def __init__(self, prob):
8            # 以这种可能性创建一个球员
9            self.prob = prob
10           self.score = 0
11
12       def winsServe(self):
13           # 返回一个布尔值，该布尔值在 self.prob 概率中为 true
14           return random() < self.prob
15
16       def incScore(self):
17           # 给这个玩家的分数加分
18           self.score = self.score + 1
19
20       def getScore(self):
21           # 返回该玩家的当前分数
22           return self.score
23
24   class RBallGame:
25       # RBallGame 代表正在进行的游戏
26       # 一个游戏有两个玩家并跟踪当前正在提供的服务
27
28       def __init__(self, probA, probB):
29           # 创建一个具有给定概率的 Players 的新游戏
30           self.playerA = Player(probA)
31           self.playerB = Player(probB)
32           self.server = self.playerA           # 玩家 A 总是先发球
33
34       def Play(self):
35           # 游戏完成
36           while not self.isOver():
37               if self.server.winsServe():
38                   self.server.incScore()
39               else:
```

```
                self.changeServer()

    def isOver(self):
        # 游戏结束（即一名玩家赢了）
        a, b = self.getScores()
        return a == 21 or b == 21 or    \
            (a == 10 and b == 0) or (b==10 and a == 0)

    def changeServer(self):
        # 切换服务哪个玩家
        if self.server == self.playerA:
            self.server = self.playerB
        else:
            self.server = self.playerA

    def getScores(self):
        # 返回玩家 A 和玩家 B 的当前分数
        return self.playerA.getScore(), self.playerB.getScore()

class SimStats:
    # SimStats 处理多个统计信息的累积
    # （已完成）游戏。追踪获胜和失败的每个玩家

    def _ _init_ _(self):
        # 为一系列游戏创建新的累加器
        self.winsA = 0
        self.winsB = 0
        self.shutsA = 0
        self.shutsB = 0

    def update(self, aGame):
        # 确定游戏结果并更新统计数据
        a, b = aGame.getScores()
        if a > b:
            self.winsA = self.winsA + 1
            if b == 0:
                self.shutsA = self.shutsA + 1
        else:
            self.winsB = self.winsB + 1
            if a == 0:
                self.shutsB = self.shutsB + 1

    def printReport(self):
        # 打印报告。此处 " 故意 " 留下了混乱的输出格式，请读者尝试调整
        n = self.winsA + self.winsB
        print(" 总共 ", n, " 场比赛总结 : \r")
        print(" 获胜（比率 %）   零封（比率 %）")
        print("--------------------------------------------------")
        self.printLine("A", self.winsA, self.shutsA, n)
        self.printLine("B", self.winsB, self.shutsB, n)
```

```

    def printLine(self, label, wins, shuts, n):
        if wins == 0:                # 避免被零除!
            shutStr = "-----"
        else:
            shutStr = float(shuts)/wins

        print(label, wins, float(wins) /n, shuts, shutStr) # 考虑改进输出

# 请注意以下语句的缩格排列

def printIntro():
    print("该程序模拟两个人之间的乒乓球比赛。")
    print("两个玩家分别被称为 "A" 和 "B"。")
    print("每个玩家的能力用概率（0 到 1 之间的数字）表示。")
    print("玩家在发球时赢得积分，先发球。\n")

def getInputs():
    # 设定三个模拟参数
    a = float(input("玩家 A 发球的概率是什么？ "))
    b = float(input("玩家 B 发球的概率是什么？ "))
    n = int(input("要模拟多少局游戏？ "))
    return a, b, n

def main():
    printIntro()
    probA, probB, n = getInputs()

    # 玩游戏
    stats = SimStats()
    for i in range(n):
        theGame = RBallGame(probA, probB)
        theGame.Play()
        stats.update(theGame)

    # 打印结果
    stats.printReport()

main()
input("\n按 <回车> 键退出。")
```

通过这个程序设计案例的学习，我们了解了面向对象的设计方法，大致走过了完整设计的算法和推理过程。面向对象技术已经成为软件开发的标准做法。最重要的是，它有助于生产更可靠和更具成本效益的复杂软件。

请记录：请录入并调试运行本程序实例。如果不能顺利完成，请分析可能的原因是什么。

答：____

____

____

习 题

1. 判断题（在题目右侧的括号内填写“√”或“×”）

（1）GUI 是一种结合计算机科学、美学、心理学、行为学及各商业领域需求分析的人机系统工程。 （ ）

（2）Python 支持并行处理，如由模块 threading 执行线程，由模块 multiprocessing 执行进程。 （ ）

（3）在 Python 中，受解释器全局锁的限制，执行线程的做法较适合于需要 CPU 大量计算的情况，不适合用于受限 I/O 大量计算的情况。 （ ）

2. 选择题（在题目的括号内填写正确选项）

（1）GUI 强调人—机—环境三者作为一个系统来进行总体设计，但下列（ ）不属于其中。

A. 人　　B. 网络　　C. 机　　D. 环境

（2）Python 提供了一些 GUI 开发界面的库供开发者选择，但常用的 Python GUI 库不包括（ ）。

A. math　　B. Tkinter　　C. wxpython　　D. Jython

（3）Tk 是 Python 默认的一套跨平台建立图形化用户界面的图形元件库，其接口是（ ），通过该接口调用 Tk 进行图形界面开发。

A. math　　B. CPython　　C. Tkinter　　D. Jython

（4）与其他开发库相比，Tk 非常简单，它需要通过（ ）来完成窗口设计和元素布局。

A. 开发进程　　B. 编写代码　　C. 构造数据　　D. 建立函数

（5）Tkinter 模块已在 Python 中内置，使用时只需导入即可。为将 tkinter 中的所有组件一次性引入，导入方法是（ ）。

A. from tkinter import *　　B. import tkinter as tk

C. import tkinter from tk　　D. from tkinter input *

编程训练

1. 实训目的

（1）熟悉 Python 图形用户界面设计的概念和方法。

（2）通过程序实例，熟悉 Python 并行处理程序设计方法。

（3）通过模拟乒乓球比赛程序，熟悉 Python 面向对象程序设计方法。

2. 实训内容与步骤

仔细阅读本章内容，对其中的各个实例进行具体操作实现，从中体会 Python 程序设计，提高 Python 编程能力。如果不能顺利完成，请分析可能的原因是什么。

答：______________________________

3. 实训总结

4. 教师对实训的评价

附　录

附录 A　Python 快速参考

A.1　保留字

False	class	finally	is	return
None	continue	for	lambda	try
True	def	from	nonlocal	while
and	del	global	not	with
as	elif	if	or	yield
assert	else	import	pass	
break	except	in	raise	

A.2　内置函数（3.x）

分　类	函　数　名	简　单　说　明
数学、数值类型	int	整数
	float	浮点数
	complex	复数
	bin	整数转字符串（二进制）
	hex	整数转字符串（十六进制）
	oct	整数转字符串（八进制）
	abs	绝对值
	divmod	商、余数
	pow	幂次方
	round	四舍五入
逻辑	bool	布尔值
	all	判断是否全部为真
	any	判断是否至少有一个为真

续表

分　类	函　数　名	简　单　说　明
列表、序列、可迭代项、迭代器	list	列表
	tuple	tuple（元组）
	slice	切片
	range	3.x：根据指定范围返回 range 对象
	len	返回对象的长度（内含元素的个数）
	min	最小的
	max	最大值
	sum	求和
	reversed	逆转，返回迭代器
	sorted	排序
	zip	聚合两个（或以上）可迭代项
	enumerate	列举可迭代项
	iter	返回迭代器
	next	迭代器返回下一个
字符串	ascii	返回可表示参数的 ASCII 可视字符串，非 ASCII 字节会转义处理
	chr	返回参数（字节码）相对应的字符串（仅含单一字节），可输入 Unicode 码
	ord	给定含有单一字节的字符串，返回相对应的 Unicode 码
	str	返回可代表给定对象的字符串
	repr	返回可代表给定对象的字符串，此字符串应可输入函数 eval
	format	根据规格把参数转换成格式化表示法
字节	bytearray	可变的字节阵列
	bytes	独立的类型 bytes
其他类型	dict	字典
	set	集合
	frozenset	不可变的集合
函数式程序设计	map	运用给定函数到参数可迭代项里的每个元素
	filter	给定函数过滤某可迭代项
对象相关	hash	返回给定对象的杂凑值
	id	返回给定对象的独一无二识别码
	type	返回给定对象的类型
	object	建立最基本的对象
	super	返回代理对象，委派方法呼叫到父类
	classmethod	类方法
	staticmethod	静态方法

续表

分　类	函　数　名	简　单　说　明
对象相关	isinstance	判断对象是否为给定类的实例
	issubclass	判断类是否为给定类的子类
	callable	是否可被调用
	getattr	取得对象的属性项
	setattr	设定对象的属性项
	hasattr	判断对象是否有该属性项
	delattr	删除对象的属性项
	vars	返回对象的属性项 __dict__
	property	属性
	memoryview	返回“存储器搜索”（检视）对象
输入 / 输出	print	输出文本字符串，默认会输出到标准输出（屏幕）
	input	读取一行输入
文件	open	打开文件
模块	__import__	语句 import 底层所用
程序执行	compile	编译源程序代码，之后可被 exec 或 eval 执行
	eval	动态执行 Python 表达式
	exec	动态执行 Python 语句
命名空间	globals	返回目前全局命名空间的字典（符号表）
	locals	返回目前局部命名空间的字典（符号表）
文件查询	dir	列出对象的属性项
	help	启动内置的文件系统

附录 B　部分习题参考答案

第 1 章

1. 判断题

(1) ×	(2) √	(3) ×	(4) √	(5) ×
(6) √	(7) √	(8) √		

2. 选择题

(1) B	(2) D	(3) A	(4) A	(5) B
(6) B	(7) C	(8) B	(9) B	(10) B

第 2 章

1. 判断题

(1) ×	(2) √	(3) ×	(4) √	(5) ×
(6) √	(7) √	(8) ×	(9) ×	(10) ×

2. 选择题

(1) C	(2) A	(3) D	(4) C	(5) B
(6) D	(7) B			

第 3 章

1. 判断题

(1) √	(2) √	(3) ×	(4) ×	(5) ×
(6) √	(7) √	(8) ×	(9) √	

2. 选择题

(1) D	(2) C	(3) A	(4) B	(5) A
(6) B	(7) C	(8) C		

第 4 章

1. 判断题

(1) ×	(2) √	(3) √	(4) ×	(5) ×
(6) √	(7) ×	(8) √	(9) ×	(10) ×
(11) √	(12) √	(13) ×	(14) √	(15) √
(16) ×				

2. 选择题

(1) A	(2) C	(3) B	(4) D	(5) A
(6) C	(7) D	(8) C	(9) CD	(10) D

第 5 章

1. 判断题

(1) √　(2) ×　(3) √　(4) ×　(5) √
(6) ×　(7) ×　(8) √　(9) ×　(10) √
(11) √

2. 选择题

(1) A　(2) C　(3) B　(4) D　(5) A
(6) C　(7) B

第 6 章

1. 判断题

(1) ×　(2) √　(3) ×　(4) √　(5) √
(6) √

2. 选择题

(1) C　(2) D　(3) A　(4) C　(5) D
(6) D　(7) D　(8) C　(9) B　(10) A

第 7 章

1. 判断题

(1) √　(2) √　(3) √　(4) ×　(5) ×
(6) ×　(7) √　(8) √

2. 选择题

(1) B　(2) A　(3) D　(4) C　(5) D
(6) A　(7) D　(8) B　(9) C　(10) A

第 8 章

1. 判断题

(1) ×　(2) ×　(3) √　(4) ×　(5) ×
(6) ×　(7) ×　(8) √　(9) √　(10) ×

2. 选择题

(1) B　(2) A　(3) A　(4) B　(5) D
(6) A　(7) D　(8) A　(9) D　(10) C

第 9 章

1. 判断题

(1) ×　(2) √　(3) √　(4) √　(5) ×

(6) ×　　(7) √　　(8) √　　(9) ×　　(10) √

(11) √

2. 选择题

(1) A　　(2) C　　(3) B　　(4) D　　(5) A

(6) B　　(7) D　　(8) C　　(9) A　　(10) B

(11) D　　(12) C

第 10 章

1. 判断题

(1) ×　　(2) √　　(3) √　　(4) ×　　(5) ×

(6) ×　　(7) √　　(8) √　　(9) ×　　(10) √

(11) ×　　(12) √

2. 选择题

(1) B　　(2) B　　(3) C　　(4) D　　(5) B

第 11 章

1. 判断题

(1) √　　(2) √　　(3) √　　(4) ×　　(5) ×

(6) ×　　(7) √　　(8) ×　　(9) √　　(10) √

2. 选择题

(1) C　　(2) C　　(3) D　　(4) A　　(5) B

(6) D　　(7) B　　(8) C　　(9) A　　(10) B

(11) D　　(12) B　　(13) A　　(14) D　　(15) C

(16) B

第 12 章

1. 判断题

(1) √　　(2) √　　(3) ×

2. 选择题

(1) B　　(2) A　　(3) C　　(4) B　　(5) A

附录 C　课程学习与实训总结

1. 课程与实训的基本内容

至此，我们顺利完成了“Python 程序设计”课程的教学任务以及相关的全部实训操作。为巩固通过学习实训所了解和掌握的知识和技术，请就此做一个系统的总结。由于篇幅有限，如果书中预留的空白不够，请另外附纸张粘贴在边上。

(1) 本学期完成的“Python 程序设计”学习与实训操作主要有（请根据实际完成的情况填写）：

第 1 章：主要内容是 ______________________________

____

____

第 2 章：主要内容是 ______________________________

____

____

第 3 章：主要内容是 ______________________________

____

____

第 4 章：主要内容是 ______________________________

____

____

第 5 章：主要内容是 ______________________________

____

____

第 6 章：主要内容是 ______________________________

____

____

第 7 章：主要内容是 ______________________________

____

____

第 8 章：主要内容是 ______________________________

____

____

第 9 章：主要内容是 ______________________________

____

____

第 10 章：主要内容是 ______________________________

____

____

第 11 章：主要内容是 ____________________

____

____

第 12 章：主要内容是 ____________________

____

____

（2）请回顾并简述：通过学习与实训，你初步了解了哪些有关 Python 程序设计的重要概念（至少 3 项）？

① 名称：____________________

简述：____________________

____

____

② 名称：____________________

简述：____________________

____

____

③ 名称：____________________

简述：____________________

____

____

④ 名称：____________________

简述：____________________

____

____

⑤ 名称：____________________

简述：____________________

____

____

2. 实训的基本评价

（1）在全部实训操作中，你印象最深，或者相比较而言你认为最有价值的是：

① ____________________

你的理由是：____________________

____

② ____________________

你的理由是：____________________

____

（2）在所有实训操作中，你认为应该得到加强的是：

① ____________________

你的理由是：____

____

② ____

你的理由是：____

____

（3）对于本课程和本书的实训内容，你认为应该改进的其他意见和建议是：

____

____

3. 课程学习能力测评

请根据你在本课程中的学习情况，客观地在 Python 程序设计知识方面对自己做一个能力测评，在表 C-1 的“测评结果”栏中合适的项下打“✓”。

表 C-1　课程学习能力测评

关键能力	评价指标	测评结果					备注
		很好	较好	一般	勉强	较差	
课程基础内容	（1）了解本课程的知识体系、理论基础及其发展						
	（2）了解 Python 语言，熟悉 Python 开发环境						
	（3）熟悉 Python 基础语法						
Dython 程序设计	（4）熟悉赋值、条件与循环等程序设计方法						
	（5）熟悉序列与迭代						
	（6）熟悉字符串与文件处理						
	（7）熟悉字典与集合						
	（8）熟悉函数与模块						
面向对象程序设计	（9）熟悉面向对象的概念						
	（10）熟悉构造函数和类的方法						
	（11）熟悉“发射炮弹”示例程序						
	（12）熟悉对象封装程序设计方法						
	（13）熟悉继承程序设计方法						
	（14）熟悉多态程序设计方法						
	（15）熟悉面向对象设计过程						
程序设计案例分析	（16）熟悉 Python 图形界面设计						
	（17）熟悉 Python 并行处理方法						
	（18）熟悉模拟乒乓球比赛程序例子						
解决问题与创新	（19）掌握通过网络提高 Python 程序设计能力、丰富专业知识的学习方法						
	（20）能根据现有的知识与技能创新地开展程序设计活动						

说明：“很好”5 分，“较好”4 分，余类推。全表满分为 100 分，你的测评总分为：________ 分。

4. 学习与实训总结

____

____

____

____

5. 教师对学习与实训总结的评价

____

____

附录 D　课程实践（参考）

1. 实践描述

Python 支持多种程序设计范式，包括程序式、结构式、面向对象、函数式、脚本式，其语法高级且简洁，易于学习，具备了垃圾收集、动态类型检查、异常处理机制等特色。Python 的程序库模块不计其数，游戏、多媒体、数学运算、视频处理、系统程序、网站网页、机器人等领域都可见其运用之处，广受各界采用。

本课程实践通过一个模拟乒乓球比赛的程序设计案例，考察学生 Python 程序设计课程的学习效果，考察学生自主学习 Python 程序设计语言的专业能力。

2. 实践组织与成绩评定

第一阶段：课外完成。本课程实践为开放型作业，相关文档事先发布，学生可提前练习，通过教材和网络搜索等手段研习理解，自主开展 Python 程序设计训练。

第二阶段：实训室（现场）学生独立完成。现场完成程序作业时可以借助于课外完成的（见下面第三层次要求）程序源代码纸质清单、教材、网络等环境条件（注意：自带计算机的学生应自觉清理编程环境的相关电子文件，否则按作弊处理）。

本课程实践分三个层次：

第一层次：将本文档指定的 Python 程序源代码在 Python 开发环境中录入、调试、正确运行。此层次满分为“60 分（及格）”。

第二层次：对本文档指定的 Python 程序源代码进行解读注释。结合第一层次得分，此层次满分为“89 分（良好）”。

第三层次：对本文档提供的模拟乒乓球比赛 Python 程序源代码（见本书 12.3 节的程序实例 12–5）进行创新扩展（注：可以事先做好程序设计构思，携带自己设计的参考源代码（纸质清单）在现场完成程序设计与运行），形成新的更为完整、用户界面友好的系统。结合第一、第二层次得分，此层次满分为“95 分（优秀）”（注：避免对满分的错觉，本实践作业不设 100 分）。

（1）第一层次　录入、调试、运行案例程序。

模拟乒乓球比赛的 Python 程序案例参见本书 12.3 节。

程序结果：请录入、调试、运行“程序实例 12–5”并记录程序运行情况。

____

____

____

____

____

（2）第二层次　对案例文件进行分析注释。

针对本书 12.3 节中的“程序实例 12–5”，对其程序源代码进行分析注释。

提示：注释内容请写在相关语句的下方。

(3) 第三层次　在原程序基础上的创新设计。

提示：对本书（文档）提供的 Python 程序源代码进行自主创新的创新扩展（注：可以事先做好准备，携带参考源代码在现场完成程序设计），形成新的更为完整、有趣的程序系统。

将你完成的程序源代码另外用纸记录下来，并粘贴在下方：

-- 源程序代码粘贴于此 --

3. 课程实践总结

简述你本次课程实践的完成情况（例如你实际冲击的是第几层次？）？如果不能顺利完成，请分析可能的原因是什么？

答：____

____

____

请选择：

(1) 你喜欢本课程平时的作业和实训方式吗？

□ 喜欢　　　　□ 不喜欢　　　　□ 没感觉

(2) 你喜欢本学期期末的教学测评方式吗？

□ 喜欢　　　　□ 不喜欢　　　　□ 没感觉

(3) 事实上，现阶段，针对课程的考试还是必需的。如果可以选择，你会选择哪一种形式？

□ 传统的考卷模式　　　　□ 本课程期末采用的课程实践模式

请说说你对这次期末测评设计的看法：

____

____

____

____

____

____

请记录：学习“Python 程序设计”课程，完成本次课程实践的总结。

____

____

____

____

____

____